Sams **Teach Yourself**

Unity Game Development in 24 Hours, Fourth Edition

Unity游戏开发

入门经典（第4版）

[美] 迈克·吉格（Mike Geig） 著

唐誉玲 译

人民邮电出版社

北京

图书在版编目（CIP）数据

Unity游戏开发入门经典 ：第4版 / （美）迈克·吉格（Mike Geig）著 ；唐誉玲译. -- 2版. -- 北京 ：人民邮电出版社，2024.1
ISBN 978-7-115-60244-2

Ⅰ. ①U… Ⅱ. ①迈… ②唐… Ⅲ. ①游戏程序—程序设计 Ⅳ. ①TP317.6

中国版本图书馆CIP数据核字(2022)第191401号

版权声明

◆ 著　[美] 迈克·吉格（Mike Geig）
译　唐誉玲
责任编辑　郭　媛
责任印制　王　郁　焦志炜
◆ 人民邮电出版社出版发行　北京市丰台区成寿寺路 11 号
邮编　100164　电子邮件　315@ptpress.com.cn
网址　https://www.ptpress.com.cn
固安县铭成印刷有限公司印刷
◆ 开本：787×1092　1/16
印张：20.5　2024 年 1 月第 2 版
字数：464 千字　2024 年 9 月河北第 2 次印刷
著作权合同登记号　图字：01-2022-1263 号

定价：89.80 元

读者服务热线：(010)81055410　印装质量热线：(010)81055316
反盗版热线：(010)81055315
广告经营许可证：京东市监广登字 20170147 号

内容提要

Unity 游戏引擎是由 Unity Technologies 公司开发的一个让玩家能够轻松创建诸如三维视频游戏、建筑可视化、实时三维动画等内容的跨平台综合游戏开发工具。很多热门游戏都是应用该引擎开发的，例如《深海迷航》《坎巴拉太空计划》等。

本书以直截了当、循序渐进的方式讲解 Unity 游戏开发从基础到高级的所有内容，包括游戏物理引擎、动画和移动设备部署技术。本书分为 24 章，内容包括 Unity 游戏引擎（2020.3 版本）和编辑器的介绍，游戏对象、模型、材质、纹理、地形、环境、灯光和摄像机的介绍及应用，任务脚本的编写，真实的物理效果和碰撞的应用，预制件、2D 游戏工具、瓦片地图、用户界面、粒子系统、动画、动画器、时间轴、复杂音频的集成、移动设备加速计和多点触摸屏幕的使用，以及 4 个游戏案例。

本书适合对使用 Unity 进行游戏开发感兴趣的零基础读者学习。有过其他游戏平台开发经验，打算向 Unity 平台拓展的读者也可以通过本书迅速上手。

作译者简介

迈克·吉格在 Unity Technologies 的制作团队就职，他通过制作并传播具有强大影响力的学习资源，使得游戏开发技术更加普及。同时，迈克也是一位经验丰富的独立游戏开发者，一位大学老师，一位作家。作为一位资深游戏人，他对该领域的热爱使他致力于将这项互动艺术的开发过程变得更加有趣，让各行各业的人都能加入进来。

唐誉玲，毕业于英国爱丁堡大学的艺术学院，是一位交互媒体艺术从业者，具有丰富的游戏引擎使用经验，擅长建立人与机器、人与虚拟空间的交流，并乐于探索游戏化思维及虚拟空间的多场景应用。

前言

Unity是一款功能强大的游戏引擎，受到众多专业且成熟的游戏开发者的青睐。本书将结合2020.3版本的引擎内容，让读者能在24小时内尽快上手使用Unity，同时还会介绍游戏开发的基础知识。与只介绍几个模块或全书只讲解一个游戏案例的书不同，本书不仅涵盖大量模块内容，还包含4个游戏案例。阅读完这本书，你不仅能掌握Unity游戏引擎的理论知识，还可以在不同的游戏案例中进行实践应用。

你可以在异步社区的本书配套资源中，或通过“资源与支持”页指引，获取本书涉及的所有代码。

致谢

十分感谢帮助我完成这本书的各位。

完成这本书时，我正处于人生中比较奇异的阶段，感谢各位让这种奇异走向好的方向。

感谢我的父母。鉴于我现在也已为人父，我开始意识到你们当初有多难。

感谢安吉丽娜•朱莉。你在《黑客》(1995)电影里饰演的角色让我选择了计算机专业，别低估自己对一个10岁孩子的影响力，你可是个人才!

致牛肉干的发明者：我很喜欢牛肉干，谢谢你!

感谢罗西奥·崇泰作为技术编辑对本书做出的杰出贡献，同时感谢你持续跟进并询问我何时更新本书。

感谢克里斯·查恩担任本书的文字编辑，如果读者挑出什么问题，我就会怪在你头上!

感谢劳拉劝说我写下本书，也感谢你在游戏开发者大会(Game Developers Conference，GDC)请我吃的午饭，那是我当天最美味的一餐，毕竟我把它吃光了。

最后，还应该向Unity Technologies道声感谢，如果你们没有制作出Unity游戏引擎，也就不会有这本书。

致正在阅读此页的所有人，坚定向前吧，前方一片平坦。

资源与支持

资源获取

本书提供如下资源：

- 源代码；
- 思维导图；
- 彩图文件。

要想获得以上资源，您可以扫描下方二维码，根据指引领取。

提交勘误

作者、译者和编辑尽最大努力来确保书中内容的准确性，但难免会存在疏漏。欢迎您将发现的问题反馈给我们，帮助我们提升图书的质量。

当您发现错误时，请登录异步社区（https://www.epubit.com），按书名搜索，进入本书页面，单击“发表勘误”，输入勘误信息，单击“提交勘误”按钮即可（见下页图）。本书的作者、译者和编辑会对您提交的勘误进行审核，确认并接受后，您将获赠异步社区的100积分。积分可用于在异步社区兑换优惠券、样书或奖品。

图书勘误　　发表勘误

页码：1　　页内位置（行数）：1　　勘误印次：1

图书类型：纸书　电子书

添加勘误图片（最多可上传4张图片）

+

提交勘误

与我们联系

我们的联系邮箱是 contact@epubit.com.cn。

如果您对本书有任何疑问或建议，请您发邮件给我们，并请在邮件标题中注明本书书名，以便我们更高效地做出反馈。

如果您有兴趣出版图书、录制教学视频，或者参与图书翻译、技术审校等工作，可以发邮件给我们。

如果您所在的学校、培训机构或企业，想批量购买本书或异步社区出版的其他图书，也可以发邮件给我们。

如果您在网上发现有针对异步社区出品图书的各种形式的盗版行为，包括对图书全部或部分内容的非授权传播，请您将怀疑有侵权行为的链接发邮件给我们。您的这一举动是对作者权益的保护，也是我们持续为您提供有价值的内容的动力之源。

关于异步社区和异步图书

“异步社区”（www.epubit.com）是由人民邮电出版社创办的 IT 专业图书社区，于 2015 年 8 月上线运营，致力于优质内容的出版和分享，为读者提供高品质的学习内容，为作译者提供专业的出版服务，实现作者与读者在线交流互动，以及传统出版与数字出版的融合发展。

“异步图书”是异步社区策划出版的精品 IT 图书的品牌，依托于人民邮电出版社在计算机图书领域40余年的发展与积淀。异步图书面向IT行业以及各行业使用IT技术的用户。

目录

第1章　Unity简介

本章你将会学到如下内容。

- ▶ 如何安装 Unity。
- ▶ 如何创建或打开一个已有项目。
- ▶ 如何使用 Unity 编辑器。
- ▶ 如何在 Unity 的场景视图中操控浏览。

本章将让你做好在 Unity 中大展拳脚的准备。首先，你会了解 Unity 不同类型的许可证，并安装你所选的版本。之后，你还将学到如何新建项目或打开已有项目，彼时你将启动强大的 Unity 编辑器，并使用其中的各种组件。最后，你将可以使用鼠标和键盘在一个场景中实现操控浏览。本章意在让大家上手实践，所以一边看，一边下载好 Unity 并跟着操作吧！

1.1　安装Unity

开始使用 Unity 之前，你需要先下载并安装好 Unity。目前，各软件的安装过程是十分简单直接的，Unity 也不例外，但在安装前，你得先了解 Unity 的 3 种许可证：Unity Personal（个人版）、Unity Plus（加强版）和 Unity Pro（专业版）。Unity Personal 是免费的，并且能满足本书所有项目内容的使用需求。实际上，Unity Personal 所含功能已经能满足商业游戏的开发需求了，如果你的游戏每年能创造 10 万美元以上的收益，或者你想要使用 Unity Plus 或 Unity Pro（主要针对团队）的前沿技术，到时候再升级许可证类型也不迟。

小记　Unity Hub

你需要先在 Unity 官网上下载 Unity Hub，它是一个启动平台。你可以通过 Unity Hub 打开所有的 Unity 编辑器和项目（Unity 编辑器是让你能制作游戏的软件）。如果你在阅读本书前用过 Unity 但没有用过 Unity Hub，也不必担心，现在的安装顺序及项目逻辑与之前是一致的，就像老话说的："新包装，老味道！"

小记　Unity 更新

本书的插图及介绍在写作时是准确的，但 Unity Hub 和编辑器一直都在更新中，新版本出来后，本书插图显示的内容可能和你的计算机上显示的并不一致，或许 Unity 有的细节变了，但本书介绍的步骤和核心内容始终是通用且准确的。

1.1.1　下载并安装Unity Hub

之前有提到，当你想通过 Unity 制作游戏时，首先得进入 Unity Hub，准备好了的话，就跟着如下步骤操作吧。

1. 在 Unity 资源商店网页选择你的许可证类型。
2. 如果你选择了 Unity Personal，你可以直接下载 Unity Hub，或跟着 Unity 为新手准备的指引进行安装。两种方式都能达成安装目的。
3. 像安装其他软件一样完成安装流程。
4. 打开 Unity Hub（见图 1.1），你应该会被提示登录或新建账号，这用不了多长时间，而且之后你也会需要一个账号。

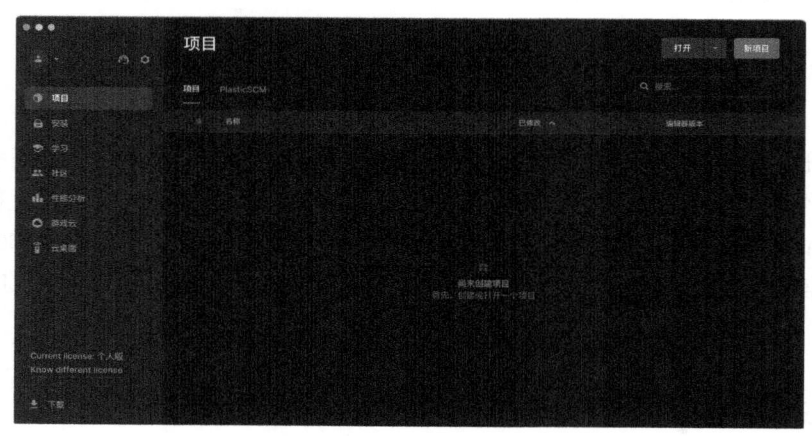

图 1.1　Unity Hub

Unity Hub 除了作为管理项目和软件安装的控制中心，还提供社区新闻，以及有助于开发的学习资源。

1.1.2　安装Unity编辑器

Unity Hub 安装好后，就可以安装 Unity 编辑器了。通过 Unity Hub，你可以安装任何版本的 Unity 编辑器（需要与你的硬件匹配），跟着如下步骤进行安装吧。

1. 打开 Unity Hub，选择“安装”，然后单击“安装编辑器”按钮[①]。
2. 选择 2020 长期支持（LTS）版本（见图 1.2）（后面的“为什么是 2020 长期支持版本？”小记会解释为何你需要选择这个版本）。单击“安装”按钮。
3. 在下一个界面，你可以选择任何附加模块或你要发布的平台（见图 1.3），基于本书内容，你无须选择任何发布平台。你可以在之后随时添加新的模块，现在单击“安装”按钮就好。
4. 等待安装完成就好。

① 全书对软件界面中项的引用太多，为了避免影响读者阅读的流畅度，故在翻译过程中，在不引起歧义的情况下，尽量减少使用双引号，尤其英文单词的辨识度较高故不加双引号再次引出。——译者注

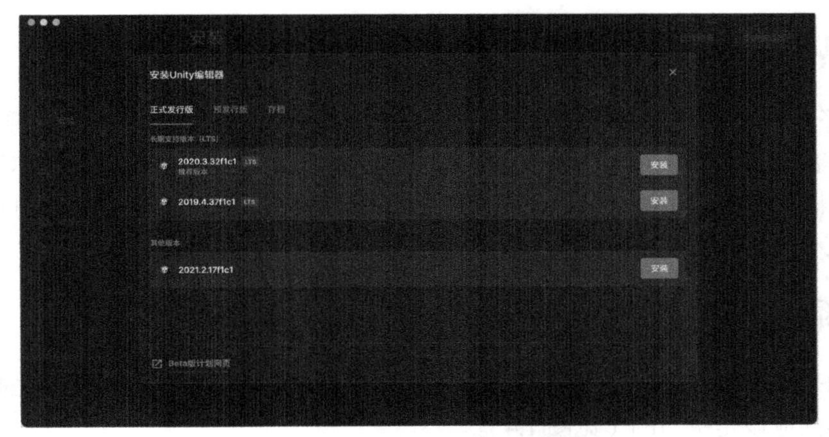

图 1.2 选择 Unity 2020 LTS 版本

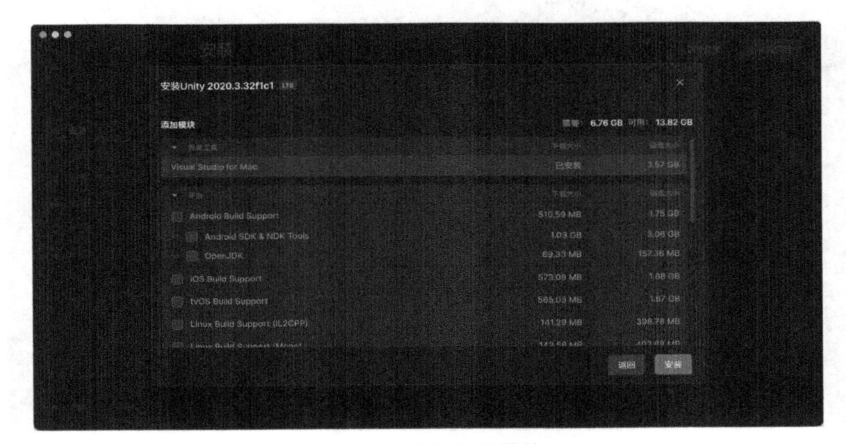

图 1.3 其他安装模块

小记 为什么是 2020 长期支持版本？

或许你会疑惑为什么下载的是 2020 长期支持版本。在 Unity 的发布计划中，长期支持版本（Long Term Support，LTS）集成了之前版本的功能，十分稳定，且在未来两年中都会持续维护。长期支持版本一般不会在当年发布，Unity 2020 长期支持版本发布于 2022 年初，是本书写作时最新的版本。

小记 运行系统及硬件要求

Windows 或 macOS 都可以使用 Unity，尽管也有针对 Linux 的版本，但它并不是主要支持的系统。同时你的计算机还需要达到以下标准（写作时摘录自 Unity 官网）。

1. Windows 7 SP1+、Windows 8 或 Windows 10 的 64-bit 版本，OS X 10.12.6+。Unity 未在 Windows 或 OS X 的服务器版本上测试过。
2. 支持 DX9（着色器模型 3.0）或 DX11 9.3 的显卡。
3. 支持 SSE2 设置的 CPU（绝大多数现代 CPU 都支持）。

以上都是最低要求。

1.2　熟悉Unity编辑器

下载好 Unity 编辑器后，你就可以开始探索了，其可视化组件让你能以“所见即所得”的方式制作出游戏。由于主要的交互对象都是该编辑器，所以很多人就把它称为一个简单的 Unity（集合）。本节将介绍 Unity 编辑器的各种元素，以及我们是如何利用它们之间的协作来完成一款游戏的制作的。

1.2.1　项目部分

Unity Hub 不仅能管理编辑器的安装，还可以创建或选择项目，目前，你的 Unity Hub 中的项目界面应该是空白的（见图 1.4）。

图 1.4　空白的项目界面

只用单击“新项目”按钮就能快速新建一个项目。如果你安装了多个版本的编辑器，你可以在新建项目界面的顶端看到编辑器版本选项，单击编辑器版本旁边的下拉按钮来选择你想要的版本。如果你想打开已有的项目（不在当前列表中），可以单击“打开”按钮来进行操作。接下来的练习中，你将学到新建项目的具体步骤。

▼ 自己上手

创建自己的第一个项目

你已经可以新建一个项目了，注意项目存储的位置，确保之后能顺利地找到它。图 1.5 所示是新建项目时会出现的窗口，新建项目的步骤如下。

1. 打开 Unity Hub 并单击“新项目”按钮，新项目窗口将弹出。
2. 选择一个存储位置。建议新建一个叫 UnityProjects（Unity 项目）的文件夹来保存本书的所有项目，如果你不确定存在哪儿，可以使用默认路径。
3. 将你的项目命名为 Hour 1 TIY（表示第 1 章练习）。Unity 会建一个相同名称的文件夹以保存该项目，路径与窗口中所示的一致。

4. 选择 3D 选项。之后你将学到其他选项的内容。
5. 单击“创建项目”按钮。

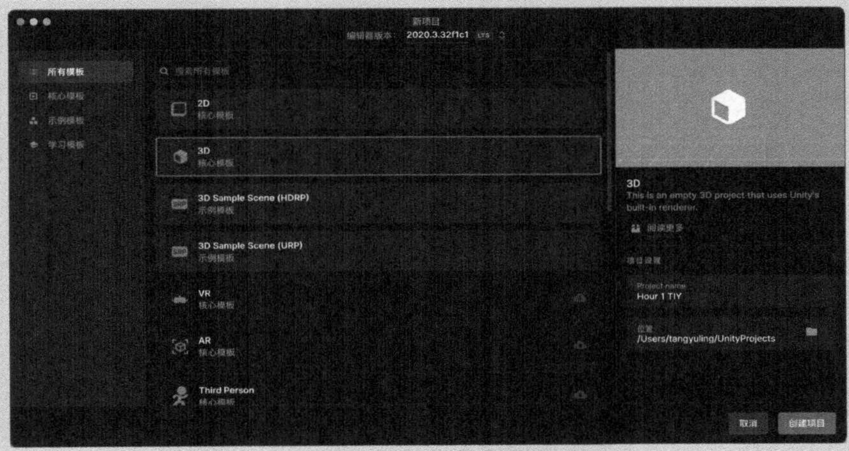

图 1.5 第一个项目的设置

小记 2D、3D、渲染管线

你一定好奇其他的选项是什么。你可以通过 2D 和 3D 选项选择你所要做的游戏类型，不用担心选错或还不确定，这些选项只是决定了编辑器的一些设定，之后随时可以更改。HDRP（High Definition Render Pipeline，高清渲染管线）和 URP（Universal Render Pipeline，通用渲染管线）都是 Unity 可编程渲染管线（Scriptable Rendering Pipeline）中的一种，它们使开发者可以自己控制项目的渲染效果，但其中涉及的知识超出了本书的范围，感兴趣的读者可自行参考相关资料。

1.2.2 Unity界面

现在，你已经安装好 Unity，打开了新项目，是时候探索一下 Unity 界面了。当你第一次打开一个项目时，你会看到一堆灰色的面板（被称为视图），而且里面都是空的。不用担心，马上就能让这里“热闹”起来，本章接下来的部分会单独介绍每一个视图。现在，我们先来看看整个界面（见图 1.6）。

对新手来说，可以自己定义整个界面的样式，任何视图都可以移动、拼接、复制或改变。举例来说，如果你单击“层级”这个词来选中层级视图（左边），把它拖动到“检查器”（右边）上面，就可以把这两个视图拼在一起；你还可以把鼠标指针放在任意视图间的分割线上，拖动该线就可以改变视图的大小。不如现在就上手试试，把界面布置成你喜欢的样子吧！如果你不是很满意最后的样子，选择“窗口”→“布局”→“默认”就可以轻松地切换回默认布局，现在不妨多试几种预置的布局吧（我尤其喜欢宽布局）。如果你调整出了自己喜欢的样式，可以选择“窗口”→“布局”→“保存布局”将其保存下来

（本书中我使用的是一个叫 Pearson 的自定义布局），存好后，即使你不小心改动了当前布局，也能随时恢复。在 Unity 编辑器右上角有个下拉列表，即图 1.6 中显示“布局”那里，在那里也可以更改布局。

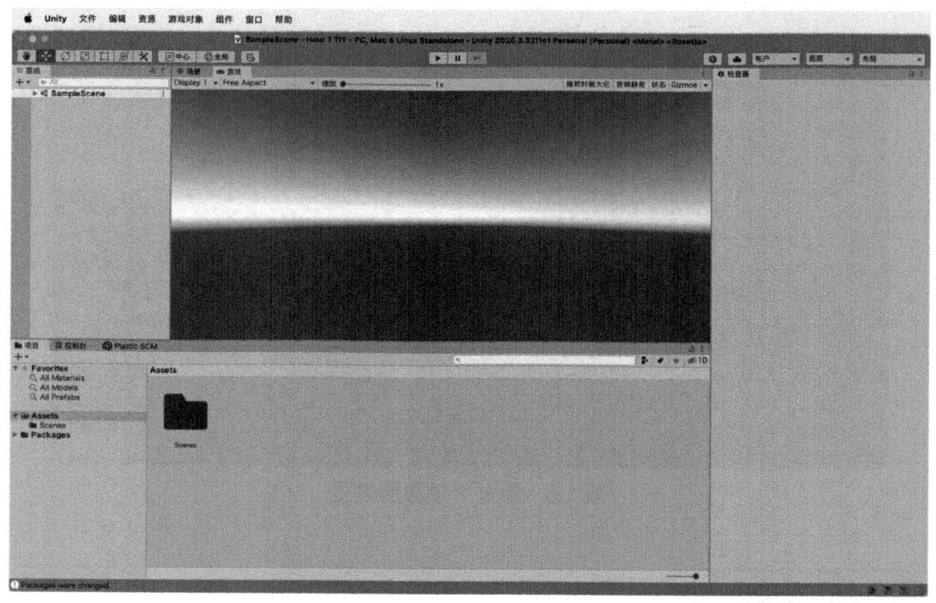

图 1.6　Unity 界面

小记　找到合适的布局

不会有两个完全相同的人，也不会有两个相同的理想布局，一个好的布局可以帮助你更简便地完成项目，而且之后使用 Unity 的时间会很多，所以花一些时间调整出适合自己的布局，总是值得的。

添加一个视图也很简单，你可以右键单击任意视图标签（如图 1.7 中的“检查器”），将鼠标指针悬停于“添加选项卡”上，会弹出一个列表供你选择（见图 1.7）。你应该会疑惑为什么需要添加一个视图。比如你在移动视图时不小心关掉了一个视图，用上述操作把它加回来就可以了；或者是需要多个场景视图，在不同视图中锁定不同元素，或固定在一根轴的视角上。如果你真想看看多个场景视图，可以选择“窗口”→“布局”→“4 分割”切换到该模式（查看 4 分割模式之前记得保存你的自定义模式）。

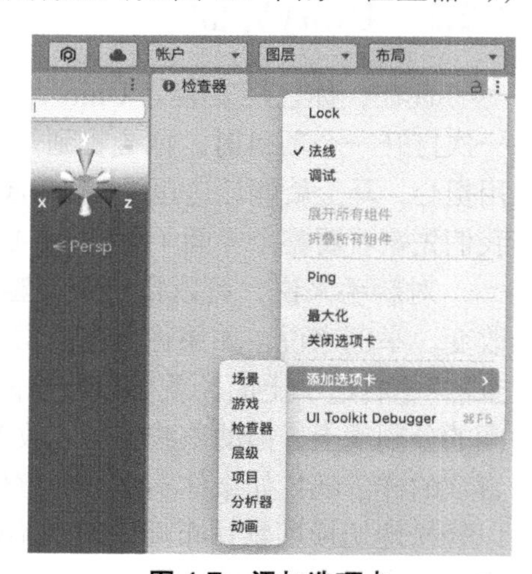

图 1.7　添加选项卡

1.2.3　项目视图

任何为项目服务的东西（文件、代码、纹理、模型等）都能在项目视图中找到（见图 1.8），这个视图放置了本项目所有的资源。新建项目时，会有一个叫 Assets（包含项目内的资源）的文件夹，如果你通过磁盘路径查看的话，也能看到这个文件夹，这是因为 Unity 将项目视图中的内容同步至了本地磁盘，当你在 Unity 中新建一个文件或文件夹时，资源管理器中也将同步显示（在资源管理器新建文件夹后，在 Unity 项目视图中也会同步显示）。在项目视图中，简单的拖动就能移动这些文件，Unity 让整个文件管理的过程变得轻松很多。

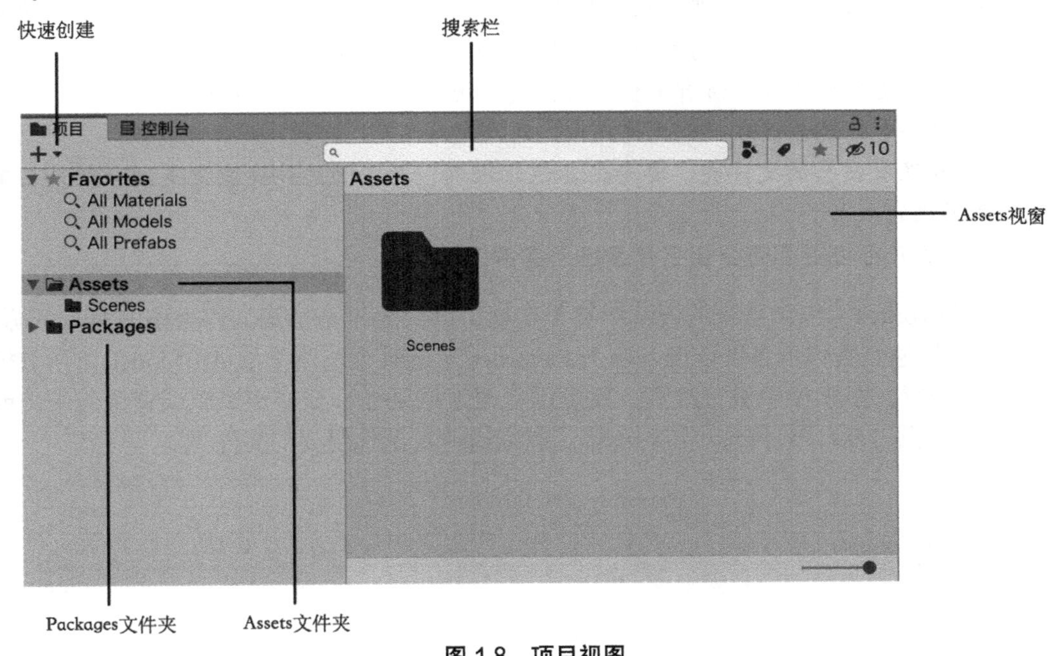

图 1.8　项目视图

小记　资源和对象

在 Assets 文件夹中的每一个文件都是一个资源，包括纹理、网格、声音、代码等；而游戏对象是指一个场景或某一个关卡中的物体，你可以用游戏对象新建资源，也可以用资源新建游戏对象。

小记　资源包

查看项目文件夹时，你可以在磁盘和 Unity 的项目视图中看到 Assets 文件夹，但 Packages（包含项目内的资源包）文件夹只显示在 Unity 的项目视图中，在这里你可以查看已添加到本项目的资源包，你可以把一个资源包看作一个可以改变项目功能的附加软件或模块。Unity 已经有很多成熟好用的资源包，你也可以制作自己的，到后期，你将学到更多关于资源包的内容。

注意　资源移动

Unity 保留了各资源间的关系属性，也就是说，在外部删除资源时可能会引起一些问题，所以一般来说，最好在 Unity 中进行资源管理。

单击项目视图中的一个文件夹时，其中包含的内容将在右侧的 Assets 视窗中显示，如图 1.8 所示，其中包含一个叫 Scenes（包含项目内的场景文件）的文件夹，打开 Scenes 文件夹，你就能在右侧看到其中包含的唯一文件——一个场景。要新建资源的话，可以打开 Create（创建）下拉列表（在“+”旁边），新建的资源任何项目可用。

提示 项目管理

项目资源整理是项目管理中很重要的一环，项目越大资源越多，找特定的资源越困难。遵循下面这些通用的整理规则可以避免一些不必要的麻烦。

1. 每种类型的资源应该有单独的文件夹（场景、脚本、纹理等）。
2. 每个资源都应该在一个文件夹中。
3. 如果有嵌套的文件夹，要确保其逻辑准确，其中的文件夹应该是细分的，而不是模糊的。

遵循这几条规则真的会让项目管理大有不同。

单击 Favorites（包含已有的搜索标签）选项可以快速浏览指定文件类型的所有资源，这样就可以快速查看你的各种资源。单击 Favorites 下的某个选项［如 All Models（所有模型）］或在内置的搜索栏中进行搜索，就可以将搜索结果缩小至特定资源或资源包中（或在两者中，见图 1.9），只用小小练习一下，就能迅速找到你想要的文件了。

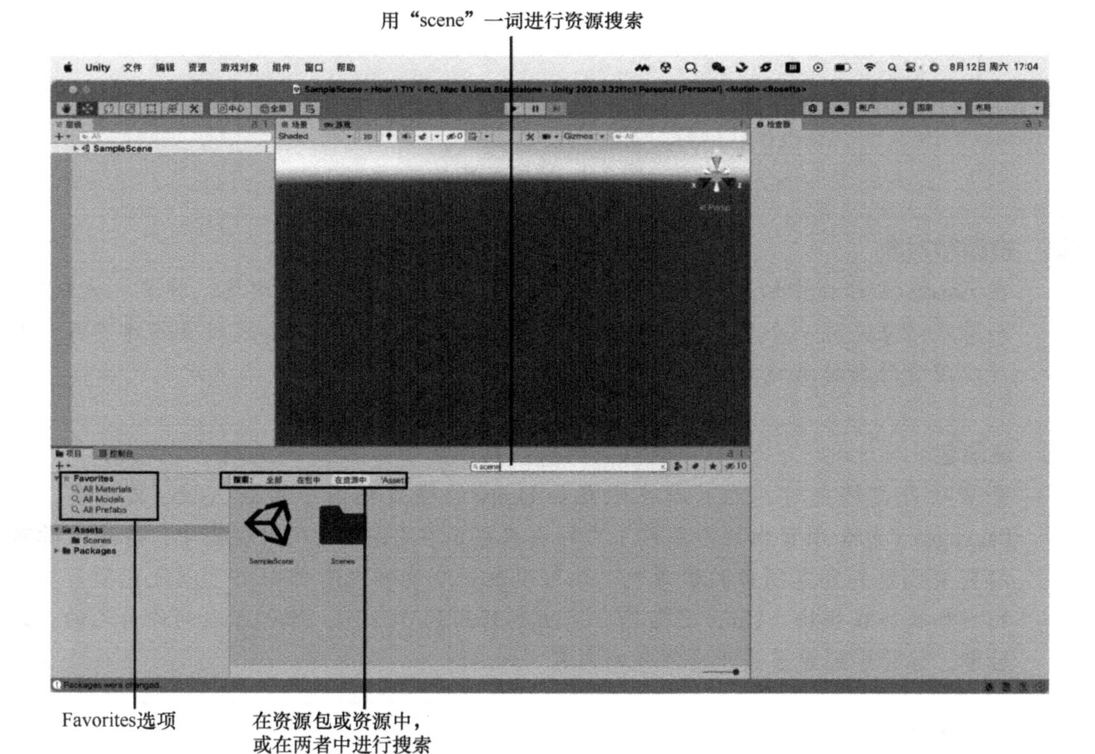

图 1.9 项目视图中的搜索

1.2.4 层级视图

一般来说，层级视图看起来和项目视图很相似（见图 1.10），但层级视图中只会显示当前场景所包含的分项，而不是整个项目的所有分项。在 Unity 中新建项目的话，它会包含一个默认场景，其中只有 Main Camera（主摄影机）和 Directional Light（定向光）两个游戏对象，添加的其他对象也会在层级视图中显示。和项目视图一样，通过 Create 下拉列表可以在场景中快速添加其他游戏对象，也可以通过内置的搜索栏进行搜索，拖动就可以移动、管理、嵌套收纳各对象。

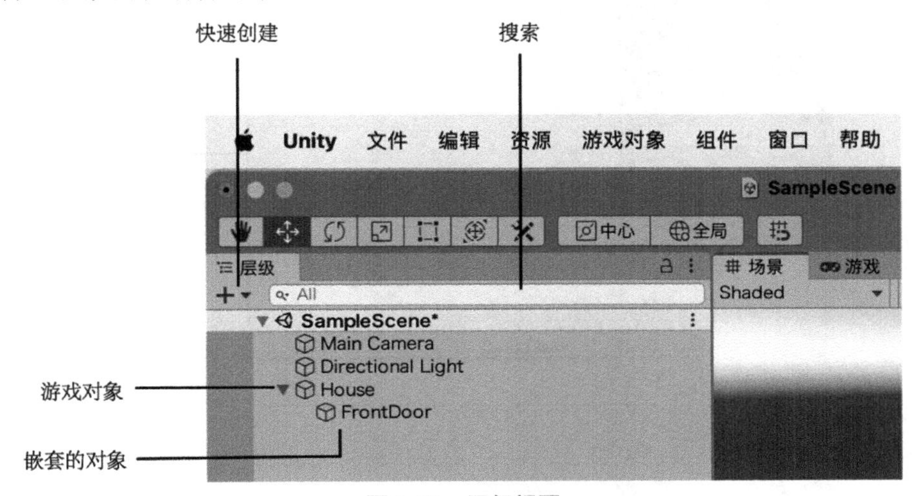

图 1.10 层级视图

提示 嵌套

嵌套是一种多对象间的管理关系模式，在层级视图中，将一个对象拖动至另一个对象上，被拖动的对象将会嵌套至目标对象下，这就是常说的父子关系。对应来说，最上层的对象就是父对象，其所包含的对象就是子对象。被归为子对象时，该对象会缩进显示，所以很好分辨。在之后的学习中，你会看到嵌套对这些对象的实际影响。

提示 场景

Unity 用场景来描述常规概念中的关卡或地图。在 Unity 项目的开发过程中，不同的对象及其行为表现应该属于不同的场景，比如说，你的游戏需要开发一个有雪的关卡和一个丛林关卡，那它们就是分开的两个场景。在网上的一些问答中，场景和关卡两个词时常是被混用的。

1.2.5 检查器视图

检查器视图中会显示目前选中对象的所有属性，在项目视图或层级视图中选中任意资源或对象，检查器视图会自动显示其信息。

图 1.11 中显示的是 Main Camera 被选中后的检查器视图中的内容。

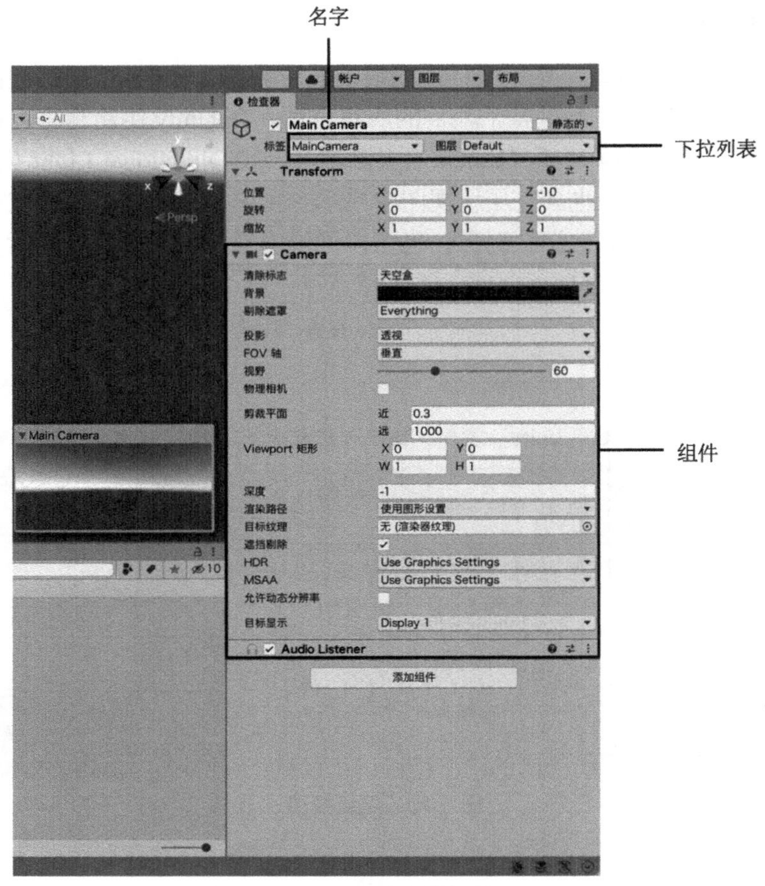

图 1.11　检查器视图

下面来看看检查器视图有哪些功能。

1. 单击取消勾选该对象名称旁边的复选框会让该对象不可用，且不会在场景中显示，默认情况下该对象是可用的（复选框被勾选）。

2. 下拉列表的内容对应了一些预置选项（比如“图层”和“标签”下拉列表，这些在之后会讲解）。

3. 对文本框、下拉列表及滑动条都可以进行对应修改，即使游戏正在运行，这些修改也会自动同步到场景中。

4. 单击“添加组件”按钮可以添加组件。

注意　游戏运行时修改数值

十分强大的实时数值修改功能让你可以在运行游戏时动态查看对应结果，不需要反复结束又开始游戏就可以调整场景物体的移动速度、跳跃高度或是飞行中的碰撞力。需要注意的是，运行时修改的数据在结束时会自动归位，如果你已经获得了理想的数值，请记下来，并在结束运行后再次进行修改。

1.2.6 场景视图

在 Unity 中，场景视图是非常重要的一个视图，你可以实时看到你所搭建的游戏的样式（见图 1.12），通过鼠标和一些快捷键，你就可以在场景中漫游查看，并且把游戏对象放到你设想的地方，因此场景视图算是一个沉浸式的控制界面。

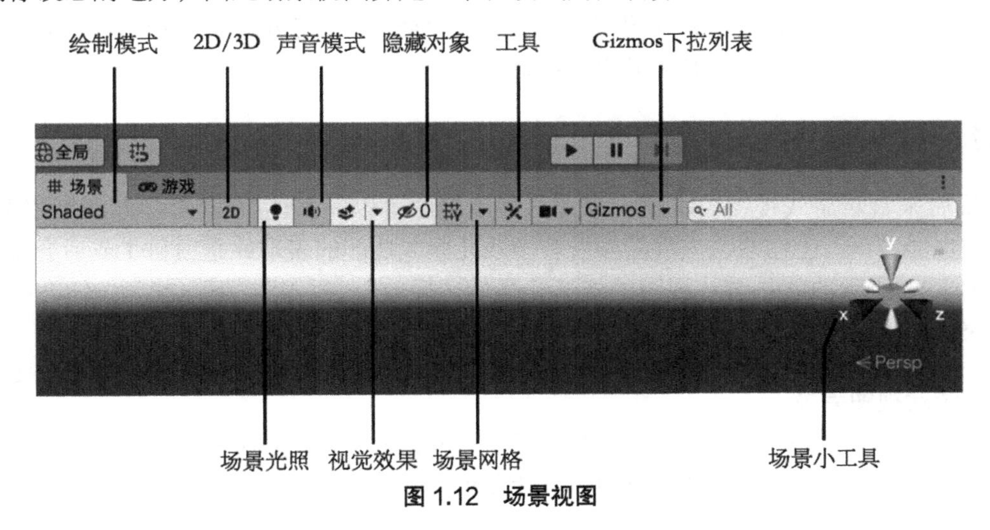

图 1.12 场景视图

之后你将学会如何在场景中移动浏览，但现在你需要看看场景视图中包含的一些控制元件。

1. 绘制模式：控制当前场景的绘制模式，默认状态为着色模式，场景中的所有物体都按照其纹理绘制出来。

2. 2D/3D 视图：控制 2D 或 3D 视图的显示，在 2D 视图中，场景小工具（本章后面会介绍）将不可见。

3. 场景光照：控制场景中的物体是同时接受默认的环境光，还是只接受场景中实际存在的光源，默认情况下接受默认的环境光。

4. 声音模式：控制声音资源是否在场景视图中显示。

5. 视觉效果：控制类似天空盒、雾或其他特效是否显示在场景视图中。

6. 隐藏对象：控制被隐藏对象是否在场景视图中显示。

7. 场景网格：控制是否显示场景网格。

8. 工具：控制组件编辑器工具面板是否显示。

9. Gizmos（小工具）下拉列表：控制场景视图中显示哪些元素的线框，有助于以视觉的方式排除一些问题；它同时还控制放置网格的显示与否。

10. 场景小工具：控制当前所视方向，还可以使场景视图对齐某一特定轴向。

小记 场景小工具

场景小工具是场景视图中非常强大的一个控制器，如图 1.12 所示，该控制器有对应 x、y、z 这 3 个轴向的坐标轴，这样就可以快速得知当前的视觉朝向。在第 2 章

“游戏对象”中你会学到更多关于轴向和3D空间的知识。通过场景小工具，还可以将视图角度迅速调整至固定轴向，单击既定轴向，当前视图就会立即调整至对应轴向，比如顶视图或左视图。

单击场景小工具中间的正方体，当前视图将在Iso（等距）和Persp（透视）模式中切换。等距是指没有透视的3D视图效果；透视指带有透视的3D视图效果。试试切换两种模式，看场景视图有什么改变，你会发现场景小工具下的图标从等距模式的平行线变成了透视模式的鱼尾纹样式。

1.2.7 游戏视图

最后来看看游戏视图。本质上来说，游戏视图可以完整还原当前场景，让我们在编辑器中也能“玩”上游戏，该视图中所有游戏元素或功能的表现就是项目生成后会有的表现。图1.13所示的就是游戏视图的样子，虽然“播放”“暂停”“下一帧”按钮在技术层面不属于本视图，但它们可以控制游戏视图，所以被包含在内。

提示 游戏视图丢失

如果你发现游戏视图被隐藏在场景视图后面，甚至完全找不到游戏视图，单击“播放”按钮，游戏视图就会自动出现并开始运行游戏。

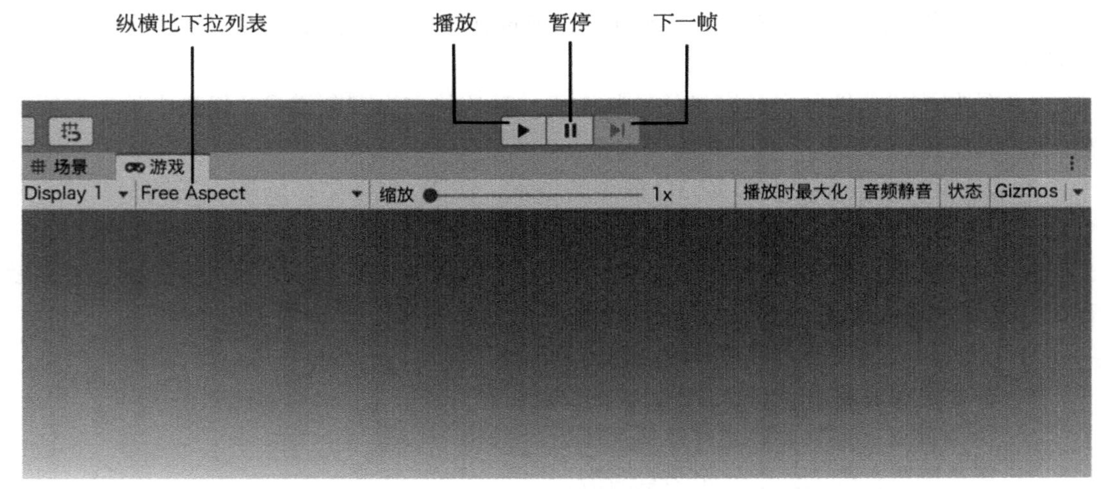

图1.13 游戏视图

游戏视图的控制元件能辅助进行游戏测试。

1. 播放：控制当前场景的开始，单击“播放”按钮后，所有的控制器、动画、声音、特效都将开始运行。游戏在此处的运行效果应该与它被导出后在其他平台（例如计算机或手机）上的效果一致。再次单击“播放”按钮，就能停止游戏。

2. 暂停：控制当前运行游戏的暂停，一旦单击“暂停”按钮，游戏中所有元素都将保持在当前状态；再次单击“暂停”按钮，游戏将继续运行。

3. 下一帧：当游戏暂停时，控制游戏运行下一帧，这样可以让游戏逐帧完成，找到可能存在的问题。在游戏运行中单击该按钮会使游戏暂停。

4. 纵横比下拉列表：控制游戏视图运行时的纵横比，默认设置为 Free Aspect（自由比例）模式，你可以根据目标平台来调整这里的纵横比。

5. 播放时最大化：决定游戏视图在运行时是否最大化至编辑器大小，默认为未选择状态，运行时游戏视图就是其原本的尺寸。

6. 音频静音：使运行过程保持静音。当你旁边的人对你反复的测试行为感到不满时，这个功能还挺方便的。

7. 状态：控制游戏运行时渲染统计信息是否显示，有助于评估一个场景的渲染效率。默认设置为关闭状态。

8. Gizmos 下拉列表：通过下拉列表（右侧的小箭头）中的选项控制运行过程中小工具显示与否。游戏视图中小工具默认不显示。

提示　运行、暂停、关闭

最开始是挺难理解运行、暂停、关闭状态的。当这个游戏还没有在游戏视图中被执行时，就是处在关闭状态，此时游戏的各个控制器是没有运作的，游戏也无法交互。单击“播放”按钮后，游戏开始执行，我们会说游戏在运行了。播放、执行、运行，指的是同一件事。游戏开始后单击“暂停”按钮，游戏将暂停并保持在当前状态，此时，游戏处在暂停状态。暂停和关闭状态的区别在于，暂停后再开始的话，游戏会从暂停处继续运行，而关闭后再开始，游戏将从头开始。

1.2.8 值得一提：工具栏

尽管不是单独的一个视图，Unity 的工具栏在整个编辑器中的地位还是举足轻重的，图 1.14 显示了其中包含的组件。

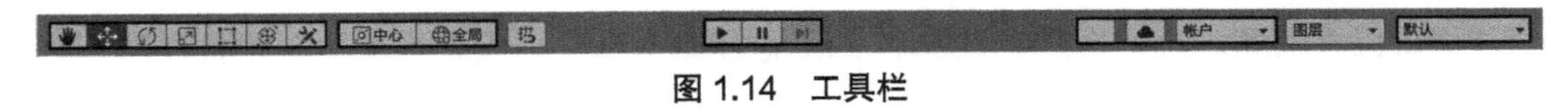

图 1.14 工具栏

1. 变换工具：用这些工具可以控制各个游戏对象，之后的章节中会讲解。其中的手形按钮需要注意一下，这是本章后面会讲到的手形工具。

2. 小工具变换选框：调整场景视图中的场景小工具显示状态，现在暂时不用了解。

3. 游戏视图控件：控制游戏视图状态。

4. 账号及服务：管理当前使用的账号及服务。

5. “图层”下拉列表：控制场景视图中显示哪些图层，默认为所有图层都显示，现在暂时不用了解，之后第 5 章“灯光和摄像机”中会讲解。

6. “布局”下拉列表：快速改变当前布局。

1.3 在场景视图中移动

在场景视图中可以控制修改游戏的很多构建内容，可视化调整是十分好用的一个功能，但如果你在场景中都不能到处移动，那前面都只是空谈，本节将介绍几种在场景视图中移动的方法。

提示　缩放

不管用什么方法进行移动，滚动鼠标滚轮都能控制场景的放大缩小，默认情况下，场景会沿着场景视图的中心进行改变，如果滚动的同时按住 Alt 键，场景将会沿着鼠标指针所在位置进行缩放，现在上手试试吧！

1.3.1　手形工具

利用手形工具（见图 1.15）（快捷键：Q）可以简便地移动场景，如果你用的鼠标是单键的话（其他方法会需要双键鼠标），它就显得更实用了。表 1.1 大致介绍了手形工具的使用方法（它旁边的其他工具待会儿会介绍）。

图 1.15　手形工具

表1.1　手形工具

操　作	效　果
单击拖动	将摄像机拖动至场景中不同位置
按住 Alt 键并单击拖动	以鼠标指针当前位置为圆心旋转移动摄像机
按住 Alt 键（Mac 为 Command 键）并右键单击拖动	缩放摄像机

你可以在 Unity 用户手册网站搜索“Scene 视图导航”以发现更多关于场景视图导航快捷键的信息。

注意　不同的摄像机

使用 Unity 时，你会接触到两种摄像机。第一种是作为游戏对象的摄像机，就是当前场景已有的（默认的那个）；第二种不是场景中实际存在的，而是虚拟的摄像机，它决定你在场景视图中所能看到的内容。本章提到的摄像机是指后者，你并没有真的在调整作为游戏对象的那个摄像机。

1.3.2　飞越模式

飞越模式是指用传统第一人称方式来控制移动的模式，那些玩第一人称游戏（比如第一人称射击游戏）的人一定会感到很熟悉。如果你没有玩过这类游戏，可能会需要一点时间上手这种模式，一旦上手后，就会发现它十分好用。

鼠标指针位于场景视图中时右键单击就能进入飞越模式，表 1.2 中的操作都要求长按鼠标右键。

表1.2 飞越模式控制

操 作	效 果
移动鼠标	摄像机绕中心旋转，就像在场景中“打着圈地看”
按住 W、A、S、D 键	W、A、S、D 键能控制你在场景中沿着不同方向前进，分别为：前、左、后、右
按住 Q、E 键	分别控制整个场景的上下移动
按住 Shift 键时，按住 W、A、S、D 键或 Q、E 键	与只按住 W、A、S、D 键或 Q、E 键的效果一致，但移动速度更快，可以把 Shift 键当作“加速”键

提示 闪控

有很多种方式可以完成场景视图中的视图调整，有时你想在场景中快速进行查看，你就可以用闪控（Snap Control）的方法。如果你想快速聚焦到场景中一个对象上，你可以在层级中选中该对象然后按 F 键（Frame Select），整个场景就会快速“闪”到那个对象的位置去；双击层级中的物体也能达到同样的效果。另一个闪控的方法你也已经知道了：通过场景小工具可以迅速调整至指定轴向，这样你不用移来移去就能从各个角度观察一个物体了。好好练习闪控方法，然后你就能在场景中自在畅游了！

提示 更多学习内容

打开 Unity Hub 时，你的目光可能会不自觉地被学习部分吸引（见图 1.16），单击“学习”选项就可以查看 Unity 最新的学习资源。如果你想了解更多 Unity 的基础功能的话，这些都是十分出色的学习资源，值得你花时间好好研究（我帮忙制作了这些课程）。

图 1.16 Unity Hub 中的学习部分

1.4 总结

在本章中，你大致了解了 Unity 这款引擎，还完成了下载安装的步骤。然后你学习了如何打开和新建项目。接着你学习了 Unity 编辑器中各个视图的相关知识，并掌握了如何在场景视图中移动。

1.5 问答

问 资源和游戏对象是同一个东西吗？

答 并不是。最大的区别就是，资源中的内容在磁盘中也有对应的文件或文件夹，而游戏对象没有。资源可以包含或不包含游戏对象。

问 这么多控制器和选项，我都得现在就记住吗？

答 其实不用。绝大部分控制器和选项都预设好了，能应对大多数情况。随着你对 Unity 有更深入的了解，你会学到更多可用的控制器，本章只展示了默认预设的情况，也只是想让你多熟悉熟悉。

1.6 测试

花一些时间来研究下面的问题，以确保你牢固地掌握了所学内容。

1.6.1 试题

1. 判断题：你必须购买 Unity Pro 才能制作商业游戏。
2. 哪个视图可以让你直观地操作场景中的物体？
3. 判断题：你应该在 Unity 中移动你的资源文件，而不是使用操作系统的资源管理器。
4. 判断题：你可以在编辑器中完成 Unity 的项目管理和安装。
5. 在场景视图中，当你右键单击时，你会进入什么模式？

1.6.2 答案

1. 错误。你可以用 Unity Personal 或 Unity Plus 制作游戏。
2. 场景视图。
3. 正确。这有助于 Unity 跟踪资源的情况。
4. 错误。你应该通过 Unity Hub 来完成。
5. 飞越模式。

1.7 练习

花点时间来练习本章所介绍的内容。掌握 Unity 的基础知识很重要，因为从现在开始，你所学的一切都会被用到。跟随以下步骤完成练习。

1. 选择“文件”→“新建场景”或按 Ctrl+N 键（Mac 上为 Command+N 键）创建一个新场景。

2. 在项目视图中创建一个文件夹：右键单击资源，选择“创建”→“文件夹”，并将文件夹命名为 Scenes。

3. 选择“文件”→“保存”或按 Ctrl+S 键（Mac 上为 Command+S 键）保存你的场景。请确保将场景保存在你创建的 Scenes 文件夹中，并给它起一个描述性的名称。

4. 在场景中添加一个立方体。你可以通过以下任一方式来实现。

- ► 单击编辑器顶部的“游戏对象”菜单，选择“3D 对象”→“立方体”。
- ► 在层级视图中单击 Create 下拉列表（“+”旁），然后选择“3D 对象”→“立方体”。
- ► 在层级视图中右键单击，选择“3D 对象”→“立方体”。

5. 在层级视图中选择新添加的立方体，在检查器视图中调整其属性。

6. 练习在场景视图中使用飞越模式、手形工具和闪控法，使用立方体作为移动时的参考点。

第2章　游戏对象

本章你将会学到如下内容。

- 如何处理 2D 和 3D 坐标。
- 如何处理游戏对象。
- 如何处理变换。

游戏对象是 Unity 游戏项目的基本组件。场景中存在的每个分项都是游戏对象或者都基于游戏对象。在本章中，你将学习 Unity 内的游戏对象。不过，在开始与 Unity 中的对象打交道之前，你必须先学习 2D 和 3D 坐标系统。学会后，你将开始学习操作 Unity 中内置的游戏对象。在本章最后，你会学习游戏对象多种不同的变换。本章的内容为本书后续的学习奠定了基础，所以，一定要花时间学好它。

2.1　维度和坐标系统

尽管电子游戏光彩夺目，魅力无穷，但它们本质都是一些数学结构，其所有的属性、运动和交互都可以归结为数字。对你来说幸运的是，许多“地基”都已经打好了。数学家们埋头苦干了几个世纪来发现、发明和简化不同的过程，正因如此，你可以利用现代软件轻松地构建出游戏。你可能认为游戏中的对象只是随机地存在于空间中，但实际上每个游戏空间都具有维度，并且每个对象都被放置在某一种坐标系统（或网格）中。

2.1.1　走进3D

如前所述，每款游戏都会使用某种级别的维度。可能你熟悉的、最常见的维度系统是 2D 和 3D 系统，也就是二维（Two-Dimensional）和三维（Three-Dimensional）的缩写。2D 系统是一个平面系统，在 2D 系统中，只需处理垂直和水平元素（也就是上、下、左、右）。

像 *Tetris*、*Pong* 和 *Pac Man* 这样的游戏就是 2D 游戏的良好示例。3D 系统和 2D 系统类似，但它显然多一个维度。在 3D 系统中，不仅具有水平和垂直方向（上、下、左、右），还具有深度（里和外）。图 2.1 很好地表现了 2D 正方形和 3D 立方体。注意 3D 立方体中的深度轴，它让立方体像是“凸出来”了一样。

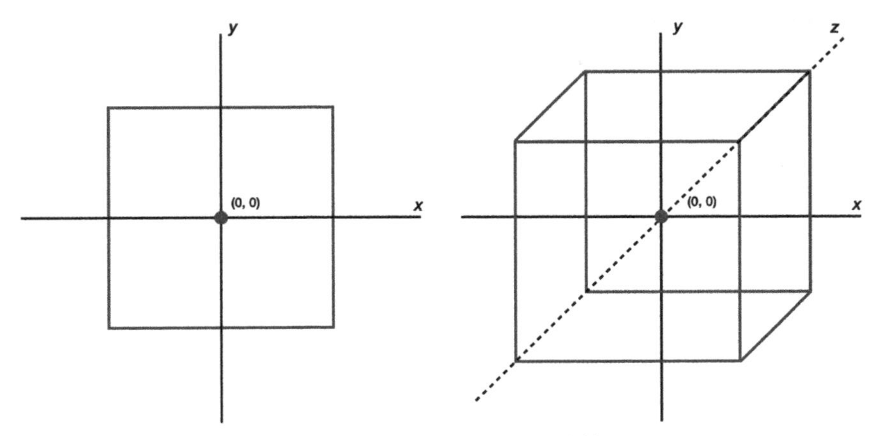

图 2.1 2D 正方形和 3D 立方体

小记 关于 2D 和 3D

Unity 是一个 3D 引擎，因此，在其中所创建的项目默认都是 3D 的。事实上，现在也不存在纯粹的 2D 游戏了，现代的处理器会将它们都视为 3D 的对象来渲染，2D 游戏也存在 z 轴，只是不使用。你可能想知道为什么本书还要涵盖 2D 系统，那是因为，即使是在 3D 项目中，仍然有许多 2D 元素。纹理、屏幕元素和绘图技术都使用 2D 系统。Unity 的 2D 游戏工具包很丰富，而且 2D 系统不会很快退出舞台。

2.1.2 使用坐标系统

维度系统在数学上等价于坐标系统。坐标系统使用一系列直线（称为轴）和位置（称为点），这些轴直接对应于它们所模拟的维度。例如，2D 坐标系统具有 x 轴和 y 轴，它们分别代表水平和垂直方向。如果在水平方向上移动一个对象，就称为“沿着 x 轴”移动。同样，3D 坐标系统使用 x 轴、y 轴和 z 轴，分别代表水平、垂直和深度方向。

小记 常用的坐标系统

在谈到对象的位置时，一般会列出它的坐标。称对象在 x 轴上是 2、在 y 轴上是 4 可能有点麻烦，还好有一种对坐标的简写方式：在 2D 系统中，采用 (x, y) 这样的形式书写坐标；在 3D 系统中，则写作 (x, y, z) 的形式。因此，可以将上述的例子写作 (2, 4)。如果那个对象在 z 轴上的值是 10，则写作 (2, 4, 10)。

每种坐标系统都有一个所有的轴相交的点，这个点称为原点。原点的坐标在 2D 系统中总是 (0, 0)，在 3D 系统中则是 (0, 0, 0)。这个原点非常重要，因为它是得到其他所有点的坐标的基础。其他点的坐标是该点沿着每根轴相距原点的距离。当移动某个点使之远离原点时，它的坐标值的绝对值将变大。例如，右移一个点时，它的 x 轴的值将变大；左移它时，x 轴的值将变小，而当它经过原点后，点的 x 轴绝对值将再次开始变大，但它也会变成负数。如图 2.2 所示，这个 2D 坐标系统中定义了 3 个点。点 (2, 2) 在 x 轴正方向上和 y 轴正方向上都距离原点 2 个单位，点 (−3, 3) 在 x 轴负方向和 y 轴正方向上都距原点 3 个单位，点 (2, −2) 在 x 轴正方向和 y 轴负方向上都距原点 2 个单位。

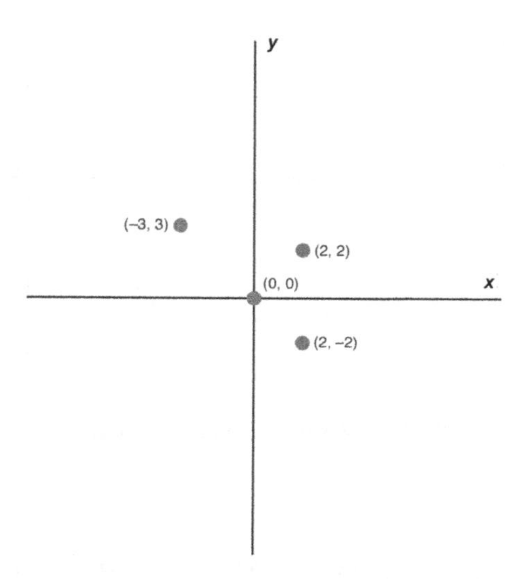

图 2.2　原点和其他点的关系

2.1.3　世界坐标和局部坐标

你现在学习了游戏世界的维度以及组成它们的坐标系统。迄今为止我们使用的是世界（World）坐标系统。在任何时候，世界坐标系统中都只有一根 x 轴、y 轴和 z 轴。同样，所有的对象都共享唯一一个原点。你可能不知道的是，还有一种所谓的局部（Local）坐标系统。这个系统对于每个对象而言都是独特的，并且独立于其他的对象。局部坐标系统具有它自己的轴和原点，其他对象不会使用它们。图 2.3 用两种坐标系统展示了一个正方形的 4 个点，阐释了世界坐标系统与局部坐标系统之间的区别。

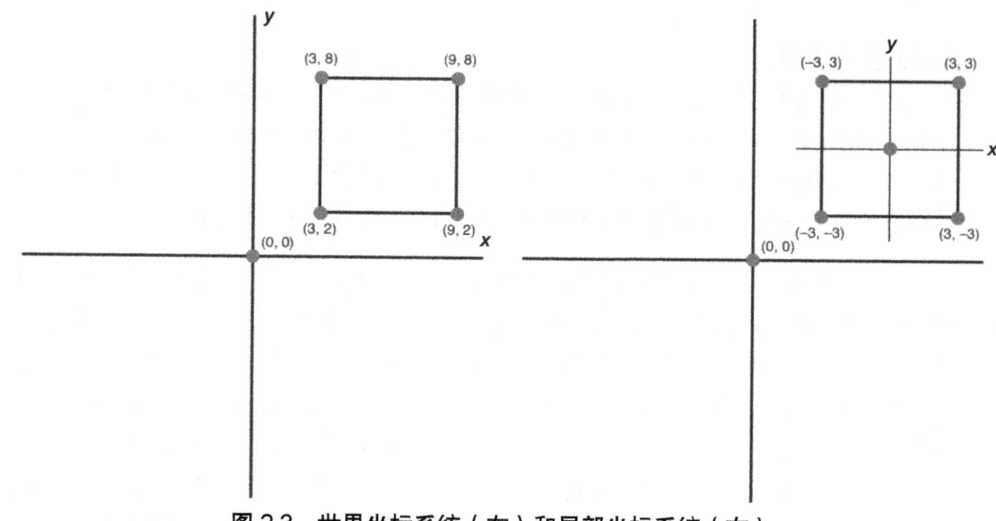

图 2.3　世界坐标系统（左）和局部坐标系统（右）

或许你会疑惑，如果世界坐标系统是用来定位对象的话，那局部坐标系统又是用来干什么的？在本章后面，将探讨游戏对象的变换以及设置游戏对象的父对象，它们都需要使用局部坐标系统。

2.2 游戏对象

Unity 游戏中的所有形状、模型、灯光、摄像机和粒子系统等都具有一个共同点：它们都是游戏对象（Game Object）。游戏对象是任何场景的基本单元，虽然它们比较简单，但是它们非常强大。归根结底，游戏对象差不多就是一种变换（将在本章后面更详细地讨论）和一个容器。作为容器时，它可以保存多种使对象更具动态、更有意义的组件。至于向游戏对象添加什么，则取决于你自己。组件有很多，它们可以使对象更加多样化。在之后的内容中，你将学习使用其中许多组件。

小记 内置对象

并不是每个游戏对象在最初使用时都是一个空对象。Unity 具有多个内置的游戏对象，可以直接使用。单击 Unity 编辑器顶部的“游戏对象”菜单，就可以看到大量的可用项。学习使用 Unity 大部分就是在学习如何处理内置的和自定义的游戏对象。

▼自己上手

创建一些游戏对象

是时候上手操作一下游戏对象了。跟着以下步骤新建几个基础对象，并实践探索它们包含的不同组件。

1. 创建一个新项目，或者在已经有的项目中创建一个新场景。
2. 单击“游戏对象”菜单，选择“创建空对象”，添加一个空游戏对象［注意：也可以按 Ctrl+Shift+N 键（Windows 用户）或者 Command+Shift+N 键（macOS 用户）来创建空游戏对象］。
3. 查看检查器视图，你会发现刚才创建的游戏对象除了 Transform（变换）之外没有其他组件（所有的游戏对象都带有 Transform 组件）。在检查器视图中单击“添加组件”按钮，将显示可以添加到对象中的所有组件。此时不要选择任何组件。
4. 单击“游戏对象”菜单，选择“3D 对象”→“立方体”。
5. 注意立方体具有而空游戏对象不具有的多种组件。Mesh（网格）组件使立方体可见，Collider（碰撞器）组件则使之能够与其他对象产生物理交互。
6. 在层级视图中打开 Create 下拉列表，从中选择“灯光”→“点光源”。
7. 可以看到点光源和立方体只同时包含了 Transform 组件，点光源把注意力完全放在了发光上，其发出的光补充了场景里已存在的 Directional Light。

2.3 变换

至此，你已经学习并且探索了不同的坐标系统，并且试验了一些游戏对象，现在应该把它们二者融合起来。在处理 3D 对象时，经常会听到变换（Transform）这个术语。根据上下文的不同，变换可以是一个名词或动词。3D 空间里的所有对象都具有位置（Position）、旋转（Rotation）和缩放（Scale）。如果把它们都结合起来，就会得到对象的变换（名词）。此外，如果变换指的是更改对象的位置、旋转或缩放，那它就可以是一个动词。Unity 把变换的两种含义与 Transform 组件结合起来。

Transform 组件是唯一一个每个游戏对象都必须具有的组件，每个空游戏对象都有 Transform 组件。使用这个组件，可以查看对象的当前变换并改变（或变换）对象的变换。现在听着可能会令人疑惑，但它相当简单，要不了多久你就会了解它。由于变换由位置、旋转和缩放组成，改变变换就分别对应于移动、旋转和缩放这 3 种方法［这 3 种方法也被称为变换（Transformations）］。这些变换可以使用检查器视图或变换工具实现。图 2.4 和图 2.5 显示了哪些检查器视图组件或工具与哪些变换相关联。

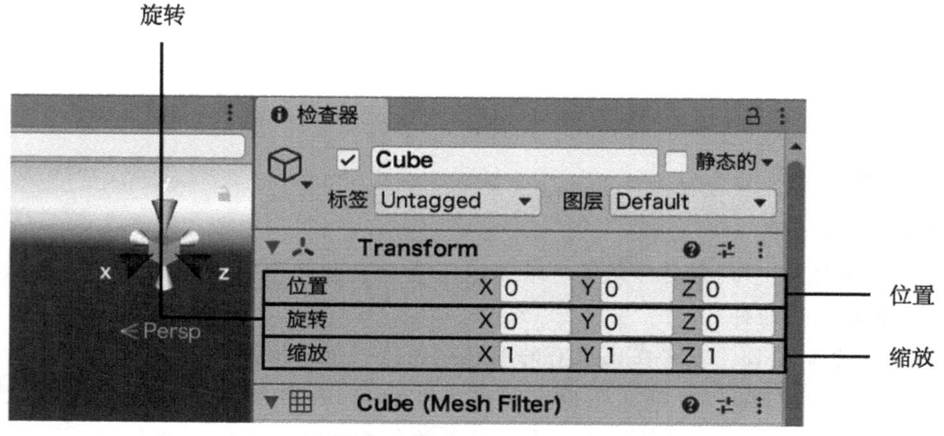

图 2.4　检查器视图中的变换选择

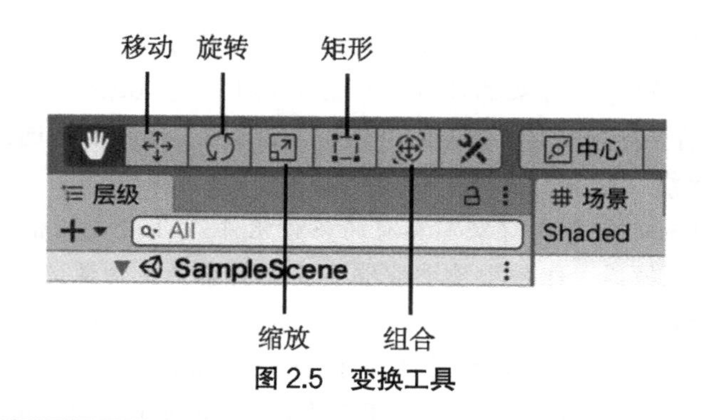

图 2.5　变换工具

提示　在使用矩形前

矩形（Rect，Rectangle 的缩写）这个概念常在 2D 游戏中被使用，比如说，对图片精灵（Sprite）这样的2D对象来说，矩形工具就像3D对象的变换工具，用来控制其位置、旋转和缩放（在图2.5中可以查看矩形工具的位置）。另外，Unity中用户界面（User Interface，UI）对象的变换通过一个叫Rect Transform（矩形变换）的组件来完成，第14章“用户界面”中将更细致地介绍这些内容；而现在，我们只需要知道Rect Transform组件就是普通移动对应的2D版，只针对UI对象使用。

2.3.1 移动

在3D系统中，改变对象的坐标位置的过程被称为移动，这是可以应用于对象的最简单的一种变换。在移动一个对象时，它将沿着一条轴移动。图2.6演示了一个沿着x轴移动的正方形。

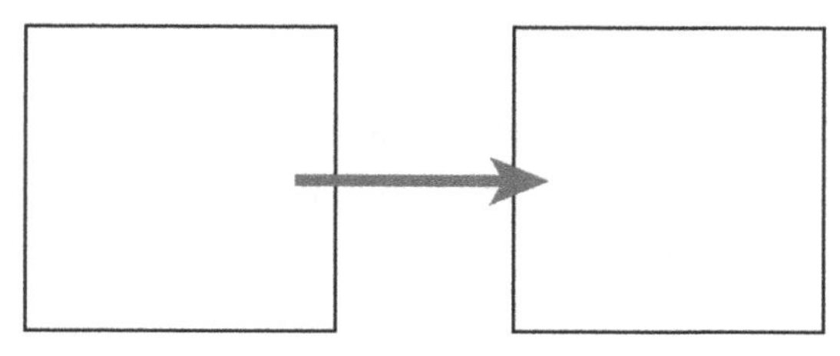

图2.6 移动示例

当你选用了移动工具（快捷键：W）时，任何所选的对象在场景视图中都将稍有改变，更确切地讲，你将会看到3个箭头，它们沿着3根轴从对象的中心指向外面。这些是移动工具句柄，它们有助于你在场景中四处移动对象。单击并长按其中任何一个轴箭头会把它变成黄色，如果同时移动鼠标，对象将沿着那根轴移动。图2.7展示了移动工具句柄的样子。注意，这个句柄只会出现在场景视图中。

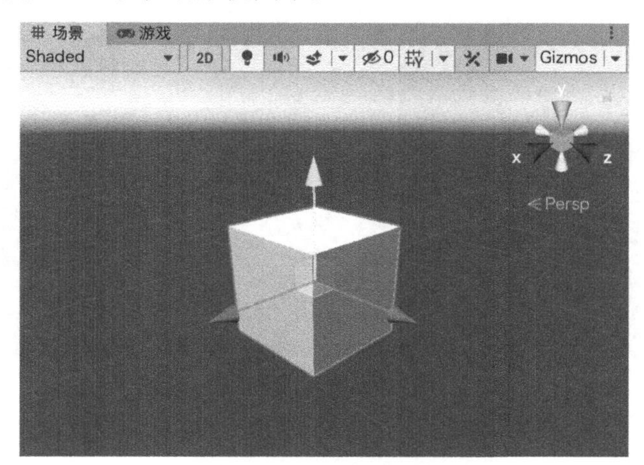

图2.7 移动工具句柄

提示 Transform组件和变换工具

Unity提供了两种方式来管理对象的变换，知道何时使用哪种方式很重要。用变换工具在场景视图中改变对象的变换时，变换数据也会在检查器视图中改变。在检查器视图中执行对象的较大变换会更容易，因为可以直接把对应值更改为目标值。不过，变换工具对于快速、较小的改变更有用。交叉使用这两种方式可以极大地改进工作流程。

2.3.2 旋转

旋转一个对象并不会在空间中移动它，但它会改变对象与那个空间的关系。简单来说，旋转能重新定义 x 轴、y 轴和 z 轴对特定对象而言指向的是哪个方向。图 2.8 所示的是一个围绕 z 轴旋转的正方形。

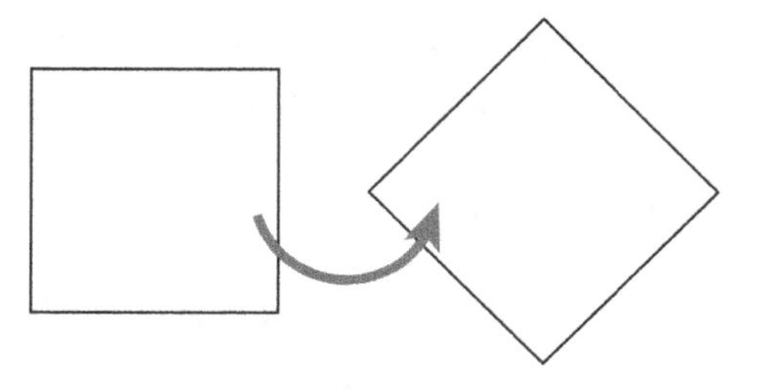

图 2.8 绕 z 轴旋转

提示 确定旋转轴

如果你不确定需要围绕哪根轴旋转对象来获得想要的效果，可以试试一种简单的方法：一次围绕一根轴旋转，假设对象被与那根轴平行的针固定在了某个位置，对象只能围绕固定它的针旋转，然后，确定哪根针让对象以你想要的方式旋转，它就是你所需要的轴。

就像变换工具一样，选择旋转工具（快捷键：E）会让旋转工具句柄出现在对象周围。这些句柄以圆形的形式呈现，分别对应对象围绕不同轴的旋转路径，单击并拖动其中任何一个圆形会将其变成黄色，并围绕那根轴旋转对象。图 2.9 展示了旋转工具句柄的样子。

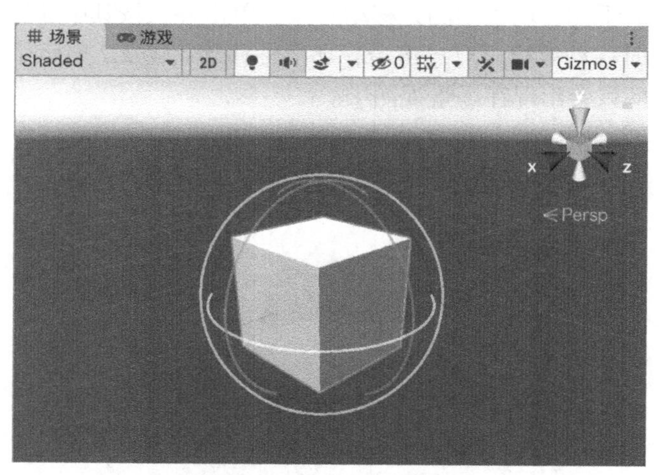

图 2.9 旋转工具句柄

2.3.3 缩放

缩放是在 3D 空间内扩展或收缩特定对象，这种变换在使用时会比较直观和简单。在任意轴上缩放一个对象都将改变它在那根轴上的尺寸。图 2.10 所示为在 x 轴和 y 轴上缩小一个正方形。图 2.11 显示了选择缩放工具（快捷键：R）时缩放工具句柄的样子。

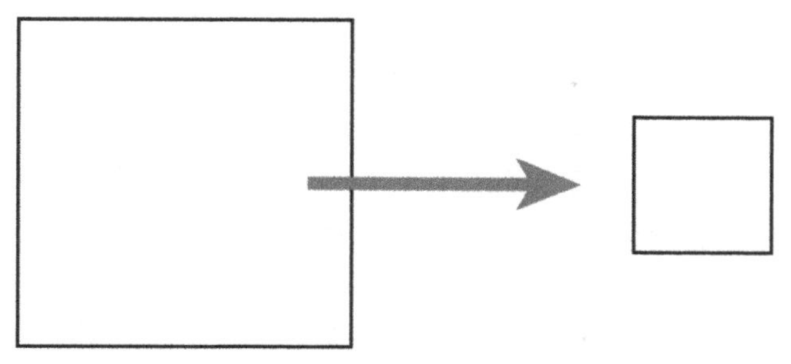

图 2.10 在 x 轴和 y 轴上缩放

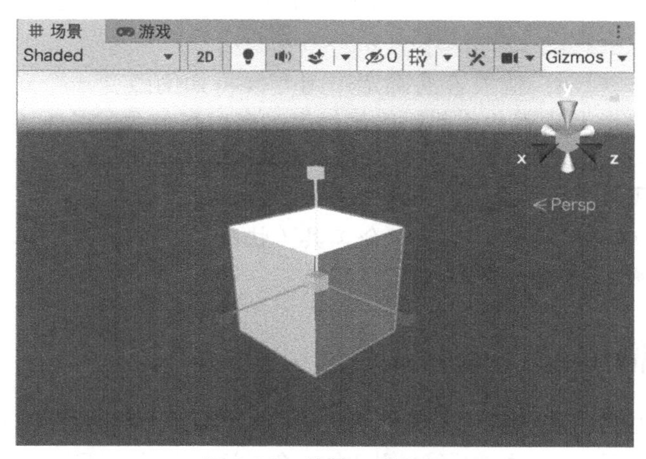

图 2.11 缩放工具句柄

2.3.4 变换的风险

如前所述，变换使用的是局部坐标系统。因此，此时所做的改变有可能会影响之后的变换，如图 2.12 所示，你可以发现当以相反的顺序应用两种相同的变换时，将获得两种不同的效果。

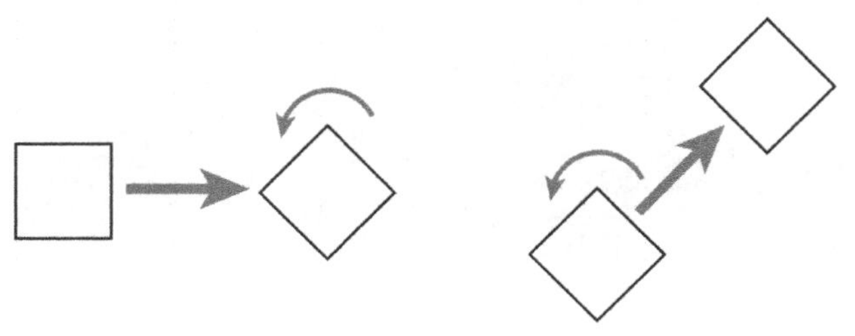

图 2.12 不同变换顺序的效果

如你所见，不注意变换顺序将会导致一些意料之外的结果。幸运的是，你可以根据变换的一些一致性效果来决定具体的操作步骤。

- **移动**：移动是一种惰性相当强的变换，这意味着在它之后的任何改变一般不会受它影响。

- **旋转**：旋转将改变局部坐标系统的轴的方向，对象在旋转之后将沿着新的轴向移动。举例来说，如果你围绕 *z* 轴把对象旋转了 180°，然后将其沿着 *y* 轴正方向移动，对象将向下（而不是向上）移动。
- **缩放**：缩放实际上改变了局部坐标栅格（Grid）的大小。事实上，当你放大一个对象时，放大的是其局部坐标系统，这就让对象看起来是扩大了的，而这种改变是具有乘法效应的。例如，把一个对象缩放到 1（它的默认大小），然后沿着 *x* 轴向右移动 5 个单位，对象将向右移动 5 个单位；但如果把同一个对象缩放到 2，然后在 *x* 轴上向右移动 5 个单位，对象将向右移动 10 个单位。这是由于局部坐标系统的大小翻了一倍（2 × 5=10）；相反，如果把对象缩放到 0.5 然后移动 5 个单位，它只会移动 2.5 个单位（0.5 × 5=2.5）。

一旦理解了这些规则，就很容易确定一组变换将如何改变一个对象，而你选择的是局部坐标还是世界坐标，将影响这些变换的结果，所以最好先试验看看。

提示　一键使用多工具

工具栏中最后一个场景工具是组合工具（快捷键：Y），这个工具让你能同时进行移动、旋转或缩放一个 3D 对象。

2.3.5　工具句柄位置

对新手而言，由于不知道工具句柄（Gizmos）的显示选项是用来干什么的，会感到疑惑。事实上，这个选项是用来控制场景视图中变换工具句柄的位置和对齐方向的。在图 2.13 中可以对比看出选择局部或世界坐标空间后，移动工具句柄的对齐方向是如何改变的。

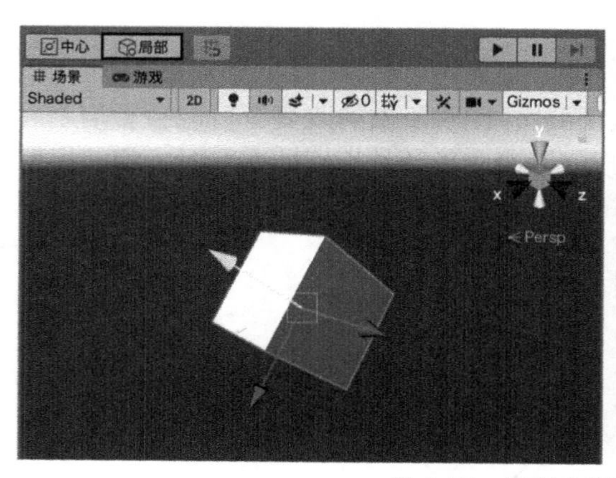

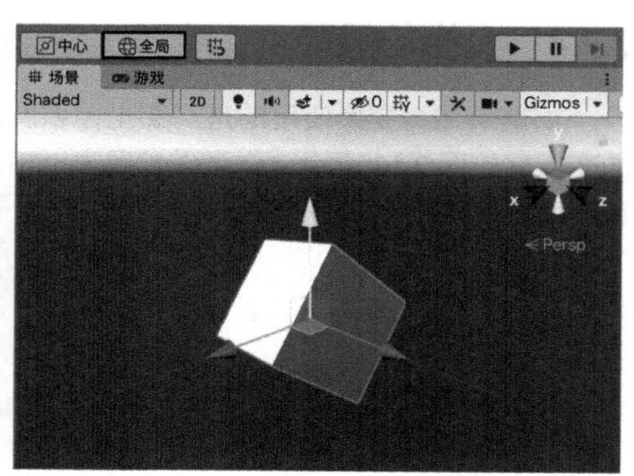

图 2.13　局部或世界坐标下的工具句柄

另外，在图 2.14 中可以看到选择多个物体后句柄的位置变化。当选择了轴心选项时，句柄的中心将位于第一个被选择对象的中心；如果选择的是中心选项，句柄将处于所有选中对象的中心。

一般来说，保持轴心及局部的句柄选择，能避免一些问题，也能简化 Unity 的使用过程。

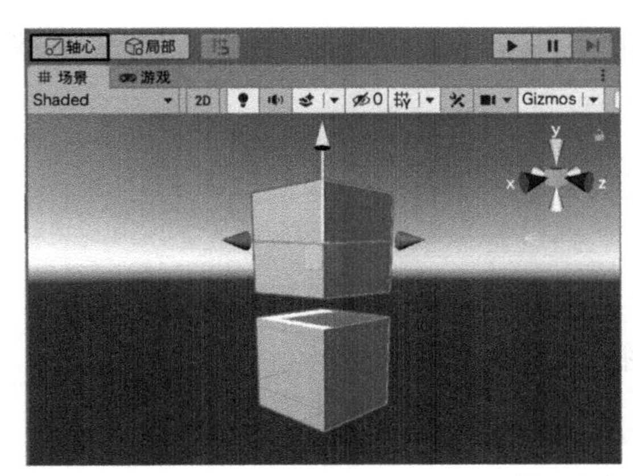

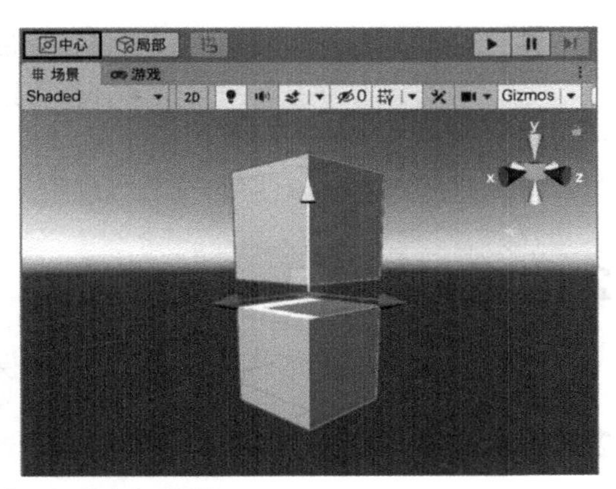

图 2.14 轴心或中心选项下的句柄位置

2.3.6 变换或嵌套对象

在第 1 章“Unity 简介”中，你已经学会了如何在层级视图中嵌套游戏对象（将一个对象拖动到另一个对象中）。当已有这样一个嵌套结构时，一级的对象是父对象，另一个则是子对象。对父对象而言，各种变换的应用都如前文所介绍的那样，可以移动、缩放或旋转。子对象的变换结果会有所不同，嵌套之后，子对象的变换是相对于父对象来进行的，而不是世界坐标系统，因此，一个子对象的位置不是根据其与原点的距离来决定的，而是根据其与父对象的距离来决定。如果父对象旋转了，子对象将随其一起旋转，如果此时查看子对象的旋转数据的话，会发现它并没有显示已旋转；缩放变换也是如此，子对象将跟随父对象一起缩放，但同时子对象本身的大小并没有改变。或许有些难以理解，但记住，当一个变换被应用时，它是被对象的坐标系统所应用而不是被对象所应用，对象并没有旋转，而是其坐标系统旋转了，只不过看起来是对象发生了旋转。而子对象的坐标系统是基于父对象的局部坐标系统的，因此父系统的任何改变都直接作用于子系统（而子系统根本不知道）。

2.4 总结

在本章中，你学习了关于 Unity 中的游戏对象的知识。首先学习了 2D 与 3D 之间的区别。接着，你了解了坐标系统，以及它如何从数学上分解“世界”这个概念。之后你开始上手操作游戏对象，包括一些内置的游戏对象。最后，你学习了有关变换的知识以及 3 种变换方式，你尝试进行了一些变换，认识到了其风险，以及它们如何影响嵌套的对象。

2.5 问答

问 同时学习 2D 和 3D 的概念重要吗？

答 是的。即使是 3D 游戏，在技术层面上仍会沿用一些 2D 概念。

问 我应该现在就学着使用所有的内置游戏对象吗？

答　并不需要。游戏对象有很多，尝试立即将其全部掌握或许会有些令人崩溃，花些时间将本章提到的对象学好就可以了。

问　熟悉变换的最佳方式是什么？

答　是练习。持续使用它们，最后，一切将会水到渠成。

2.6　测试

花一些时间来研究下面的问题，以确保你牢固地掌握了所学内容。

2.6.1　试题

1. 2D 和 3D 中的“D”代表什么？
2. 共有几种变换？
3. 判断题：Unity 没有内置对象，你必须自己创建。
4. 假设你有一个对象位于 (0, 0, 0) 处，将其沿着 x 轴正向移动一个单元，再将其围绕 z 轴顺时针旋转 90°，该对象的新坐标是什么？如果是移动之前先旋转了呢？

2.6.2　答案

1. 维度。
2. 3 种。
3. 错误。Unity 提供了很多内置对象。
4. 移动后旋转的话，坐标是 (1, 0, 0)；旋转后移动的话，坐标是 (0, 1, 0)。如果感到疑惑的话，可以回顾一下本章中的“变换的风险”小节。

2.7　练习

花点时间来试验父对象或子对象的变换方法，可以更好地理解坐标系统是如何精确地改变对象的方位的。

1. 新建一个场景或项目。
2. 在项目中添加一个立方体，并把它放在 (0, 2, −5) 处。记住坐标的简写方法：这种情况下立方体的 x 值为 0，y 值为 2，z 值为 −5，你可以通过检查器视图中的 Transform 组件轻松地设置这些值。
3. 在场景中添加一个球体，注意球体的 x、y 和 z 值。
4. 在层级视图中把球体拖动到立方体上，从而把球体嵌套在立方体中。注意其位置值是如何改变的，现在球体是相对于立方体来定位的。
5. 把球体放在 (0, 1, 0) 处。注意它不会出现在原点的正上方，而是位于立方体的正上方。
6. 现在可以尝试多种变换。分别在立方体以及球体上进行试验，观察它们对于父对象与子对象的影响有何不同。

第3章　模型、材质和纹理

本章你将会学到如下内容。

- 模型的基本原理。
- 如何导入自定义和预制的模型。
- 如何使用材质和着色器。

在本章中，你将学习关于模型的知识，以及如何在 Unity 中使用它们。首先，你将了解网格和 3D 对象的基本原理。接着你将学习如何导入自己的模型，或者使用从资源商店获得的模型。在本章末尾，将探讨 Unity 的材质和着色器功能。

3.1　模型的基础知识

如果没有图形组件，那么视频游戏的视觉效果将不会特别好。在 2D 游戏中，被称为精灵的平面图像组成了图形，你只需改变这些精灵的 x 和 y 位置并按顺序翻转其中几个精灵，就可以“欺骗”观众的眼睛，使他们相信自己看到的是真正的运动和动画。不过，在 3D 游戏中，事实并非如此简单。在具有第三根轴的世界里，对象需要具有体积才能欺骗眼睛。游戏中会使用大量的对象，而我们需要快速处理这些对象，网格就能够解决这个问题。从最简单基础的层面来说，网格是一系列互连的三角形。这些三角形沿着边构建并彼此连接，构成从基本到复杂的对象。这些边提供了模型的 3D 定义，可以非常快地进行处理。不要担心，Unity 会为你处理所有这一切，因此你不必自己管理。在本章后面，你将了解三角形是如何构成 Unity 场景视图中的多种形状的。

小记　为什么是三角形?

你可能会疑惑为什么 3D 对象完全由三角形组成，答案很简单：计算机把图形作为一系列的点（或称为顶点，Vertex）来处理，因此对象所具有的顶点越少，绘制它的速度就越快。三角形具有的两个特性使它备受喜爱。第一个特性是，如果已有一个三角形，只需新增一个顶点，即可创建另一个三角形。也就是说，创建一个三角形需要 3 个点，创建两个三角形需要 4 个点，创建 3 个三角形只需要 5 个点，这样的创建过程非常高效。第二个特性是，通过创建三角形及边，可以建成任何 3D 对象，而其他任何形状都不能提供这种程度的灵活性和性能。

小记　模型还是网格？

模型和网格这两个概念是非常相似的，通常可以同时使用。不过，它们之间也有区别。网格包含定义一个对象的3D形状所需的顶点及线条信息。在谈论模型的形状或形式时，实际上指的是网格，所以一个网格也可以被称为一个模型的地形（Geography或Geo）。可以说，模型是一个包含网格的对象。模型具有一个定义其维度的网格，但它也可以包含动画、纹理、材质、着色器及其他网格。一个通用规则是：如果现在处理的分项包含除顶点信息以外的其他任何内容，它就是模型，否则它就是网格。

小记　2D是怎样的呢？

本章将介绍大量有关渲染3D对象的内容，虽然这很有用，但如果你只想制作2D游戏呢？你还应该为这一章（或其他任何不涉及2D的课程）花很多时间吗？答案是应该！正如第2章“游戏对象”中提到的，现在已经没有真正的2D游戏了，图片精灵只是被应用为平面3D对象的纹理，照明也可以应用于2D对象，甚至用于2D和3D游戏的摄像机也是一样的。这里学到的所有概念都可以直接应用到2D游戏中，因为2D游戏实际上就是3D游戏。随着你更多地使用Unity，很快你会发现2D和3D之间的界限确实非常模糊！

3.1.1　内置的3D对象

Unity有几种基本的内置网格（或图元）可供你使用。它们多是提供简单用途的基础形状，也可以组合创建出更复杂的对象。图3.1显示了可用的内置网格（你已经在前面的章节中处理过立方体和球体）。

提示　利用简单的网格建模

你是否在游戏中需要一个复杂的对象但找不到合适的模型？在Unity中嵌套对象使你能够轻松地使用内置的网格创建一些简单的模型。只需把网格放在彼此相邻的位置，使它们构成你想要的粗略外观，然后把所有的对象都嵌套在一个中心对象之下。这样，当移动父对象时，所有的子对象也会移动。这可能不是为游戏创建模型的最优美的方式，但只是制作原型的话，确实又快又实用。

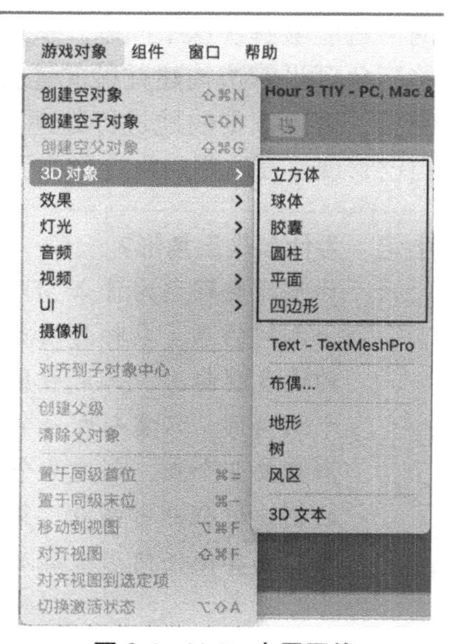

图3.1　Unity内置网格

3.1.2　导入模型

内置的模型确实不错，但大多数情况下，你的游戏需要更复杂的美术资源。令人高兴的是，把你自己的 3D 模型导入 Unity 项目中十分容易，只需把包含 3D 模型的文件放入 Assets 文件夹中，就算是将其加入项目中了。之后就可以把它拖入场景或层级视图中，围绕它来构建游戏对象。Unity 支持 .fbx、.dae、.3ds、.dxf 和 .obj 文件，几乎可以处理所有 3D 建模工具导出的模型。

▼自己上手

导入你自己的 3D 模型

让我们开始把自定义的 3D 模型导入 Unity 项目中。

1. 创建一个新的 Unity 项目或场景。
2. 在项目视图中，右键单击 Assets 文件夹，选择“创建”→“文件夹”，将新建的文件夹命名为 Models（包含项目内的模型）。
3. 在随书资源 Hour 3 Files 中找到为你提供的 Torus.fbx 文件。
4. 同时打开操作系统的资源管理器和 Unity 编辑器，在资源管理器中单击 Torus.fbx 文件，并把它拖动到你在第 2 步中创建的 Models 文件夹中。在 Unity 中，双击打开 Models 文件夹，查看新的 Torus(圆环）文件。如果操作正确，项目视图将呈现图 3.2 所示的样子［注意：如果你用的是较早版本的 Unity 或修改了编辑器设置，可能会同时生成 Materials（包含项目内的材质）文件夹，这样也没有关系，本章后面会详细介绍材质］。

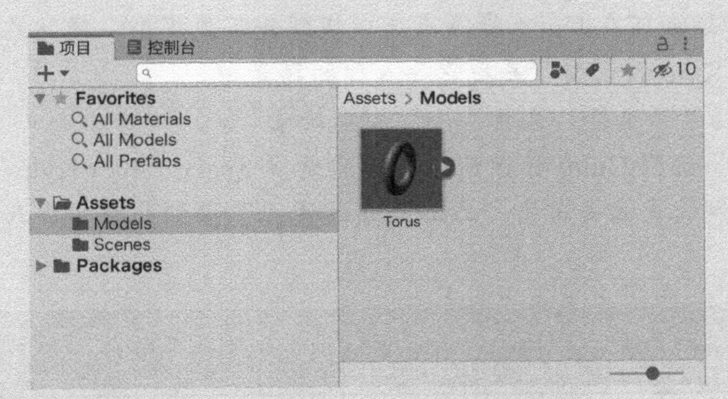

图 3.2 导入 Torus 模型后的项目视图

5. 从 Models 文件夹中把 Torus 资源拖动到场景视图中，Torus 对象被添加到场景中。该游戏对象包含 Mesh Filter(网格过滤器）组件和 Mesh Renderer(网格渲染器）组件，因此 Torus 可以被绘制到屏幕上。
6. 现在 Torus 在场景中非常小，在层级视图中单击以选中 Torus，查看其在检查器视图中的属性。把缩放系数从 1 改为 100，并单击检查器视图右下角的“应用”按钮。

注意　网格的默认缩放

检查器视图中用于网格的大多数选项都是高级选项，不会在此处加以介绍。这里需要说明的属性是缩放系数。3D 软件中以通用单位作为基准，而每个软件可以使用不同的单位。默认情况下，Unity 会将一个单位视作 1 厘米。一般来说，当你导入模型时，Unity 会根据文件类型来推测应该导入的比例。但有时（比如这次）就不能奏效，可以通过缩放系数进行调整。把其值从 1 改为 100，就是在告诉 Unity 将模型放大 100 倍导入，也就是在 Unity 中将其单位从厘米变成了米。

3.1.3　模型和资源商店

你不必成为一位建模专家，也能利用 Unity 创建游戏。资源商店提供了一种简单有效的方式来查找预制的模型，并把它们导入项目中。一般来说，资源商店里的模型分免费和付费两种，并且它们要么是独立的，要么存在于相似模型的集合中。一些模型带有它们自己的纹理，而其中一些只是网格数据。

小记　资源商店工作流程的改变

从 Unity 的 2020.1 版本开始，从资源商店向 Unity 项目中导入资源的流程已经变了，现在你需要使用包管理器来进行导入。一旦掌握这种方式，还是很方便的，本章后面将会介绍包管理器的内容。

▼ 自己上手

从资源商店下载模型

下面的步骤演示了如何在 Unity 资源商店中找到并下载模型，跟随这些步骤来获取一个名为 Robot Kyle 的模型，并把它导入你的场景中。

1. 创建一个新场景（选择“文件”→“新建场景”）。
2. 在浏览器中导航至 Unity 资源商店并搜索资源 Space Robot Kyle。选择由 Unity Technologies 提供的资源并单击“添加至我的资源”按钮，将其加入你的资源（见图 3.3）。

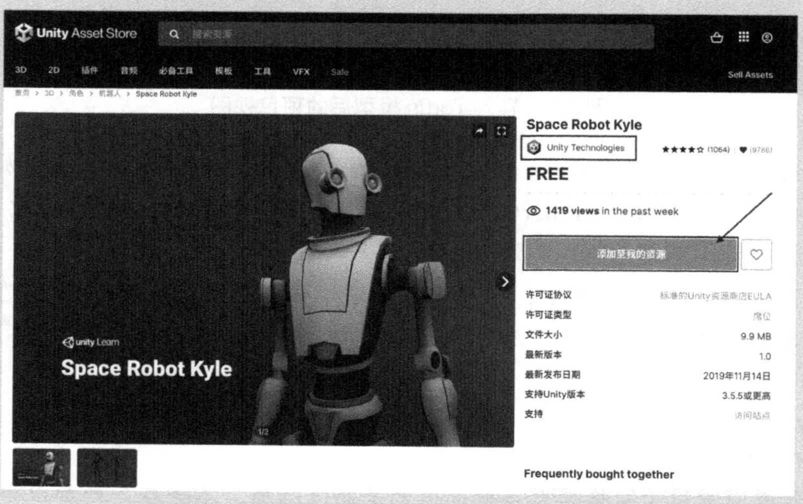

图 3.3　将 Space Robot Kyle 添加至你的资源

3. 当“添加至我的资源”按钮变为“在 Unity 中打开”时单击该按钮，包管理器窗口将和 Unity 一起自动弹出（你也可以通过选择“窗口”→“包管理器”打开该窗口）。
4. 在包管理器窗口中单击“下载”按钮，再单击 Import 按钮将模型导入你的项目（见图 3.4）。

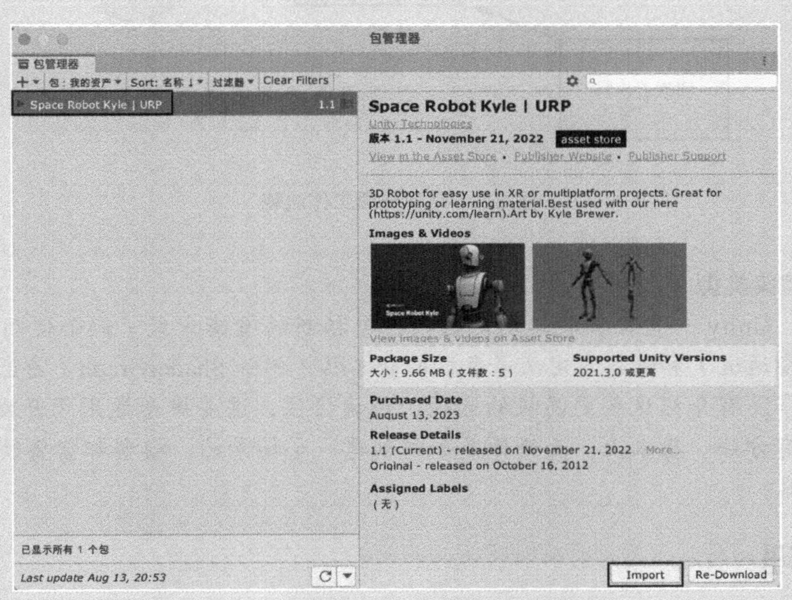

图 3.4　包管理器

5. Import Unity Package（导入 Unity 资源包）对话框出现时，保持每一个选项被选中，然后单击 Import 按钮。
6. 在 Assets\Robot Kyle\Model 中定位机器人模型，注意：场景视图中的模型可能会很小，需要移动靠近来进行查看，也可以在层级视图中双击该模型，或将其选中后按 F 键来将画面“闪”至该模型。

3.2 纹理、着色器和材质

如果不熟悉处理流程，在把图形资源应用于 3D 模型时你可能会犹豫。Unity 使用一种简单、特定的工作流程，其提供的功能可以让你确定你希望对象看起来像什么样子。图形资源可以被分为纹理、着色器和材质 3 种类型，每种类型都会在其单独的小节中进行介绍。图 3.5 显示了它们是如何密切协作的。注意，纹理并不是直接应用于模型的，而是需要将纹理和着色器应用于材质后，再将材质应用于模型。这样，无须做许多工作，就能快速、干净地切换或修改模型的外观。

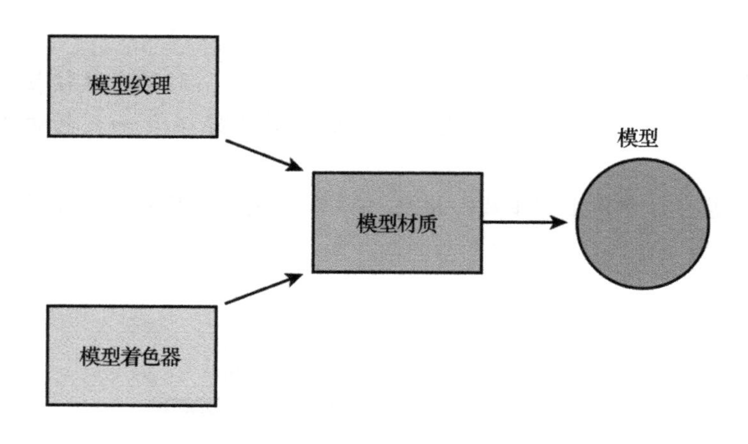

图 3.5 模型资源工作流程

小记 新的渲染类型

最近，Unity 一直在扩展其图形选项，包括新的渲染方式（例如使用可编写脚本的渲染通道）和创建自定义着色器的新工具［例如 ShaderGraph（着色器图）］。虽然本章没有介绍这些更高级的选项，但请记住，这些概念适用于开发 Unity 项目的所有方法。基本上，无论你是如何创建一个场景的，模型都需要纹理、材质和着色器。

3.2.1 纹理

纹理（Texture）是应用于 3D 对象的平面图像。它负责将模型变成多彩且有趣的，而不是单调和无趣的。将 2D 图像应用于 3D 模型的动作可能有些奇怪，可一旦你熟悉了它，它就会是一个相当直观的过程。尝试在脑海中想象一个汤罐头，如果取下罐头的标签纸，会看到它就是一张纸。这张标签纸就像纹理，打印标签后把它包装在罐头周围，可使罐头的外观更令人赏心悦目。

就像所有其他的资源一样，在 Unity 项目中添加纹理十分方便。首先为纹理创建一个文件夹，一般会将其命名为 Textures。然后把你想要添加到项目中的任何纹理拖动到你刚刚创建的 Textures 文件夹中。

小记 那是一个展开！

想象纹理是如何包裹在罐头周围的挺容易，但面对更复杂的对象时呢？在创建一个错综复杂的模型时，一般会同时生成所谓的展开（Unwrap）。展开有点像贴图，它准确显示了一个平面纹理将如何包裹在模型周围。如果查看本章前面的 Robot Kyle\Textures 文件夹，就会注意到 Robot_Color 纹理。它看上去比较奇怪，但它是用于模型的展开的纹理。展开、模型和纹理的生成自身是一种美术资源形式，将不会在本书中介绍，初步了解它是如何工作的就足够了。

注意 怪异的纹理

在本章后面，会将一些纹理应用于模型。你可能注意到纹理有点弯曲或者在错误的方向上有翻转，但这不是一个错误结果。在将基础的矩形 2D 纹理应用于模型时，就会产生这个问题。模型不知道哪种方式是正确的，所以就按照它自己的方式应用。如果想避免这个问题，可以使用专门为你正在使用的模型设计的（也就是为其展开的）纹理。

3.2.2 着色器

如果模型的纹理确定了在它表面绘制什么内容，那么着色器（Shader）就确定了如何绘制它。换种方式来理解：材质是你和着色器之间的界面，材质告诉你渲染一个对象需要什么着色器，你就按照你想要其呈现的外观效果提供那些着色器。这在此刻似乎可能是无意义的，但之后新建材质时，你将开始理解它们是如何运作的。更多关于着色器的信息将在本章“材质”内容的后面介绍，因为不能在没有材质的情况下使用着色器。事实上，关于材质的大部分内容是关于材质的着色器的。

提示 思考练习

如果理解着色器的工作方式比较费力，可以考虑下面这种场景：假设你有一块木头，网格是其物理属性，颜色、质地和可见的元素是它的纹理。倒水在这块木头上，网格不会改变，它还是由同样的物质（木头）构成，不过，它看上去有所不同了，它稍微变暗了，并且有光泽。这个示例中有两个“着色器”：干木头和湿木头。湿木头“着色器”没有真的改变什么，而是通过添加一些东西使其看起来有些许不同。

3.2.3 材质

如前所述，材质（Material）差不多就是应用于模型的着色器和纹理的容器。大部分自定义材质的表现是基于其选择了哪种着色器，尽管所有的着色器都具有一些共同的功能。

要创建一种新材质，首先要创建一个 Materials 文件夹，然后右键单击该文件夹，并选择“创建”→“材质”，给该材质赋予一个描述性的名称，就完成了。图 3.6 显示了两种使用了不同着色器设定的材质。注意它们都用了 Standard（标准）着色器。它们的反射率都是白色（稍后再细致介绍反射率），但各自的平滑度是不同的。Flat 材质的平滑度较低，所以看起来没有什么光泽，因为照射到上面的光会反射到各个方向去。Shiny 材质的平滑度较高，反射光就会更集中。两种材质都可以看到预览，所以可以看出它被应用到模型后会有什么效果。

3.2.4 再论着色器

既然已经理解了纹理、模型和着色器，现在可以看看它们是怎么结合在一起的。本书会着重介绍 Unity 中的 Standard 着色器，它十分强大。表 3.1 描述了着色器的通用属性，除了表中列出的属性，Standard 着色器还有很多其他属性，但本书更强调让你掌握表中所列举的内容。

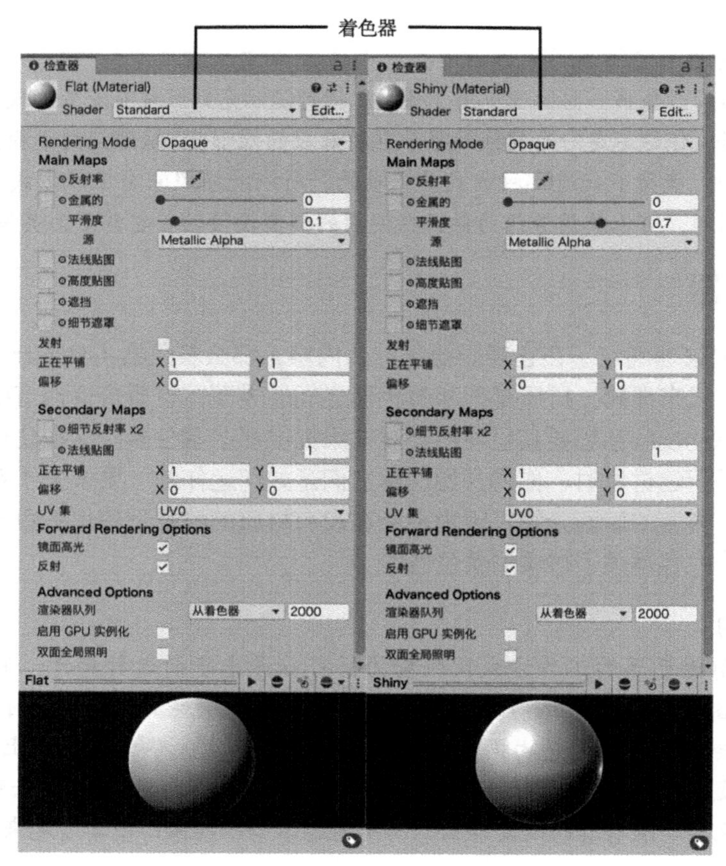

图 3.6　不同着色器设定的两个材质

表3.1　着色器通用属性

属　性	描　述
反射率	定义对象的基色。有了 Unity 强大的基于物理的渲染（Physically Based Rendering，PBR）系统，这种颜色可以像真实物体一样与光线交互。例如，黄色反射率在白光下看起来是黄色的，但在蓝光下看起来是绿色的。这里可以应用包含模型颜色信息的纹理
金属	作用跟字面意思一样：它会改变材质的金属外观。此属性还可以将纹理作为模型不同部分金属性表现的“贴图”。要获得真实的结果，可以将此属性设置为 0 或 1
平滑度	是渲染系统中的一个关键因素，因为它可以控制对象表面光滑（或粗糙）程度的各种微小缺陷、细节、标记和年龄，以此来使模型看起来或多或少有一定的光泽。此属性与金属共用一个纹理贴图。要获得真实的结果，请避免使用 0 和 1 等极端值
法线贴图	包含将应用于模型的法线贴图。法线贴图可用于将起伏或凹凸应用于模型。这在计算照明时非常有用，它可以为模型提供比其他情况下更详细的细节
正在平铺	定义纹理在模型上重复的频率。它可以在 x 轴和 y 轴上重复（请记住，纹理是平坦的，这就是为什么没有 z 平铺轴。）

看起来需要吸收很多信息，不过一旦你对纹理、着色器和材质的一些基础知识更加熟悉，你就会更加理解并容易上手了。

Unity 还有几款本书没有介绍的着色器。Standard 着色器非常灵活，可以满足大多数基本需求。

▼ 自己上手

对模型应用纹理、着色器和材质

跟着下面的步骤把所掌握的关于纹理、着色器和材质的所有知识结合起来，创建一种看上去相当不错的砖墙效果。

1. 新建一个项目或场景（注意：新建一个项目会让编辑器自动关闭并重启）。
2. 新建一个 Textures 文件夹和一个 Materials 文件夹。
3. 在随书资源中定位 Brick_Texture.png 文件，并把它拖动到在第 2 步中创建的 Textures 文件夹中。
4. 向场景中添加一个立方体，把它定位在 (0, 1, −5) 处，设置其缩放为 (5, 2, 1)。图 3.7 给出了立方体的属性。

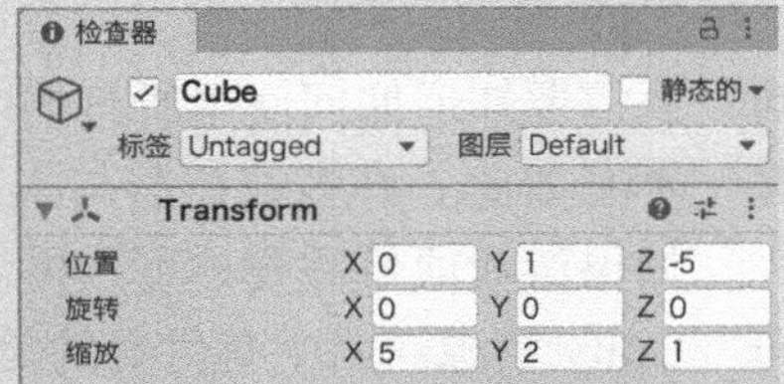

图 3.7　立方体的属性

5. 新建一个材质（右键单击 Materials 文件夹，并选择“创建”→“材质”），并把它命名为 BrickWall。
6. 保持着色器为 Standard，在主贴图中，单击“反射率”左侧的圆形选择器（那个小的圆圈图标），从弹出的对话框中选择 Brick_Texture。
7. 把砖墙材质从项目视图中拖动到场景视图中的立方体上。
8. 注意纹理在墙面上是怎样被拉伸变大的。在选择了材质的情况下，把平铺的 x 值改为 3。确保你修改的是主贴图而不是副贴图的参数。现在场景中的墙已经有纹理了，看起来还不错，图 3.8 所示为最终的成品。

图 3.8　本次练习的成品

3.3　总结

在本章中，你认识了 Unity 中的模型。首先学习了如何利用被称为网格顶点的集合来构建模型。随后了解了如何使用内置的模型、导入你自己的模型，以及从资源商店下载模型。你接着学习了 Unity 中模型美术资源的工作流程。你试验了纹理、着色器和材质，最后通过创建一块纹理化的砖墙结束了本章的学习。

3.4　问答

问　如果我不是美术师，我能够创建游戏吗？

答　绝对可以。使用免费的在线资源和 Unity 资源商店，可以找到多种美术资源放到游戏中。

问　我需要知道如何使用所有的内置着色器吗？

答　不必如此。许多着色器与实际情况密切关联。从本章中介绍的着色器开始上手，如果游戏项目需要，可以再学习更多的着色器。

问　Unity 资源商店中有付费的美术资源，这意味着我可以出售自己的美术资源吗？

答　是的，可以这样做。事实上，它并不局限于美术资源。如果你可以创建高质量的资源，当然可以在商店里出售它们。

3.5　测试

花一些时间来研究下面的问题，以确保你牢固地掌握了所学内容。

3.5.1　试题

1. 判断题：由于正方形的简单性，它们组成了模型中的网格。
2. Unity 支持 3D 模型的哪些文件格式？
3. 判断题：从 Unity 资源商店只能下载付费的模型。
4. 解释纹理、着色器和材质之间的关系。

3.5.2　答案

1. 错误，网格是由三角形组成的。
2. .fbx、.dae、.3ds、.dxf 和 .obj 文件格式。
3. 错误。有多种免费的模型。
4. 材质包含纹理和着色器，着色器规定了可以通过材质设置的属性以及如何渲染材质。

3.6　练习

试验着色器对模型的外观所产生的影响。你将为每种模型使用相同的网格和纹理，只有着色器是不同的。在这个练习中创建的项目被命名为 Hour3_Exercise，可以在随书资源 Hour 3 Files 中找到它。

1. 创建一个新场景或新项目。

2. 在项目中添加一个 Materials 及 Textures 文件夹。定位随书资源 Hour 3 Files 中的 Brick_Normal.png 和 Brick_Texture.png 文件，并把它们拖动到 Textures 文件夹中。

3. 在项目视图中，选择 Brick_Texture。在检查器视图中把 Aniso Level（异向性级别）从 1 改为 3，提高曲线的纹理质量，然后单击“应用”按钮。

4. 在项目视图中，选择 Brick_Normal。在检查器视图中，把纹理类型改为法线贴图，然后单击“应用”按钮。

5. 在层级视图中选择 Directional Light，把它放在 (0, 10, −10)，并设置旋转为 (30, −180, 0)。

6. 在项目中添加 4 个球体，并把它们都缩放为 (2, 2, 2)。然后把它们的位置分别设置为 (1, 2 −5)、(−1, 0, −5)、(−1, 0, −5) 和 (1, 0, −5)，把它们分散开。

7. 在 Materials 文件夹中新建 4 种材质，并把它们分别命名为 Diffuse Brick、Specular Brick、Bumped Brick 和 Bumped Specular Brick。图 3.9 显示了 4 种材质的所有属性，按照图 3.9 所示分别对它们进行设置。

图 3.9 材质属性

8. 单击每种材质并把它们分别拖动到 4 个球体上。注意球体的灯光和曲度是怎样与不同的着色器交互的。记住，可以在场景视图中四处移动，以不同的角度查看球体。

第4章　地形和环境

本章你将会学到如下内容。

- 地形的基本原理。
- 如何绘制地形。
- 如何利用纹理装饰地形。
- 如何给你的地形添加树和草。
- 如何利用角色控制器在你的地形中移动。

在本章中，你将了解地形的生成。你将学习地形是什么、怎样创建它，以及怎样绘制它。你还将上手实践纹理的绘制及微调。此外，还将学习如何为你的游戏创建宽广和逼真的地形，以及如何利用控制器在其中移动探索。

4.1　地形生成

所有的3D游戏关卡都存在于某种形式的游戏世界里。这些游戏世界可以是高度抽象或逼真的。通常来说，带有辽阔的“室外”关卡的游戏可以说具有一种地形。地形（Terrain）这一术语指的是模拟世界外部风景的任何地块。高高的山脉、一望无际的平原或者潮湿的沼泽地都是可能出现的游戏地形。

在Unity中，地形是可以绘制成许多不同形状的平面网格。把地形视作沙箱里的沙子可能比较容易想象，你可以挖开沙子，也可以升起它的某些地带。但基础地形不能搭建出交叠的地貌，也就是像洞穴那样有两层地表的地貌，这些必须单独建模。此外，就像Unity中的其他任何对象一样，地形也具有位置、旋转和缩放属性（尽管它们通常不会改变）。

4.1.1　为项目添加地形

在场景中创建一个平面地形比较简单，可以调节一些基本参数。要把地形添加到场景中，只需选择“游戏对象”→“3D对象”→“地形”即可。可以看到项目视图中新增了一个名为New Terrain的资源，场景视图中添加了一个名为Terrain的对象。如果在场景视图中导航，还会注意到地形部分非常大。事实上，这个部分要比我们目前可能需要的大得多。因此，我们需要修改这个地形的一些属性。

要使这个地形更容易管理，需要更改地形分辨率。通过修改分辨率，可以更改地形部分的长度、宽度和最大高度。

当你学习了高度图之后，将更明白使用分辨率这个术语的原因。要更改地形部分的分辨率，可遵循下面这些步骤。

1. 在层级视图中选择你的地形。然后在检查器视图中找到并单击“地形设置”按钮，如图4.1所示。

2. 在网格分辨率部分，目前地形宽度和地形长度的值为1000，把这些值都设置为50，这样更可控。

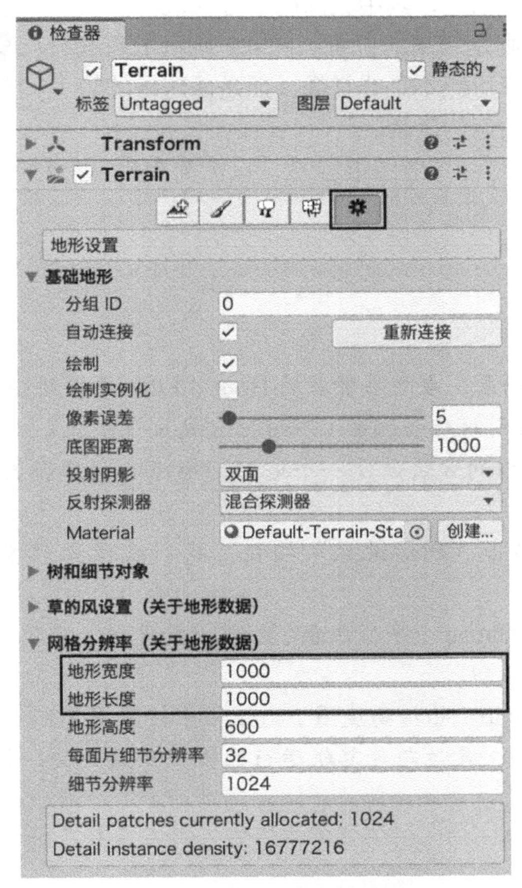

图4.1 网格分辨率的设置

网格分辨率中的其他选项用于修改纹理的绘制方式以及地形的表现方式，目前不用设置这些选项。在修改了宽度和长度之后，将会看到地形要小得多并且更可控，现在就可以开始绘制了。

提示 地形大小

目前，你将处理的地形的长度和宽度都是50个单位，这纯粹是为了在学习多种工具时更容易进行把控。在真实的游戏中，地形可能会大得多，以满足你的需要。另外需要关注的是：如果你具有高度图（将在下一小节中介绍），则需要将地形比例（长度和宽度的比例）与高度图的比例匹配。

4.1.2 高度图的绘制

传统意义上，在8位图像中有256种灰色阴影可用，这些阴影的范围是0（黑色）~ 255（白色）。知道这一点之后，就可以把一幅黑白图像（通常称为灰度图像）——当作所谓的高度图（Heightmap）。高度图是一幅灰度图像，其中包含与地形图类似的海拔信息，其中较深的部分代表海拔较低的位置，较浅的部分则是较高的位置。图4.2显示了高度图的一个示例。它看起来可能不是非常像，但是像这样的简单图像就可以产生一些动态的风景。

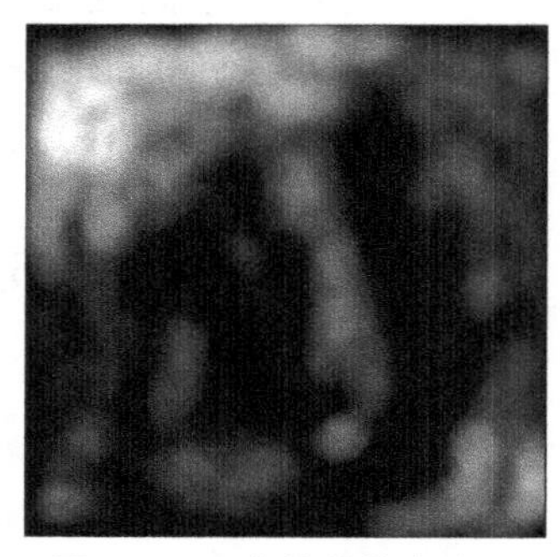

图4.2 一个简单的高度图

对当前的平面地形应用高度图很容易，只需简单地从一种平面地形开始，向其导入高度图，如下所示。

▼自己上手

对地形应用高度图

1. 新建一个项目或场景，在随书资源的Hour 4 Files中找到terrain.raw文件，并把它放到你可以轻松找到的某个位置（不用把它载入项目中）。

2. 按照本章前面介绍的方法新建一个地形，确保其宽度和长度都设置为50（见图4.1）。

3. 在层级视图中单击“地形设置”按钮，找到纹理分辨率部分，单击“导入Raw”按钮。

4. 在Import Raw Heightmap（导入原始高度图）对话框中，定位第1步中的terrain.raw文件，并单击Open按钮。

5. 在Import Heightmap（导入高度图）对话框中按照图4.3所示进行设置。[注意：Byte Order（字节顺序）属性与计算机运行的操作系统无关；相反，它与创建高度图的操作系统有关。]

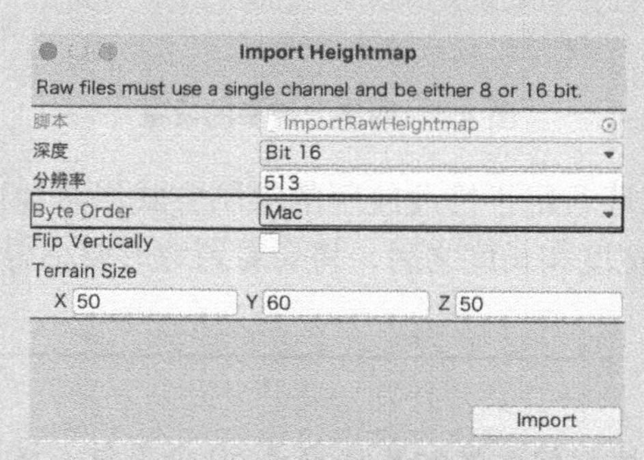

图4.3 Import Heightmap对话框

6. 回到检查器视图，在其地形设置中的网格分辨率区域修改地形分辨率。这一次把高度值改为60，结果应该会让人感觉好很多，如图4.4所示。

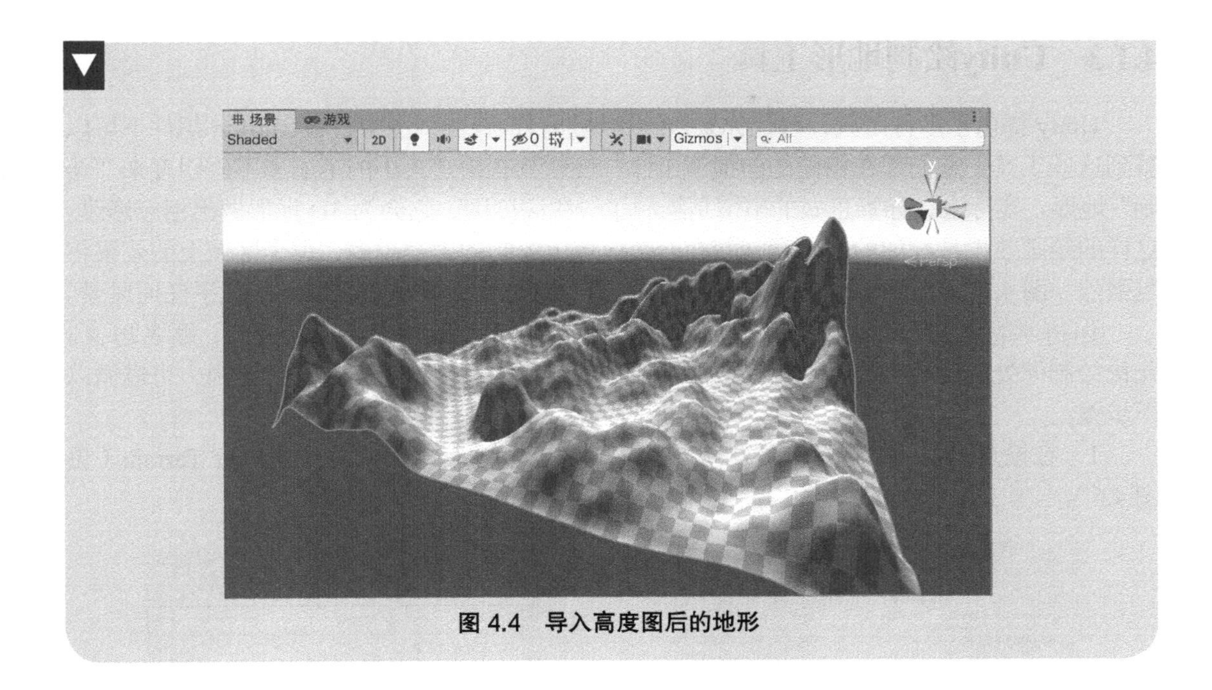

图 4.4 导入高度图后的地形

提示 计算高度

目前来看，高度图似乎比较随机，但它实际上相当容易计算出来，可以用 255 与地形最大高度的比值计算得出。地形的最大高度默认为 600，但很容易修改。如果应用“灰度值 ÷ 255 × 最大高度”这个公式，就可以轻松地计算出地形上任意位置的高度。

例如，黑色的灰度值为 0，因此任何黑色区域的高度都将是 0 个单位（$0 \div 255 \times 600$）。白色的值灰度为 255，因此将产生高度为 600 单位的区域（$255 \div 255 \times 600$）。如果是值为 125 的中等灰度，那么具有该颜色的任何区域都将生成大约 294 单位高度的地形（$125 \div 255 \times 600$）。

注意 高度图格式

在 Unity 中，高度图必须是 .raw 格式的灰度图像。有许多方式生成这种类型的图像，可以使用简单的图像编辑器，甚至用 Unity 也可以。如果使用图像编辑器创建高度图，就要尽量使高度图具有与地形相同的纵横比，否则或多或少会产生一些扭曲效果。如果使用 Unity 的绘制工具绘制某种地形，并且希望为它生成一幅高度图，可以转到检查器视图的地形设置中的纹理分辨率区域，并单击“导出原始”按钮。

一般来说，对于大地形，或者性能要求高的地方，应该导出高度图并在另一个程序中将地形转换为网格。使用 3D 网格的话，在将其导入 Unity 前还可以向其添加洞穴、突出物等地形。但需要注意，如果要将导入的网格用作地形，你将无法使用 Unity 的地形纹理和绘制工具。（但是，你可以在资源商店中找到可以提供此功能的第三方资源。）

4.1.3　Unity绘制地形工具

Unity 提供了多种工具，可让你亲自绘制地形。检查器视图中，在 Terrain 组件下可以看到这些工具，它们都在相同的前提下工作：使用具有给定大小的笔刷和不透明度来“绘制”地形。实际上，你真正做的事情是绘制了一幅高度图，它会为 3D 地形做出相应修改。这样的绘画效果是叠加的，这意味着在一个区域上绘制的内容越多，那个区域上的效果将越强烈。图 4.5 展示了这些工具。使用这些工具，可以生成你可能想象到的几乎任何风景。

你将学习的第一个工具是 Raise or Lower Terrain（抬高或降低地形）。顾名思义，无论绘制何处，这个工具都将抬高或降低该处地形。要利用这个工具进行绘制，可遵循以下步骤。

1. 在检查器视图中选择“绘制工具”，从下拉列表中选择 Raise or Lower Terrain（见图 4.6）。

图 4.5　绘制地形工具

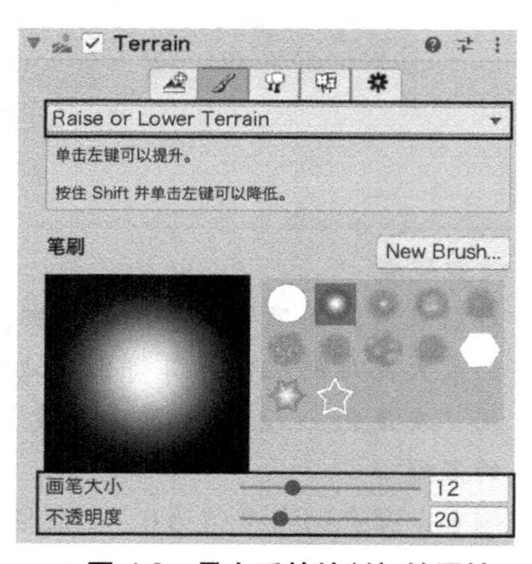

图 4.6　易上手的绘制初始属性

2. 选择一个笔刷。（笔刷决定了绘制效果的大小和形状。）
3. 调节画笔大小和不透明度。（不透明度决定了绘制效果有多显著。）
4. 在场景视图中单击地形并拖动，以抬高地形。在单击并拖动时按住 Shift 键，将降低地形。

图 4.6 展示了一些简单的初始选项，它们用于绘制大小为 50 × 50、高度为 60 的给定地形。

下一个工具是 Set Height（设置高度），该工具的工作方式与 Raise or Lower Terrain 的几乎完全相同，只不过它是把地形绘制到指定的高度。如果指定的高度高于当前地形，那么绘制效果是抬高地形；相反，如果指定的高度低于当前地形，就会降低地形。它对于在风景中创建地台或其他平坦的结构来说是比较有用的。值得注意的是，你可以选择在“世界”或“局部”空间中设置目标高度。如果选择“世界”，则选择的高度将从 y 轴上的 0 开始计算。如果选择“局部”，所选高度将从正在处理的地形游戏对象的 y 值开始计算。上手试试吧！

提示 展平地形

在任何时候，如果想把地形重置回平面形状，都可以找到 Set Height 工具，并单击“展平瓦片”按钮。它的一个额外优点是：可以把地形展平到一个除其默认的 0 以外的高度。如果最大高度是 60，并把高度图展平到 30，就还能把地形抬高 30 个单位，也可以把它降低 30 个单位。这使得在平坦的地形上绘制山谷变得更容易。

提示 地形快捷键

绘制地形时可以使用一些快捷键帮你更好地完成工作。你可以在 Unity 用户手册网站搜索“创建和编辑地形”，以发现更多关于地形工具和快捷键的信息。

最后两个工具是 Paint Holes（绘制孔）和 Smooth Height（平滑高度）。Paint Holes 就是其字面意思：无论在哪里绘制，都会在地形中出现一个笔刷形状的孔。Smooth Height 工具不会以非常明显的方式改变地形，相反，它应用了一种可以消除绘制地形时出现的许多锯齿线的模糊效果，可以把它想象成抛光机，你只会在主要的绘制完成后使用它来做一些小的调整。

▼ 自己上手

绘制地形

既然你已经学习了绘制工具，下面就可以练习使用它们。在这个练习中，你将按照如下步骤尝试绘制一块特定的地形。

1. 新建一个项目或场景，并添加一个地形。把该地形的分辨率设置为 50×50，并把它的高度设置为 60。
2. 选择 Set Height，把高度改为 20，并单击“展平瓦片”按钮，把该地形高度展平为 20。（注意：如果地形不见了，是因为它抬高了 20 个单位。）
3. 使用绘制工具，尝试创建类似图 4.7 所示的地形。
4. 继续试验工具，尝试向地形中添加独特的特性。

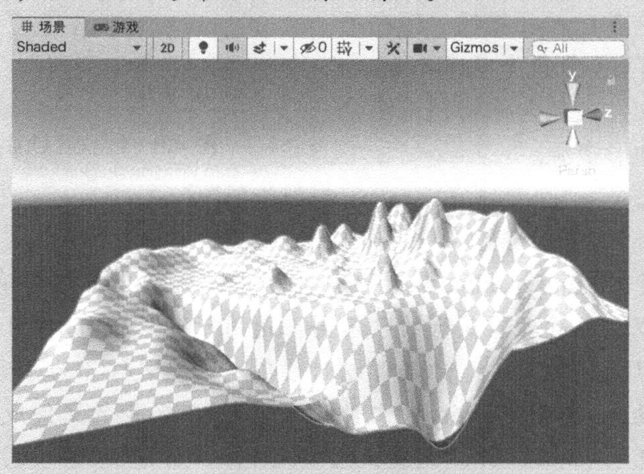

图 4.7 示例地形

提示　练习，练习，再练习

开发强大的、有吸引力的关卡本身也是一种艺术。小山丘、峡谷、大山和湖泊的位置都需要深思熟虑，这些元素不仅需要在视觉上令人满意，在放置时还需要考虑它们是否让关卡具有可玩性。这种技能不可能在一夜之间获得，一定要实践练习并不断精进你的关卡构建技能，以创建激动人心且令人难忘的关卡。

4.2 地形纹理

你现在已经知道如何去构建3D游戏世界的物理维度，但即使你的风景具有许多特色，它仍然是平淡无奇的，并且有点反光（因为默认材质）还容易让人迷路，所以应该向关卡中添加一些内容。在本节中，你将学习如何对地形进行纹理处理，使其具有迷人的外观。与绘制地形一样，给地形添加纹理的工作原理与绘画的非常相似：选择一个笔刷和纹理，然后将其绘制到你的地形上。

4.2.1 导入地形资源

在开始利用纹理绘制游戏世界之前，需要一些可以使用的纹理。Unity具有一些地形资源可供你使用，但是需要先导入它们。要加载这些资源，先在随书资源Hour 4 Files中找到EnvironmentAssets.unitypackage并将其拖入你的项目中，此时将出现Import Unity Package对话框（见图4.8）。在这个对话框中可以准确指定你希望导入的资源。如果你想减小项目，那么取消选择不需要的内容会是一个好主意。目前来说，只需保持选中所有的选项，并单击Import按钮。现在项目视图的Assets下有一个名为Environment的新文件夹，这个文件夹包含你将在本章余下部分使用的所有地形资源。

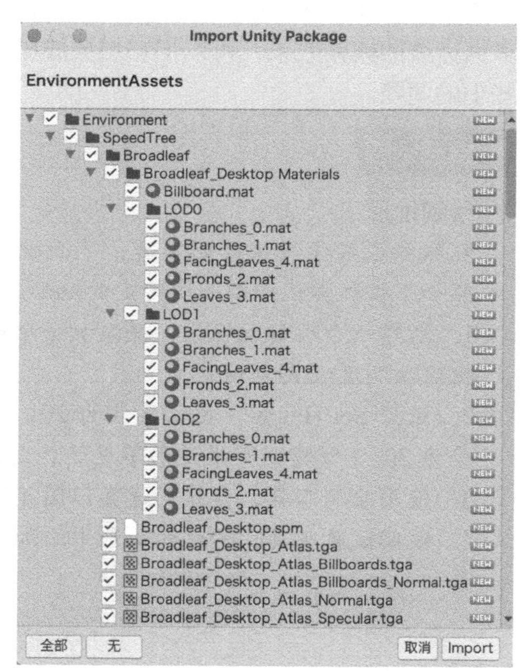

图4.8　Import Unity Package对话框

小记　Unity包文件

你导入了一个以.unitypackge结尾的地形资源文件，但可能不清楚那是什么。这些文件与你可以从包管理器获得的包不同，是用于共享Unity项目中的文件的旧格式，它们实际上只是压缩文件。你还可以自己创建这些文件（为了和你共享这些文件我就是这么做的）。要创建Unity包文件，只需在Unity中的文件或文件夹上右键单击，选择“导出包”，然后，你只需要在包中选择添加你想要的一切并保存它。

4.2.2 纹理化地形

要纹理化地形，在检查器视图的“绘制地形”下选择 Paint Texture（绘制纹理）。使用此工具的方式与使用本章其他工具的方式类似：选择或创建笔刷，然后在地形上进行绘制。区别在于，要在地形上绘制纹理，需要定义这些纹理以及它们各自的属性，可以通过添加地形层来实现这一点（见图 4.9）。可以近似地将地形层视为材质，它们允许你定义 Paint Texture 部分的视觉特性，例如法线贴图或平滑度。

要添加一个地形层，可遵循以下步骤。

1. 在检查器视图中选择“编辑地形层”→“创建层”。

2. 在 Select Texture2D（选择 2D 纹理）对话框中，找到并双击 GrassHillAlbedo 纹理。

图 4.9 地形纹理工具和属性

3. 当一个名叫 New Layer 的新地形层出现在检查器视图中时，单击它以查看该地形层的一些选项（见图 4.10）。

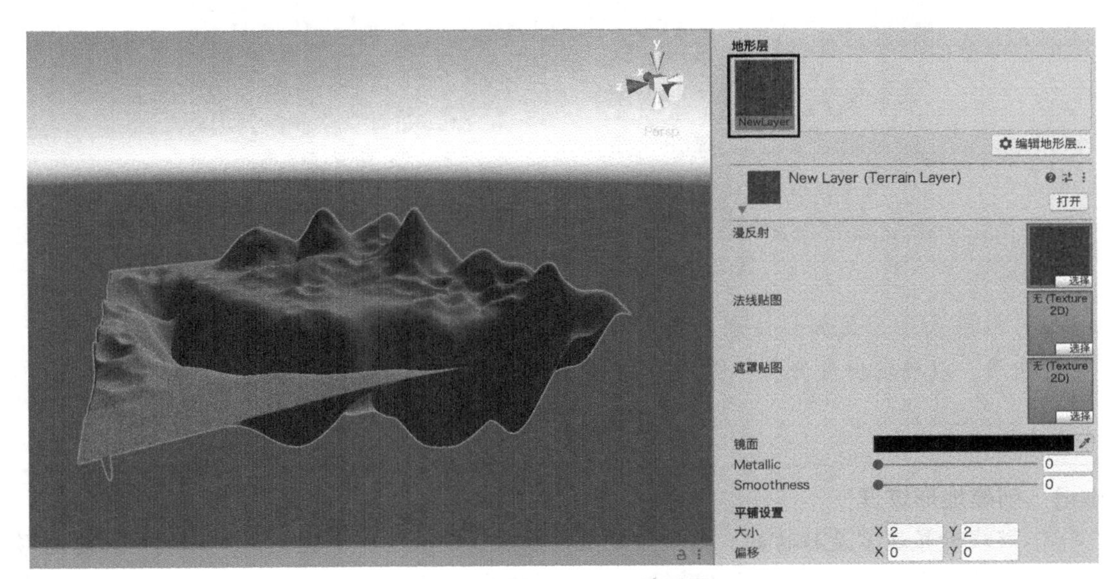

图 4.10 New Layer 地形层

现在，整个地形都被零零散散的草地覆盖了，New Layer 也被添加到了你的资源中（见图 4.10）。它看起来是比之前的默认地形更好，但仍然很不真实。接下来，你将通过绘制来改善这个地形的外观。

▼自己上手

在地形上绘制纹理

跟随以下步骤对地形应用一种新纹理，给它提供一种更逼真的双色效果。

1. 使用前面列出的步骤，添加一种新纹理。这一次加载 GrassRockyAlbedo 纹理。加载之后，需要单击以选择它（注意：如果选择了它，在它下面就会出现一个蓝条）。
2. 把画笔大小设置为 6，不透明度设置为 3。
3. 在地形的陡峭部分和石缝上绘画（单击并拖动）。这会让人感觉青草没有长在陡坡的两侧以及小山丘中间（如图 4.11 所示）。
4. 继续尝试画一些纹理，可能选用一个不是圆形的笔刷（或者自己定义一个）效果会更好。尝试加载 CliffalbedoSpecial 纹理，并将其应用于更陡峭的部分；或载入 Sandbedo 纹理，然后创建一条小路。

图 4.11　沙路小径及双色纹理的地形

你可以用这种方式加载任意多的纹理，并获得一些逼真的效果。一定要练习纹理的使用，以确定出最好看的图案。

小记　创建地形纹理

游戏世界通常是独特的，需要自定义的纹理来适应它们创造的游戏环境。在为地形创建自己的纹理时，可以遵循一些通用的指导原则。第一条，尽量保持图案可重复，这意味着纹理可以无缝地拼接；纹理越大，重复的图案就越不明显。第二条，将纹理制作为正方形。最后一条，尽量使纹理尺寸为 2 的 *n* 次方（32、64、128、512 等）。后两条指导原则会影响纹理的压缩和纹理的效率。只需一点实践，你立刻就能创建出惊人的地形纹理。

提示 细微是最佳策略

在纹理化时，记住要让效果保持细微的状态。一般来说，一种元素需要自然地消失过渡到另一种元素，你的纹理化工作也应该这样。如果把摄像机拉离一块地形还能看出一种纹理开始的准确位置，那你的效果就不够细微。把很多细微的纹理处理好，比只处理大的纹理，效果会更好。

注意 TerrainData 是什么发生错误?

根据项目设置和使用的 Unity 版本，运行场景时可能会出现错误。例如，“TerrainData is missing splat texture…make sure it is marked for read/write in the importer”（TerrainData 缺少 splat 纹理……请确保在导入程序中将其标记为读 / 写）此错误告诉你存在运行时纹理访问问题。幸运的是，这种错误修复起来非常简单。你只需在项目视图中单击有问题的纹理，检查器视图将会显示其导入设置。然后，在检查器视图中，展开“高级选项”并选中“读 / 写已启用”复选框，问题就可以解决了！

4.3 生成树和草

一个只有平面纹理的世界会很无聊，而几乎所有的自然景观都有某种形式的植物。在本节中，你将学习如何添加和自定义树木和草地，使你的地形看起来生机勃勃。

4.3.1 绘制树

将树木添加到地形中的工作原理与绘制纹理的非常类似，和画画差不多。基本前提是加载一个树模型，设置树的属性，然后把树绘制在希望其出现的区域。根据你的选择，Unity 会将树木铺开，并使其多样化，以提供更自然、更随机的样式。

可以使用绘制树工具在地形上绘制树。在场景中选择地形后，在检查器视图中为 Terrain 组件选择绘制树工具。图 4.12 显示了绘制树工具及其标准属性。

图 4.12 绘制树工具

表 4.1 描述了绘制树工具的属性。

表4.1 绘制树工具属性

属 性	描 述
画笔大小	绘制时，树会出现的区域大小
树密度	树木的密度有多大
树高 / 树宽度	树之间的相异性。使用这些属性可以绘制许多不同的树，而不是重复绘制同一棵树

▼自己上手

在地形上放置树

让我们使用绘制树工具来完成在地形上放置树的步骤。本练习假设你已经创建了一个新场景，并且已经添加了一个地形。地形的长度和宽度设置为100。如果地形已经做了一些绘制和纹理处理，它看起来会更好。放置树的步骤如下。

1. 单击“编辑树”→“添加树”，会弹出Add Tree（添加树）对话框（见图4.13）。

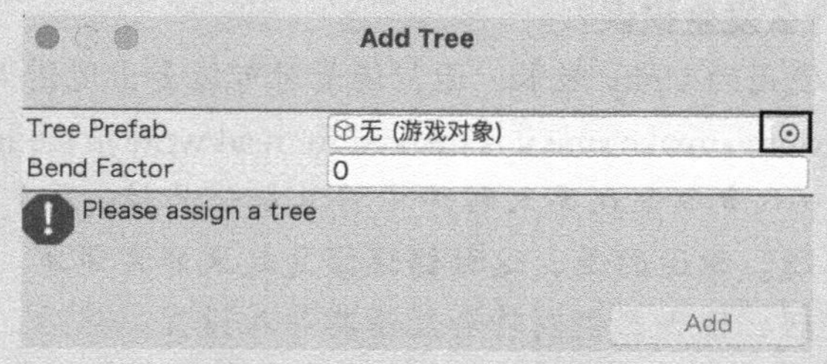

图4.13　Add Tree对话框

2. 单击Tree Prefab（树预制件）文本框右侧的圆圈图标，会弹出Select GameObject（选择游戏对象）对话框。
3. 选择Conifer_Desktop并单击“添加”按钮。
4. 将画笔大小设为2，树密度设为10，保持树高/树宽度中的“随机”被选中，但是调小其设定值。
5. 在所需区域单击并拖动绘制树木，按住Shift键的同时单击并拖动以删除树。如果无法绘制，请转到“地形设置”→“树和细节对象”，并确保选中“绘制”复选框。
6. 继续尝试不同的画笔大小、树密度、树高/树宽度。

4.3.2　绘制草

学会如何绘制树木后，你将学习如何将草和其他小植物应用到你的世界中。草和其他小植物在Unity中被称为细节，因此，用于绘制草的工具是绘制细节工具。与树不同，树是3D模型，细节是广告牌（参见“广告牌”小记）。就像你在这一章里反复做的那样，你可以使用笔刷和绘制动作将细节应用到地形上。图4.14显示了绘制细节工具及其一些属性。

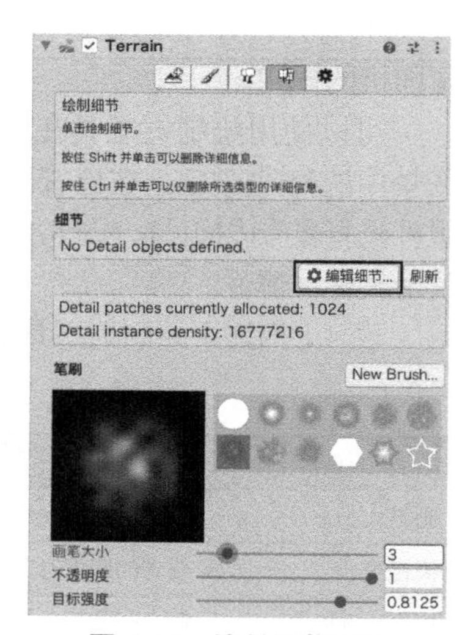

图4.14　绘制细节工具

小记　广告牌

广告牌是3D世界中的一种特殊类型的视觉组件，它提供了3D模型的效果，但实际上并不是3D模型。模型存在于3个维度中，因此，当你在一个地方走动时，你可以看到不同的一面。然而，广告牌是始终面向摄像机的平面图像。当你试图绕过一个广告牌时，广告牌就会转向你的新位置。广告牌的常见用途是细节、粒子和屏幕效果。

将草应用于地形是一个相当简单的过程。

1. 在检查器视图中单击“编辑细节”按钮，然后选择添加草纹理。

2. 在 Add Grass Texture（添加草纹理）对话框中，单击 Detail Texture（细节纹理）文本框旁边的圆圈图标（见图 4.15）。选择 GrassFrond01AlbedoAlpha 纹理。（你可以搜索 grass 来找到它。）

3. 将纹理属性设置为所需的任何值。请特别注意两个颜色属性，因为它们决定了草的自然颜色范围。

4. 完成设置后，单击 Add 按钮。

添加好草纹理之后，你只需要选择笔刷及其属性，就可以开始绘制草了。

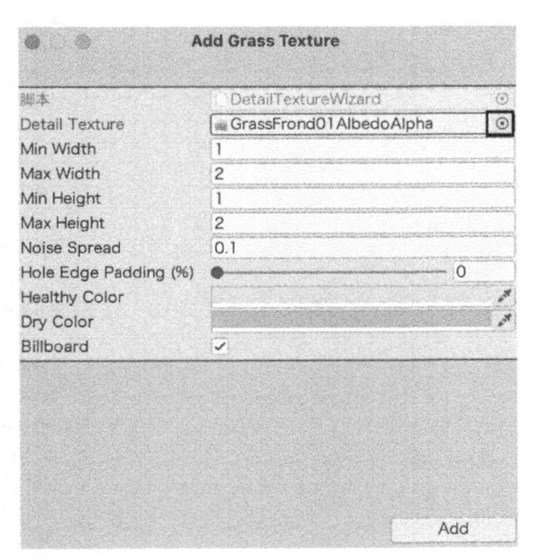

图 4.15 Add Grass Texture 对话框

提示 真实的草

你可能会注意到，在画草的时候，它们看起来并不真实。在为地形添加草时，需要关注几件事。首先要注意为草纹理设置的颜色，试着让它们更暗、更接近土色。接下来，需要选择一个非几何形状的笔刷，以弱化生硬的边界。最后，保持不透明度和目标强度的值非常低，最好将不透明度设置为 0.01，目标强度设置为 0.0625。如果需要更多的草，你可以在同一区域继续绘画，也可以返回编辑细节并更改草地纹理属性。

注意 植被和性能

场景中的树和草越多，渲染它们所需的资源就越多。如果你担心性能不足，就需要保持低植被量。本章稍后将介绍的一些属性可以帮助你进行管理，但有一条简单的原则：请尽量只在真正需要树木和草的区域添加它们。

提示 消失的草

与树木一样，草也受到与观看者距离的影响。当观看者远离时，树木的质量会降低，而草则不会被渲染。结果就是观众周围形成了一个环，在环外的草不会被看到。同样，你可以在本章稍后讨论的属性中修改此距离。

4.3.3 地形设置

检查器视图中的地形设置允许你控制地形、纹理、树木及细节的整体外观和功能。图 4.16 显示了检查器视图中 Terrain 下的地形设置。请注意，地形设置内容有许多，本小节仅讨论重要（或有趣）的分项。

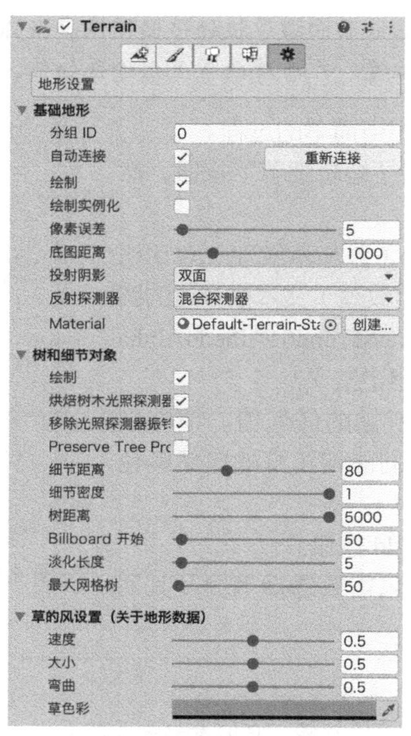

图 4.16　地形设置工具

基础地形用于对整体地形进行设置。表 4.2 描述了其中的一些属性。

表4.2　基础地形设置

设　置	描　述
绘制	决定地形是否被绘制
像素误差	设置生成地形时，其地理信息允许的误差，值越大，地形细节越少
底图距离	设置纹理以高分辨率显示的最大距离。当观察者的距离超过设置的距离时，纹理会降低到较低的分辨率
投射阴影	决定地形是否投射阴影
反射探测器	设置如何在地形上使用反射探测。这仅在使用内置标准材质或支持反射渲染的自定义材质时有效。这是一种高级设置，本书不做详细介绍
Material（材质）	指定渲染地形的自定义材质，该材质必须包含可以渲染地形的着色器

树和细节对象直接决定树和细节（例如草）在地形中的表现。表 4.3 描述了其中的设置。

表4.3　树和细节对象设置

设　置	描　述
绘制	决定树或细节在场景中是否被渲染
烘焙树木光照探测器	让实时光照更真实且高效。这是一个高级性能设置

续表

设 置	描 述
细节距离	设置场景中不再进行细节绘制的最远距离（与摄像机）
细节密度	设置给定单位区域内细节 / 草对象的数量。可以将该值设置得更低以减少渲染开销
树距离	设置场景中不再进行树绘制的最远距离（与摄像机）
Billboard（广告牌）开始	设置 3D 树对象被低质量的广告牌图像替代的距离（与摄像机）
淡化长度	设置树在广告牌及 3D 对象间转换的距离
最大网格树	设置 3D 网格树的同时可见最大数量，超出限制时，树将被广告牌替代

正如你猜的那样，草的风设置用于对风进行设置。因为你还没有机会在自己的世界里跑来跑去（虽然你会在本章后面部分“跑”起来），你可能会想知道风是如何工作的。基本上，Unity 模拟了一股微风吹过地形的效果，这股微风使草弯曲和摇摆，让世界充满活力。表 4.4 描述了其设置。（网格分辨率设置在本章前面的“为项目添加地形”中已讨论。）

表4.4 草的风设置

设 置	描 述
速度	设置风吹草的速度，也就是强度
大小	设置风吹过时，草地受影响的区域大小
弯曲	设置草被风吹弯的程度
草色彩	控制关卡中草的整体着色（虽然不是风的设置，但是相关）

4.4 角色控制器

此时，你已经完成了地形制作。你对它进行了绘制、纹理处理，并用树木和草将其覆盖。现在是时候进入你的关卡，试试看玩起来是什么感觉。要做到这一点，你将使用一个基本的角色控制器（Character Controller），它可以让你轻松地进入场景，而不需要在终端上做很多工作。总之，你只需要把一个控制器放到一个场景中，然后用第一人称游戏常见的操作进行移动即可。

添加一个角色控制器

要将角色控制器添加到场景中，首先需要在随书资源 Hour 4 Files 中找到 FPSController_NoPhysics.unitypackage 并将其拖动到项目中。在 Import Package（导入资源包）对话框中，选中所有内容，然后单击 Import 按钮。项目视图中可以看到，名为 FirstPersonCharacter（第一人称角色）的新文件夹添加到了 Assets 文件夹下。在 FirstPersonCharacter 文件夹中找到 FPSController 资源（见图 4.17），并将其拖动到场景视图中的地形上。

现在，角色控制器已添加到场景中，你可以在创建的地形中四处移动，播放场景时，将从放置控制器的地方开始。你可以用 W、A、S、D 键四处移动，用鼠标环顾四周，按

Space 键跳跃。如果你觉得这些操作有点不熟悉，那就多玩玩，体验并享受你的世界吧！

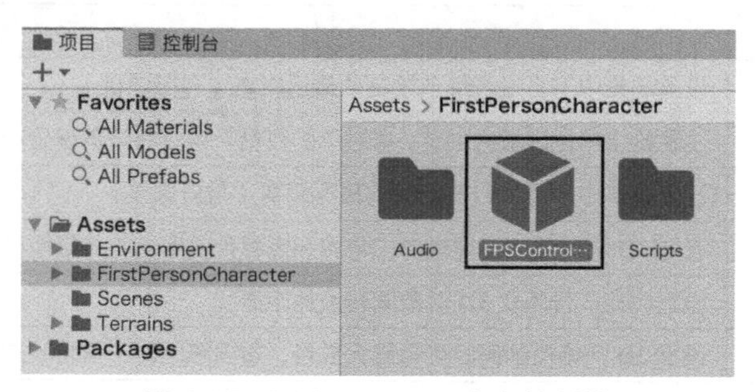

图 4.17　FPSController 角色控制器

提示　“两个音频监听器”信息

将角色控制器添加到场景中时，你可能注意到编辑器底部有一条消息：“There are 2 audio listeners in the scene.”（场景中有两个音频监听器。）这是因为 Main Camera 有一个 Audio Listener（音频监听器）组件，刚添加的角色控制器也有一个。因为摄像机代表了玩家的视角，所以只有一个摄像机可以监听音频。你可以通过从 Main Camera 中删除 Audio Listener 组件来更改此状况。如果你愿意，甚至可以删除游戏中的 Main Camera 对象，因为 FPSController 有自己的摄像机。

提示　在世界中下坠

如果每次运行场景时都发现摄像机在世界中下坠，可能是你的角色控制器卡在了地上。试着把它稍微往上移动一点，当播放场景时，摄像机应该会下降一点点，直到它撞到地面并停止。

4.5　总结

在本章中，你已经了解了 Unity 中的地形。首先学习了地形是什么以及如何将其添加到场景中。随后，你了解了用高度图和 Unity 内置的绘制工具来绘制地形。然后你学习了如何以逼真的方式应用纹理，使地形看起来更具吸引力。最后，你学习了将树木和草添加到地形中，并通过使用角色控制器来探索地形。

4.6　问答

问　我的游戏必须具有地形吗？

答　并不是。许多游戏完全是在建模的室内或抽象的空间中发生的。

问　我的地形看上去不太好，这正常吗？

答　要花一些时间来熟悉绘制工具，多加练习，会越来越好的。真正的质感来自在关卡中付出的耐心。

4.7　测试

花一些时间来研究下面的问题，以确保你牢固地掌握了所学内容。

4.7.1　试题

1. 判断题：在 Unity 中可以创建洞穴。
2. 包含地形海拔信息的灰度图像被称为什么？
3. 判断题：在 Unity 中绘制地形非常像绘画。
4. 判断题：在 Unity 中可以挖出地洞出来。

4.7.2　答案

1. 错误，Unity 的地形不能交叠。
2. 高度图。
3. 正确。
4. 正确，尽管是最近才新增的功能。

4.8　练习

绘制出一个包含以下元素的地形。

1. 沙滩。
2. 山群。
3. 平原。

或许你需要一个稍微大些的地形来包含所有你想要的东西。绘制完这些元素后，按以下方式将纹理应用于地形。你可以在 Terrain Assets 资源包中找到下面列出的所有纹理。

1. 海滩应使用 SandAlbedo 纹理，并逐渐转为 GrassRockyAlbedo。
2. 平原和所有平坦区域都应采用 GrassHillAlbedo。
3. 随着地形变得更陡，GrassHillAlbedo 纹理应该平缓地过渡到 GrassRockyAlbdeo。
4. 在最陡和最高点，GrassRockyAlbedo 纹理应该过渡为 Cliff。

最后，添加树木和草来完成地形。在这个练习中，尽可能地发挥创造力，建立一个让你骄傲的世界。

第5章 灯光和摄像机

本章你将会学到如下内容。

- 如何使用 Unity 中的灯光。
- 摄像机的核心元素。
- 如何在同一个场景中使用多个摄像机。
- 如何处理多个图层。

在本章中，你将学习如何在 Unity 中使用灯光和摄像机。首先会探讨灯光的主要特性，然后探索不同类型的灯光以及它们的独特应用。一旦学完了灯光，你就会开始运用摄像机。你将学习如何添加新的摄像机、如何放置它们，以及如何利用它们生成有趣的效果。最后你将学习在 Unity 中处理图层。

5.1 灯光

在任何形式的视觉媒体中，灯光（Light）很大程度上决定了场景的感知方式。明亮的淡黄色灯光可以使场景看起来阳光明媚、温暖；给同一场景一个低强度的蓝光，它会显得诡异和令人不安。灯光的颜色也将与天空盒（Skybox）的颜色混合，以提供更逼真的效果。

大多数追求真实感或戏剧效果的场景至少使用一种灯光（但通常是多种灯光）。在前几章中，你粗略地用了灯光来突出其他元素。在本节中，你将更直接地使用灯光。

小记 重复属性

不同的灯光类型间会有许多相同的属性。如果某种灯光具有已经在另一种灯光下介绍过的属性，那么将不会再次介绍它。只需记住，如果两种不同的灯光类型具有相同名称的属性，那么这些属性的作用是相同的。

小记 什么是灯光?

在 Unity 中，灯光并不是对象，相反，灯光是一个组件。将灯光添加到场景中时，实际上只是添加了一个带有 Light 组件的游戏对象，该组件可以是你能够使用的任何类型的灯光。

5.1.1 烘焙与实时

在开始实际使用灯光之前，你需要了解使用灯光的两种主要方式：烘焙和实时。需要记住的是，游戏中的所有光线或多或少都是计算性的。机器必须分 3 步计算出光线。

1. 从光源计算模拟光线的颜色、方向和范围。

2. 光线照射到表面时，会照亮并改变表面的颜色。

3. 计算与表面的碰撞角度，然后光线会反弹。重复第 1 步和第 2 步（取决于灯光设置）。每次反弹时，光线的属性都会因其触达的表面而改变（就像在现实生活中一样）。

对每一帧的每一个灯光重复此过程，并创建全局光照（Global Illumination，对象根据其周围的对象接收灯光和颜色）。实时全局光照（Procomputed Realtime GI）功能对这个过程有一点帮助，它在默认情况下是打开的，不需要你做任何事。使用此功能时，上述灯光计算过程的一部分将在场景开始之前就开始，因此仅需在运行时完成剩余部分计算。你可能已经在操作过程中看到了这一点，如果第一次打开 Unity 场景并注意到场景元素有一段时间是暗的，那么你就已经看到了预计算过程。

另一方面，烘焙指的是在创建过程中完全预先计算纹理和对象的光和阴影的过程。你可以使用 Unity 编辑器或图形编辑器来实现这一点。例如，你给墙制作了一个像人影的带黑点的纹理，然后把一个人的模型放在了墙旁边，它看起来像模型在墙上投射了一个影子。但事实是，阴影被“烘焙”到纹理中。烘焙可以让你的游戏运行得更快，因为引擎不需要计算每一帧的光线和阴影。然而，烘焙对于你目前的需求来说并不是非常必要的，因为本书中讨论的游戏不够复杂，不需要烘焙。

5.1.2 点光源

你将使用的第一种灯光类型是点光源（Point Light）。把点光源想象成灯泡，所有光都从一个中心位置向各个方向发射。点光源是室内照明十分常见的光源类型。

要将点光源添加到场景中，请选择“游戏对象”→“灯光”→“点光源”。一旦点光源游戏对象出现在场景中，就可以像处理任何其他对象一样对其进行操作。表 5.1 描述了点光源的属性。

表5.1 点光源属性

属　性	描　述
类型	设置本组件的灯光类型。由于这是一个点光源，所以类型是点
范围	控制光照射的范围。光照会从光源处均匀地衰减至指定范围
颜色	设置光照颜色。颜色是具有相加性的，这意味着如果你把红光照射在蓝色物体上，它最终会变成紫色
模式	设置灯光为实时、烘焙或混合模式
强度	设置灯光亮度。注意，灯光会在设定范围内持续发光
间接乘数	控制灯光从对象反弹后的亮度（Unity 支持全局照明，这意味着它会计算反弹光的结果）
阴影类型	设置如何为场景中的该灯光计算阴影。软阴影更逼真，但性能要求也更高
剪影	使用一个立方体贴图（类似一个天空盒），它决定了光线通过的模式。本章稍后将详细介绍剪影
绘制光晕	控制灯光周围是否存在发光光晕。本章稍后将详细介绍光晕
眩光	应用一个眩光资源，模拟亮光照射到摄像机镜头中的光晕效果

续表

属　性	描　述
渲染模式	设置此灯光的重要性。3种设置分别是自动、重要和非重要。重要的灯光渲染质量更高，而非重要的灯光渲染速度更快。当前使用的是自动模式
剔除遮罩	设置哪些图层受灯光影响。默认情况下，所有内容都会受到灯光的影响。本章稍后将详细介绍各图层

▼自己上手

在场景中添加一个点光源

按照以下步骤构建具有动态点光源的场景。

1. 创建一个新项目或场景，并删除默认情况下存在的 Directional Light。
2. 向场景中添加一个平面（选择“游戏对象”→“3D 对象”→“平面”）。确保平面位于 (0, 5, 0) 并旋转至 (270, 0, 0)。该平面应该对摄像机可见，但只能从场景视图的一侧看到。
3. 向场景中添加两个立方体。将它们分别放置在 (−1.5, 1, −5) 和 (1.5, 1, −5) 处。
4. 向场景中添加点光源（选择“游戏对象”→“灯光”→“点光源”）。将点光源放置在 (0, 1, −7) 处。请注意灯光如何照亮立方体的内侧和背景平面。
5. 将灯光的阴影类型设置为硬阴影，并尝试将其四处移动（见图 5.1）。继续探索光的属性。一定要尝试颜色、范围、强度属性。

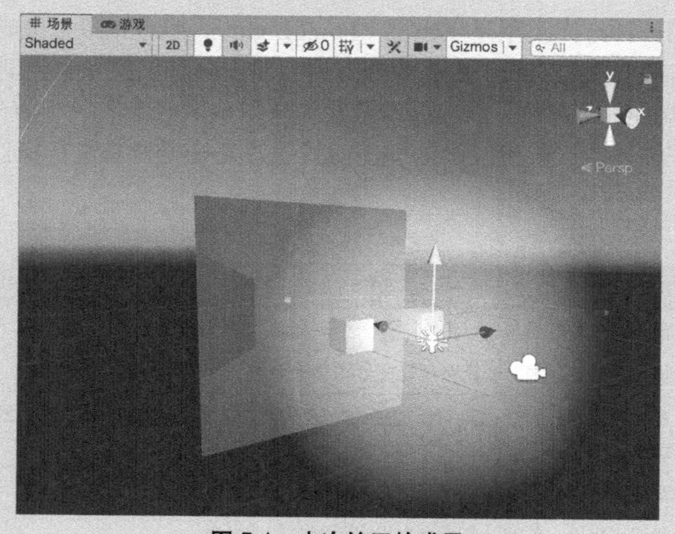

图 5.1　本次练习的成果

5.1.3　聚光灯

聚光灯（Spot Light）的工作原理很像汽车前连灯或手电筒。聚光灯的光从一个中心点开始，以锥形辐射出去。换句话说，聚光灯照亮前方的一切，而其他一切都处于黑暗中。点光源向各个方向发射光，而聚光灯可以瞄准一个方向。

要将聚光灯添加到场景中，请选择“游戏对象”→“灯光”→“聚光灯”。或者，如果场景中已有灯光，可以将其类型更改为聚光，使其成为聚光灯。

聚光灯只有一个属性尚未被涵盖：聚光灯角度。聚光灯角度属性确定了聚光灯发射的光锥的半径。

▼自己上手

向场景中添加一个聚光灯

你现在可以在 Unity 中使用聚光灯。一切从简，本练习继续使用在上一练习中创建的项目。如果尚未完成该练习，请先完成，然后执行以下步骤。

1. 从上一个项目复制点光源场景（选择“编辑”→“复制”），并将新场景命名为 Spotlight。
2. 在层级视图中的 Point Light 上右键单击，然后选择“重命名”，将其命名为 Spotlight。在检查器视图中，将类型属性更改为聚光。将灯光对象放置在 (0, 1, −13) 处。
3. 将聚光灯的“范围”值更改为 20，将“聚光灯角度”值更改为 45。
4. 试验聚光灯的其他属性。请注意范围、强度、聚光灯角度是如何塑造和更改灯光效果的。

5.1.4 定向光

本章要介绍的最后一种光是定向光（Directional Light）。定向光与聚光灯类似，因为它可以聚焦向一个方向。不过，与聚光灯不同，定向光可以照亮整个场景。你可以认为定向光与太阳相似。事实上，你在第 4 章“地形和环境”中使用了定向光作为太阳平行光，使得发出的光在场景中以平行线均匀辐射。

默认情况下，新场景自带有 Directional Light。要向场景中添加新的定向光，请选择“游戏对象”→“灯光”→“定向光”。或者，如果场景中已有灯光，可以将其类型更改为定向，将其变为定向光。

定向光还有一个尚未被涵盖的属性：剪影大小。本章稍后将介绍剪影，剪影大小属性控制剪影的大小，以及其在场景中重复的次数。

▼自己上手

向场景中添加一个定向光

现在将向 Unity 场景添加一个定向光。同样，本练习建立在上一练习创建的项目的基础上。完成上述练习，然后遵循以下步骤。

1. 从上一个项目复制聚光灯场景（选择“编辑”→“复制”），并将新场景命名为 Directional Light。

2. 在层级视图中的 Spotlight 上右键单击，然后选择“重命名”。将对象重命名为 Directional Light。在检查器视图中，将类型属性更改为定向。
3. 将灯光旋转至 (75, 0, 0)。请注意旋转灯光时天空的变化，这是因为场景使用了程序性天空盒。在第 6 章中，将详细介绍天空盒。
4. 注意灯光在场景中对象上的表现。现在将灯光放置于 (50, 50, 50)。请注意，灯光不会改变。因为定向光是平行光线，所以光的位置无关紧要。只有其旋转才重要。
5. 试验定向光的其他属性。虽然没有范围（因为范围是无限的），但请注意颜色和强度如何影响场景。

小记　区域光和发光材质

还有两种类型的灯光未在本章中介绍：区域光和发光材质。区域光是光照贴图烘焙过程中存在的一种功能。这些主题远比基本游戏项目所需的内容高级，因此本书不涉及这些主题。如果你想了解更多信息，请参阅 Unity 丰富的在线文档。发光材质是应用于实际透射光的物体的材质。这种灯光对于电视屏幕、指示灯等非常有用。

5.1.5 利用对象创建灯光

因为 Unity 中的灯光其实是组件，所以场景中的任何对象都可以作为灯光。要向对象添加 Light 组件，请首先选择该对象。然后，在检查器视图中，单击下面的“添加组件”按钮。当弹出新列表时，选择“渲染”，然后选择“灯光”。现在，该对象有了一个 Light 组件。向对象添加 Light 组件的另一种方法是选择对象，然后在顶部菜单栏选择“组件”→“渲染”→“灯光”。

请注意有关向对象添加灯光的几件事。首先，物体不会阻挡光线，这意味着将光放入立方体中不会阻止光的辐射。其次，向对象添加 Light 组件不会使其自身发光。虽然对象没有在自发光，但看上去是有由内向外发散的灯光。

5.1.6 光晕

光晕是在雾天或多云的情况下出现在灯光周围的发光圆圈（见图 5.2）。它们的出现是因为光线从光源周围的小粒子上反弹。在 Unity 中，可以轻松地为灯光添加光晕。每个灯光都有一个“绘制光晕”复选框。如果选中该复选框，将为灯光绘制光晕。如果看不到光晕，可能是你离光线太近，所以试着后退一点。

光晕的大小由光线的范围决定。范围越大，光晕就越大。Unity 还提供了一些适用于场景中所有光晕的属性。可以通过在菜单栏选择“窗口”→“渲染”→“光照”来访问这些属性。单击“环境”选项卡，在“其他设置”下，可以看到光晕、雾、眩光和聚光灯剪影的相关设置（见图 5.3）。

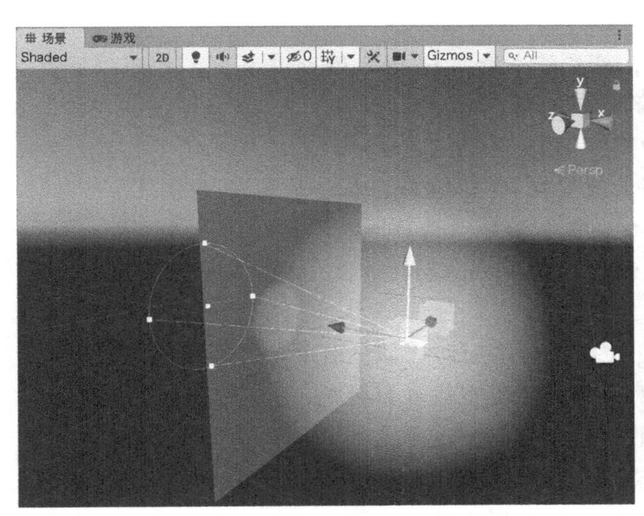

图 5.2 灯光周围的光晕

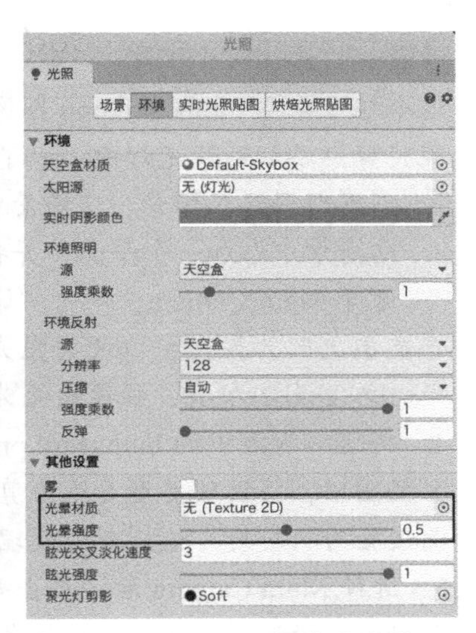

图 5.3 场景光照设置

光晕强度属性根据灯光的范围确定光晕的大小。如果灯光的范围为 10，强度为 1，光晕将延伸到 10 个单位；如果强度为 0.5，光晕仅向外延伸 5 个单位（10 × 0.5=5）。光晕材质属性允许通过提供新纹理为光晕指定不同的形状。如果不想为光晕使用自定义纹理，可以将其保留为空，并使用默认的圆形纹理。

5.1.7 剪影

如果你曾经用一盏灯照在墙上，然后把手放在灯和墙之间，你可能已经注意到你的手挡住了一些光线，在墙上留下了一个手形的投影。你可以使用剪影在 Unity 中模拟这种效果。剪影是一种特殊的纹理，你可以将其添加到灯光中，以指示灯光的辐射方式。对于点光源、聚光灯和定向光，剪影略有不同。聚光灯和定向光都使用黑白平面纹理制作剪影；聚光灯不会重复剪影，但定向光会重复。

点光源也使用黑白纹理，但这种类型的光源必须放置在立方体贴图中。立方体贴图是将 6 种纹理放在一起形成一个立方体（如天空盒）。

向灯光添加剪影是一个相当简单的过程。只需将纹理应用于灯光的剪影属性。剪影工作的诀窍是提前正确设置纹理，要正确设置纹理，请在 Unity 中选择它，然后在检查器视图中更改其属性。图 5.4 显示了将纹理设置为剪影。

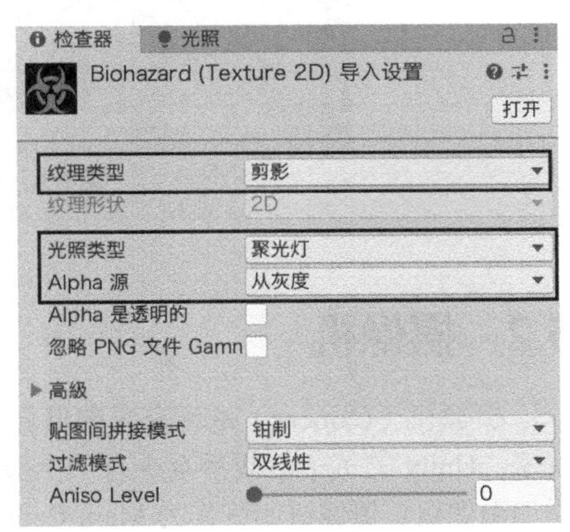

图 5.4 点光源、聚光灯及定向光的剪影纹理属性

▼ 自己上手

给聚光灯添加一个剪影

这个练习需要 biohazard.png 图像，可在随书资源 Hour 5 Files 中找到。按照以下步骤将剪影添加到聚光灯中，以了解整个过程。

1. 创建新项目或场景。从场景中删除 Directional Light。
2. 向场景中添加一个平面，并将其放置在 (0, 1, 0) 处，旋转至 (270, 0, 0)。
3. 选择 Main Camera，单击“添加组件”按钮，然后选择“渲染”→“灯光”，并将类型更改为聚光，以此将聚光灯添加到 Main Camera 上。将范围设置为 18，聚光灯角度设置为 40，强度设置为 3。
4. 将随书资源中的 biohazard.png 纹理拖动添加到项目视图中。选择纹理，在检查器视图中，将纹理类型更改为剪影，将光照类型设置为聚光，并将 Alpha（透明度）源设置为从灰度。这样剪影纹理的黑色部分将会遮挡光线。
5. 选择 Main Camera 后，单击并将 biohazard 纹理拖动到 Light 组件的剪影属性中。可以看到投影到平面上的生物危害符号（见图 5.5）。
6. 用不同范围和强度的光进行试验。旋转平面，查看符号是如何变形扭曲的。

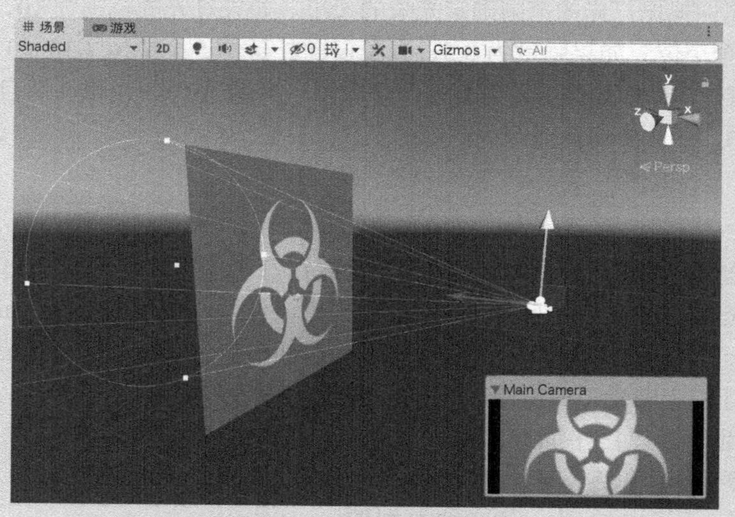

图 5.5 带有剪影的聚光灯

5.2 摄像机

摄像机（Camera）是玩家看向世界的窗口。它提供透视图，并控制事物如何呈现给玩家。Unity 的每个游戏都至少有一个摄像机。事实上，无论何时创建新场景，都会自动添加摄像机。摄像机始终作为 Main Camera 出现在层级视图中。在本节，你将学习所有关于摄像机的知识，以及如何使用它们获得有趣的效果。

5.2.1 剖析摄像机

所有 Camera 组件都具有相同的属性，这些属性决定了它们的具体表现。表 5.2 描述了所有摄像机属性。

表5.2 Camera属性

属 性	描 述
清除标志	决定摄像机在没有游戏对象的区域中显示的内容。默认设置为天空盒。如果场景没有天空盒，摄像机默认为纯色。仅当有多个摄像机时，才应选择“仅深度”。“不清除”选项会导致条纹的出现，只有编写了自定义着色器时才使用
背景	设置没有天空盒时的背景颜色
剔除遮罩	决定摄像机渲染的图层。默认情况下，摄像机可以看到所有图层。你可以取消选中某些图层（本章稍后将详细介绍图层），这样摄像机将看不到这些图层
投影	决定摄像机如何看世界。其中的两个选项是透视（Perspective）和正交（Orthographic）。透视摄像机以 3D 方式感知世界，距离越近的物体越大，距离越远的物体越小。如果你想在游戏中获得深度，可以使用这个设置。正交设置忽略深度，将所有内容视为平面
FOV 轴	设置视野使用的轴
视野	设置摄像机可以看到的区域宽度
物理相机	允许你将摄像机设置为真实世界的相机，并指定实际的镜头和传感器大小。摄影爱好者会喜欢这个属性的
裁剪平面	设置对象对摄影机可见的范围。只渲染在所设定的近平面与远平面之间的对象
Viewport 矩形	确定摄像机投影到实际屏幕的哪个部分。Viewport Rect 是 Viewport Rectangle（视口矩形）的缩写。默认情况下，x 和 y 都设置为 0，这会导致摄像机从屏幕左下角开始运行。宽度（W）和高度（H）都设置为 1，这会使摄像机在垂直和水平方向上覆盖 100% 的屏幕。本章稍后将对此进行更详细的讨论
深度	为多部摄像机指定优先级。较小的数字将优先绘制，这意味着较大的数字可能绘制在顶部，并且有效地遮挡住先绘制的部分
渲染路径	决定摄像机的渲染方式。应该将其设置为使用图形设置
目标纹理	指定摄像机要渲染的纹理，但不一定直接显示在屏幕中（根据屏幕所要渲染的摄像机决定）
遮挡剔除	当摄像机看不到对象时，禁用对象的渲染，因为它们被其他对象遮挡
HDR	超动态范围（Hyper-Dynamic Range，HDR）确定 Unity 的内部灯光计算是否限制于基本的颜色范围。该属性允许高级视觉效果
MSAA	启用基本但高效的抗锯齿类型，称为多样本抗锯齿（MultiSampling Anti-Aliasing）。抗锯齿是渲染图形时移除像素化边缘的一种方法
允许动态分辨率	允许对单机游戏进行动态分辨率调整
目标显示	指定要显示摄像机内容的显示器。这在有多台显示器时非常有用

Camera 组件有很多属性，你可以设置其中大多数而无须记住它们。摄像机也有一些额外的组件，如 Flare Layer（眩光层）组件允许摄像机看到镜头中的眩光，Audio Listener 组件允许摄像机拾取声音。如果向场景中添加更多摄像机，则需要删除它们的 Audio Listener 组件，因为每个场景只能有一个该组件。

5.2.2　多个摄像机

如果没有多个摄像机，现代游戏中的许多效果都是不可能实现的。幸运的是，在Unity场景中，你可以拥有你想要的任意多个摄像机。要将新摄像机添加到场景中，请选择“游戏对象”→“摄像机”。或者，可以将Camera组件添加到场景里已经存在的游戏对象中。要执行此操作，请选择对象，然后在检查器视图中单击“添加组件”按钮，选择“渲染”→“摄像机”以添加Camera组件。请记住，向现有对象添加Camera组件不会自动为你提供Flare Layer或Audio Listener组件。

注意　多个音频监听器

如前所述，一个场景只能有一个音频监听器。在Unity的旧版本中，如果有两个或多个监听器，则会导致错误并阻止场景运行。现在，如果你有多个监听器，你只会看到一条警告信息，尽管音频可能无法被正确地听到。本主题将在第21章中详细介绍。

▼ 自己上手

处理多个摄像机

了解多个摄像机如何相互作用的最好方法是练习如何使用它们。本练习的重点是基本的摄像机操作。

1. 创建一个新项目或场景，并向其中添加两个立方体。将立方体分别放置在(−2, 1, −5)和(2, 1, −5)处。
2. 将Main Camera移动到(−3, 1, −8)处，并将其旋转至(0, 45, 0)。
3. 向场景中添加一个新摄像机（在菜单栏选择“游戏对象”→“摄像机”），并将其放置在(3, 1, −8)处。将其旋转至(0, 315, 0)。确保取消选中组件旁边的复选框来禁用摄像机的音频监听器。
4. 运行场景。请注意，第二个摄像机是唯一显示的摄像机。这是因为第二个摄像机的深度高于Main Camera，因此首先会将Main Camera绘制到屏幕上，再将第二个摄像机绘制到屏幕上。将Main Camera深度更改为1，再次运行场景。请注意，Main Camera现在是唯一可见的摄像机。

5.2.3　拆分屏幕和画中画

如你在本章看到的，如果一个场景中有多个摄像机，而其中一个摄像机只是画在另一个摄像机上，那么在一个场景中使用多个摄像机并没有多大好处。在本小节中，你将学习使用规范化的Viewport矩形属性来实现屏幕分割和画中画效果。

摄像机视口实质上是将屏幕作为一个简单的矩形来处理。矩形的左下角是(0, 0)，右上角是(1, 1)。这并不意味着屏幕必须是一个完美的正方形。相反，可以将坐标视为大小的百分比。坐标1表示100%，坐标0.5表示50%。当你知道这一点后，把摄像机放在屏幕上就变得容易了。默认情况下，摄像机从 (0, 0) 开始绘制，宽度和高度为 1（或 100%）。这使得它们占据了整个屏幕。然而，如果你改变这些数字，你会得到不同的效果。

▼ 自己上手

创建一个分屏摄像机系统

本练习将介绍如何创建分屏摄像机系统。这种系统在双人游戏中是常见的，玩家必须共享同一屏幕。本练习以本章前面的“处理多个摄像机”为基础。创建分屏摄像机系统的步骤如下。

1. 打开你在前面“处理多个摄像机”练习中创建的项目。
2. 确保 Main Camera 的深度为 −1。确保其 Viewport 矩形属性的 X 和 Y 值均为 0。将 W 和 H 值分别设置为 1 和 0.5（即宽度的 100% 和高度的 50%）。
3. 确保第二个摄像机的深度也为 −1。将 Viewport 矩形的 X 和 Y 值设置为 0.5。这会导致摄像机在屏幕的一半位置开始绘制。将 W 和 H 值分别设置为 1 和 0.5。
4. 运行场景，注意两个摄像机现在同时投影在屏幕上（见图 5.6）。你可以像这样多次分割屏幕。

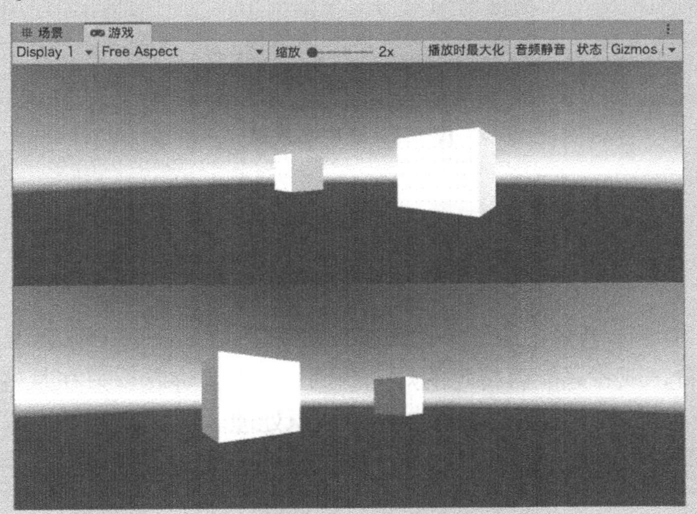

图 5.6 分屏效果

▼ 自己上手

创建一个画中画效果

画中画通常用于创建像小地图这样的效果。通过这种效果，一部摄像机内容将在特定区域中被绘制到另一个摄像机上。本练习以“处理多个摄像机”为基础。

1. 打开你在“处理多个摄像机”中创建的项目。
2. 确保 Main Camera 的深度为 −1。确保摄像机的 Viewport 矩形属性的 X 和 Y 值均为 0，W 和 H 值均为 1。

3. 确保第二个摄像机的深度为0。将Viewport矩形的X和Y值都设置为0.75，并将W和H值都设置为0.2。
4. 运行场景。可以注意到，第二个摄像机出现在屏幕的右上角（见图5.7）。使用不同的Viewport矩形设置进行试验，使摄像机出现在不同的角落。

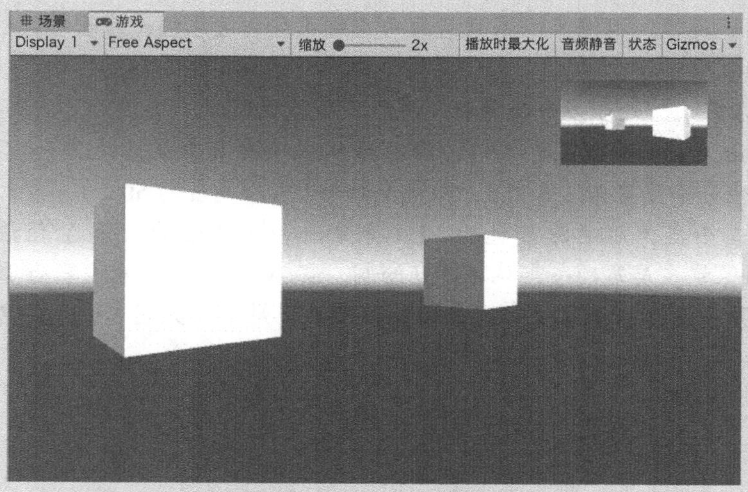

图5.7 画中画效果

5.3 图层

在一个项目和一个场景中组织多个对象通常很困难。有时，你会希望项目只能由特定的摄像机来查看，或者只能有特定的灯光照明。有时，你希望只在某些类型的对象之间发生碰撞。Unity允许你使用图层进行这样的组织处理。图层是一类相似对象的组合，可以以某种方式处理它们。默认情况下，有8个内置图层和24个空图层供用户定义。

注意 图层过多！

添加图层无须做很多工作就可以实现复杂行为，不过，有一点需要提醒：除非必要，否则不要为项目创建图层。很多时候，人们在向场景添加对象时会随意创建图层，以为之后可能需要它们。当你试图去记住每一层的用途和作用时，这种方法可能会导致组织结构的噩梦。简而言之，在需要时添加图层，不要仅仅因为可以就尝试使用图层。

5.3.1 处理图层

每个游戏对象初始都是在默认（Default）图层。也就是说，该对象没有特定的图层可归属，因此它与其他所有对象都集中在一起。可以在检查器视图中轻松地将对象添加到特定图层。选中对象后，单击检查器视图中的“图层”下拉列表，为对象选择一个新图层使之加入其中（见图 5.8）。默认情况下，有 5 个图层可供选择：Default、TransparentFX（透明）、Ignore Raycast（忽略光线投射）、Water（水）和 UI。你现在可以放心地忽略它们中的大多数，因为它们目前对你来说不是很有用。

图 5.8 “图层”下拉列表

虽然当前的内置图层对你没有多大用处，但你可以轻松添加新图层。可以在 Tags&Layers（标签和图层）管理器中添加图层，可以通过 3 种不同的方式打开该管理器。

1. 选中一个对象后，单击检查器视图中的“图层”下拉列表，然后选择“添加图层”（参见图 5.8）。
2. 在编辑器顶部的菜单栏，选择“编辑”→“项目设置”→“标签和图层”。
3. 单击场景工具栏中的“图层”下拉列表，然后选择“编辑图层”（参见图 5.9）。

在 Tags&Layers 管理器中，单击其中一个 User Layer（用户图层）的右侧，为其命名。图 5.10 说明了这个过程，显示了添加的两个新图层。（它们是为演示而添加的，除非你自己添加它们，否则它们不会自动生成。）

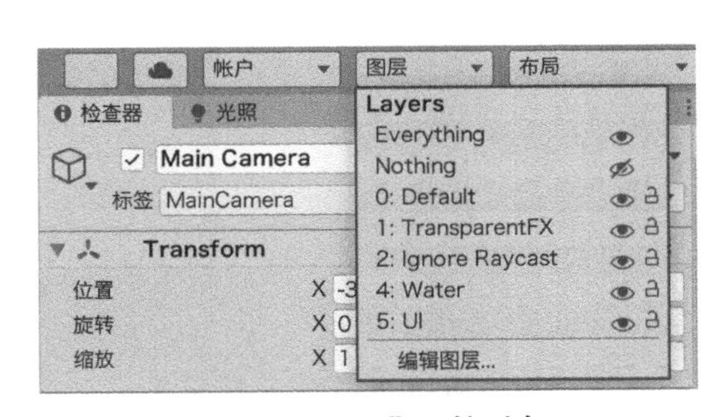

图 5.9 “图层”下拉列表

图 5.10 在 Tags&Layers 管理器中添加新图层

5.3.2 使用图层

图层有很多用途，它们的有用性只受限于你认为可以利用它们做什么，本小节介绍 3 种常见用途。

一种常见用途是在场景视图中隐藏特定图层，通过单击场景视图工具栏中的“图层”下拉列表（参见图 5.9），选择哪些图层显示在场景视图中，哪些图层不显示。默认情况下，场景设置为显示所有内容。

提示　不可见的场景项目

一个常见的错误是意外地更改了场景视图中的可见图层。如果你不熟悉使图层不可见的功能，这可能会让你非常困惑。只需要注意，如果项目在应该出现时却没有出现在场景视图中，那么你应该检查“图层”下拉列表，以确保它设置为显示所有内容。

图层的第二种常见用途是将对象排除在灯光照明之外。如果要创建自定义用户界面、阴影系统或使用复杂的光照系统，这个功能将非常有用。要防止图层被灯光照亮，应该先选择该灯光，然后在检查器视图中，打开“剔除遮罩”下拉列表并取消选中任何要忽略的层（见图 5.11）。

图层的第三种常见用途是让 Unity 知道哪些物理对象可以相互作用。你可以选择“编辑”→“项目设置”→“物理”，并在图层碰撞矩阵（Layer Collision Matrix）中，选中或取消选中所需的复选框来启用或禁用这些图层的碰撞（见图 5.12）。

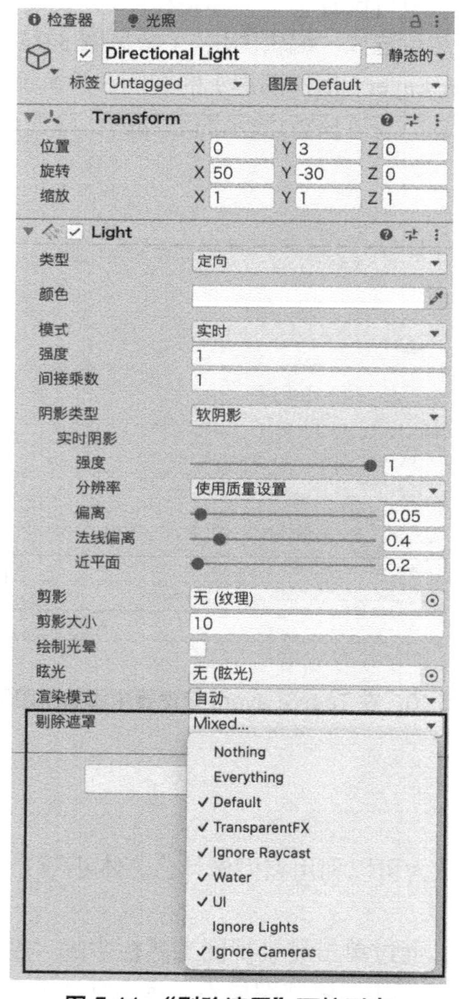

图 5.11　**“剔除遮罩”下拉列表**

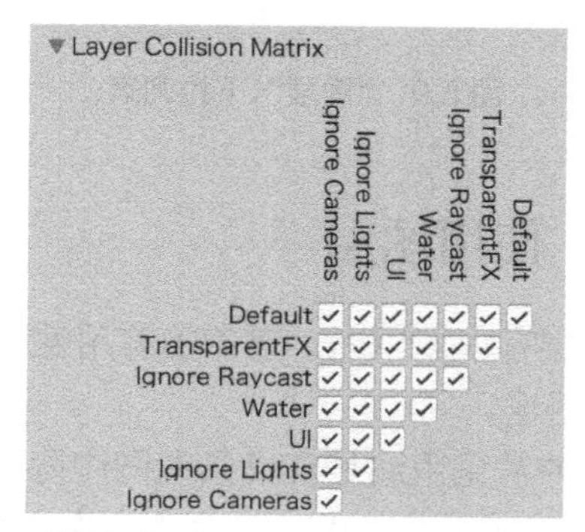

图 5.12　Layer Collision Matrix

▼ 自己上手

忽略灯光和摄像机

按照以下步骤简单处理一下灯光和摄像机的图层。

1. 创建新项目或场景。将两个立方体添加到场景中，并将它们分别放置在 (2, 1, −5) 和 (−2, 1, −5) 处。
2. 使用前面列出的 3 种方法中的任何一种进入 Tags&Layers 管理器，并添加两个新图层：Ignore Lights（忽略灯光）和 Ignore Cameras（忽略摄像机）（参见图 5.10）。
3. 选择一个立方体并将其添加到 Ignore Lights 图层，选择另一个立方体并将其添加到 Ignore Cameras 图层。
4. 选择场景中的 Directional Light，在其剔除遮罩属性中，取消选中 Ignore Lights 图层。请注意，现在只有一个立方体被照亮，另一个因其分层而被忽略。
5. 选择 Main Camera，并从其剔除遮罩属性中取消选中 Ignore Cameras 图层。
6. 运行场景，注意只有一个未被照亮的立方体出现，另一个被摄像机忽略了。

5.4 总结

在本章中，你学习了灯光和摄像机，使用了不同类型的灯光。你还学会了给场景中的灯光添加遮罩和光晕。同时你还学习了摄像机的基础知识，以及如何添加多个摄像机来创建分屏和画中画效果。最后，通过学习 Unity 中的图层来结束本章的内容。

5.5 问答

问 我注意到我们略过了灯光贴图的内容，它对于学习重要吗？

答 灯光贴图是一种用于优化场景性能的有用技术。也就是说，它是一个更高级的主题，你现在不必知道如何用它来让你的场景看起来更好。

问 我怎样知道我想要的是透视摄像机还是正交摄像机？

答 如文中所述，一般的经验法则是，对于 3D 游戏和效果，需要透视摄像机；对于 2D 游戏和效果，则需要正交摄像机。

5.6 测试

花一些时间来研究下面的问题，以确保你牢固地掌握了所学内容。

5.6.1 试题

1. 如果你想要利用一种灯光照亮整个场景，那么应该使用哪种类型的灯光？
2. 可以向场景中添加多少部摄像机？
3. 你可以创建多少个用户定义的图层？

4. 什么属性用以确定哪些图层将被灯光和摄像机忽略？

5.6.2 答案

1. 定向光是可以均匀地应用于整个场景的唯一一种灯光。
2. 需要多少部就可以添加多少部摄像机。
3. 27个。
4. 剔除遮罩属性。

5.7 练习

在本练习中，你有机会使用多个摄像机和灯光。在构造本练习时可以有一定的灵活性，所以请自由发挥创意。

1. 创建新场景或项目，删除 Directional Light，将球体添加到场景中，并将其放置在 (0, 0, 0) 处。

2. 向场景中添加 4 个点光源，将它们分别放置在 (−4, 0, 0)、(4, 0, 0)、(0, 0, −4) 和 (0, 0, −4) 处，给它们分别提供各自的颜色，设置范围和强度以在球体上创建视觉效果。

3. 从场景中删除 Main Camera（右键单击 Main Camera 并选择删除），在场景中添加 4 个摄像机，禁用其中 3 个的 Audio Listener 组件，将它们分别放置在 (2, 0, 0)、(−2, 0, 0)、(0, 0, 2) 和 (0, 0, −2) 处，绕 y 轴旋转它们，直到每一个都朝向球体。

4. 更改 4 个摄像机上的 Viewport 矩形设置，以便在 4 个摄像机上都实现分屏效果。屏幕的每个角落都应该有一个摄像机，各占据屏幕大小的四分之一（见图 5.13）。这一步留给你完成。如果你遇到了问题，可以在随书资源 Hour 5 Files 中找到这个练习的完整版本。

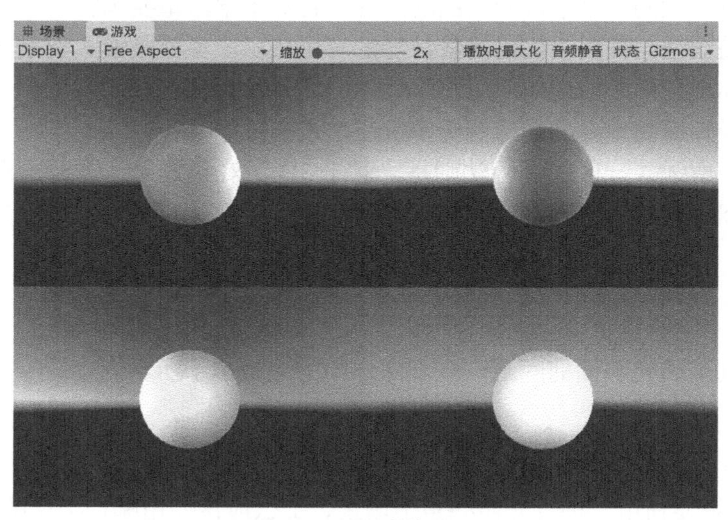

图 5.13　完成的练习

第 6 章　游戏案例1：Amazing Racer

本章你将会学到如下内容。

- 如何设计简单的游戏。
- 如何应用地形知识构建特定于游戏的世界。
- 如何向游戏中添加对象以赋予其交互性。
- 如何测试和调整完成的游戏。

在本章中，你将消化迄今为止所学的知识，并使用它们构建你的第一个 Unity 游戏。你首先将了解游戏的基本设计元素，然后会构建游戏发生的世界，还会添加一些交互性对象，以使玩家能够玩游戏。最后需要试玩游戏，并执行一些必要的调整以改善体验。

提示　完成的项目

为了构建完整的游戏项目，请紧随本章内容。如果遇到了问题，可以在随书资源 Hour 6 Files 中寻找游戏的完整项目。如果你需要帮助或灵感，就去看看吧！

6.1　设计

游戏开发的设计环节是指提前计划游戏的所有主要特征和组件，可以把这个过程看作制订蓝图，以便实际的施工过程更加顺利。制作游戏时，通常会花费大量时间来完成设计。由于你在这一章将完成的游戏相当简单，所以设计阶段会进行得很快。你需要重点规划 3 个方面：概念、规则和需求。

6.1.1　概念

这个游戏背后的想法很简单：从一个区域的一端开始，快速跑到另一端，道路上有山丘、树木和障碍物。你的目标是看看自己能以多快的速度到达终点。之所以将这个游戏选为你的第一个游戏，是因为它能运用你在本书中迄今为止所学的内容。此外，因为你还没有在 Unity 中学习脚本，所以无法添加非常复杂的交互，但之后做的游戏会更复杂。

6.1.2　规则

每个游戏都必须有一套规则。这些规则有两个目的：第一，向玩家解释如何进行游戏；第二，软件是一个许可的过程（详见“许可的过程”小记），规则指定了玩家可以采取哪些行动来完成挑战。Amazing Racer 的规则如下。

1. 没有输赢条件，只有完成的条件。当游戏角色进入终点区时，游戏结束。

2. 游戏角色总是从相同的地方复活，终点区也是在同一地点。

3. 将出现水障，每当游戏角色掉入其中，就会被移回复活点。

4. 游戏的目标是尽可能取得更快的成绩。这是一个隐藏的规则，并没有明确地构建到游戏中。作为替代，游戏中构建了一些线索，暗示玩家这就是目标。其思想是：玩家将根据反馈直觉地感受到对更快速度的渴望。

小记　许可的过程

制作游戏时要记住的一点是，软件是一个许可的过程。这意味着，除非特别允许，否则游戏角色无法使用其中的对象。例如，如果玩家想要爬树，但你没有为游戏角色创建任何爬树的方法，则该操作不被允许。如果你不给游戏角色跳跃的能力，他们就不能跳跃。你希望游戏角色能够做的所有事情都必须构建到游戏中。记住，必须为一切做好计划！还请记住，游戏角色可以创造性地组合动作，例如，堆叠积木，然后在游戏允许的情况下从积木顶部跳下。

小记　术语

本章使用了如下新术语。

1. 复活（Spawn）：复活是一个过程，游戏角色或实体通过它进入游戏。

2. 复活点（Spawn Point）：复活点是游戏角色或实体复活的地方。游戏中可能有一个或多个复活点，它们可以是静止的，也可以是四处移动的。

3. 条件（Condition）：条件是触发器的一种形式。获胜条件是使得玩家赢得比赛的事件（例如积累足够的分数）；失败条件是导致玩家输掉比赛的事件（例如失去所有生命值）。

4. 游戏控制器（Game Manager）：游戏控制器规定了游戏规则和流程。它负责判定游戏的胜负（或只是游戏结束）。任何对象都可以被指定为游戏控制器，只要它始终在场景中。通常会把一个空对象或主摄像机指定为游戏控制器。

5. 游戏测试（Playtesting）：游戏测试是让真实玩家玩一款仍在开发中的游戏，以了解他们对游戏的反馈，从而相应地改进游戏的一个测试过程。

6.1.3　需求

设计过程中的一个重要步骤是确定游戏需要哪些资源。一般来说，游戏开发团队由多人组成。其中一些人从事设计工作，其他人从事编程或美术资源创作。团队中的每个成员都需要做一些事情，才能使开发过程的每一步都有效率。如果每个人都等到某件事情完成才能开始工作，就会有很多开始和停止动作。相反，你需要提前确定资源，在需要之前就创造出来。以下是 Amazing Racer 的所有需求。

1. 一块矩形地形：地形必须足够大，以呈现一场具有挑战性的比赛。地形上应该有一些障碍物，以及指定的复活点和终点区（见图 6.1）。

2. 用于地形的纹理和环境效果：这些在 Unity 标准资源中提供。

3. 一个复活点对象，一个终点区对象，一个水障对象：将在 Unity 中生成它们。

4. 一个角色控制器：由 Unity 标准资源提供。

5. 图形用户界面（Graphical User Interface，GUI）：这将在随书资源中为你提供。请注意，为了简单起见，本章使用的是老式 GUI，它完全从脚本开始工作。在你的项目中，你可能希望使用第 14 章“用户界面”中引入的新 UI 系统。

6. 游戏控制器：将在 Unity 中创建。

图 6.1 Amazing Racer 的常规地形布局

6.2 创建游戏世界

现在你已经对游戏有了一个基本的理解，是时候开始上手构建了。可以从多个节点开始制作游戏，对于这个项目，可以从游戏世界开始。因为这是一个线性赛车游戏，游戏世界的长度将大于它的宽度（或者宽度大于长度，取决于你如何看待它）。你将使用许多 Unity 标准资源快速创建该游戏。

6.2.1 绘制游戏世界

可以用多种方法为你的赛车手创建地形，每个人会有不同的构思。为了简化流程并确保每个人在这一章内都有相同的体验，我们提供了高度图。如果遇到地形问题，请务必参考第 4 章“地形和环境”。要绘制地形，请执行以下步骤。

1. 创建一个新项目，并将其命名为 Amazing Racer。将地形添加到项目中，并在检查器视图中将其定位在 (0, 0, 0) 处。

2. 在本章随书资源中找到 TerrainHeightmap.raw 文件，并将其作为地形的高度图导入（在检查器视图中的地形设置下的纹理分辨率部分，单击“导入 Raw”按钮）。

3. 在 Import Heightmap 对话框中，将 Byte Order 属性更改为 Mac，并将地形大小设置为 200 宽（X）乘以 100 高（Y）乘以 200 长（Z）。

4. 将当前场景另存为 Main。

现在应该对地形进行绘制，使其与书中的世界相匹配。你可以根据自己的喜好做一些小的调整和改变。

注意　构建你自己的地形

在本章中，你将根据所提供的高度图构建一个游戏。高度图已经为你准备好，这样就可以快速完成游戏开发过程。你可以选择建立自己的定制世界，让这款游戏真正独一无二，真正属于你。但是，如果这样做，请注意本章提供给你的一些坐标和旋转角度可能不匹配。如果你想建立自己的世界，请注意对象的预期位置，并相应地将它们放置在世界中。

6.2.2 添加环境

现在，你可以开始为地形添加纹理和环境效果。需要先导入环境资源，在随书资源 Hour 6 Files 中找到 EnvironmentAssets.unitypackage 文件，将其拖动到项目中。

你现在可以随心所欲地装饰世界。以下步骤中的建议是指导原则，你也可以按照自己的喜好来执行具体步骤。

1. 旋转定向光以符合你的偏好。

2. 对地形进行纹理化处理。该示例项目使用以下纹理：平坦部分使用 GrassHillAlbedo，陡峭部分使用 Cliffalbedospecial，中间区域使用 GrassRockyAlbedo，坑内区域使用 Mudsrockyalbedosecular。

3. 在地形中添加树木。树木应稀疏放置，且主要放在平坦的表面上。

4. 从环境资源中向场景中添加一些水。在文件夹 Assets\Environment\Water\Water4\prefabs 中找到 Water4Advanced 预制件，并将其拖动到场景中。（你将在第 11 章中了解更多预制件。）将水放置在 (100, 29, 100) 处，并按比例缩放至 (2, 1, 2)。

地形现在准备好了，可以继续创建了。一定要花大量的时间在纹理上，以确保获得一个良好融合后较真实的样式。

6.2.3 雾

在 Unity 中，可以将雾添加到场景中，以模拟许多不同的自然现象，例如薄雾、真实的雾或远距离对象的渐隐。你也可以使用雾让你的世界变得新鲜陌生。在 Amazing Racer 游戏中，你可以使用雾来模糊远处的地形，并添加探索元素。

添加雾非常简单，步骤如下。

1. 在菜单栏中选择“窗口”→“渲染”→“光照”，打开光照视图。

2. 在“环境”选项卡中，选中“其他设置”下的“雾”复选框，启用雾。

3. 将其颜色更改为白色，并将密度设置为 0.005（注意：可以是任意值，可以根据你的偏好进行更改或省略）。

4. 试验不同的密度和颜色。表 6.1 描述了雾的属性。

表6.1 雾的属性

属 性	描 述
颜色	设置雾效果的颜色
模式	控制雾的计算方式。3 种模式分别是线性模式、指数模式和指数平方模式。对于移动设备，线性模式效果最好
密度	确定雾效果的强度。仅当模式设置为指数模式或指数平方模式时，才使用此属性
开始和结束	控制雾开始时离摄像机的距离以及结束时离摄像机的距离。这些特性仅在线性模式下使用

6.2.4 天空盒

你可以通过添加一个天空盒（Skybox）给游戏增加一些冲击力。天空盒是一个环绕世界的大盒子。尽管它是一个由 6 个平面组成的立方体，但它有向内的纹理，使其看起来圆润而无限。你可以创建自己的天空盒，也可以使用 Unity 的标准天空盒，它可以在每个 3D 场景中启用。在本书中，大多数情况下你将使用内置的天空盒。

标准的天空盒被称为程序性天空盒，这意味着颜色不是固定的，而是经过计算的，可以改变。通过旋转场景的平行光可以看到这一点。可以注意到，随着光线的旋转、天空的颜色，甚至模拟的太阳的颜色都会发生变化。默认情况下，程序性天空盒会关闭场景的主定向光。

创建和应用自己的自定义程序天空盒非常简单，步骤如下。

1. 在项目视图中右键单击，然后选择“创建”→“材质”。（天空盒实际上只是应用于“天空中巨大盒子”的材质。）

2. 在该新材质的检查器视图中，单击 Shader 下拉列表，然后选择 Skybox → Procedual（程序性的）。请注意，在这里你还可以选择创建 6 Sided（6 面）、Cubemap（立方体贴图）或 Panoramic（全景）天空盒。

3. 通过光照视图（选择“窗口”→“渲染”→“光照”→“环境”选项卡）将天空盒应用于场景。或者，只需将天空盒材质拖动到场景视图中的任何空白区域即可。将天空盒应用于场景时，不会立即看到任何更改。你刚刚创建的天空盒与默认天空盒具有相同的属性，因此看起来完全相同。

4. 尝试不同的天空盒属性。你可以修改太阳的外观，展现光线在大气中的散射，改变天空的颜色和曝光。你可以随意修改为你的游戏做一些真正与众不同的东西。

天空盒不必是程序性的。可以使用 6 片纹理创建具有较多细节的天空（也就是 Cubemap）。它们甚至可以包含 HDR 或全景图像。这些设置都可用，具体取决于你选择的天空盒着色器的类型。不过，在本书中，大多数情况下，你将使用程序性天空盒，因为它们使用和运行起来很容易。

6.2.5　角色控制器

在开发的这个阶段，你需要按照如下步骤向地形中添加角色控制器。

1. 在随书资源 Hour 6 Files 中找到 FPSController.unitypackage，并将其拖动到项目中。
2. 在文件夹 Assets\FirstPersonCharacter 中找到 FPSController 资源，并将其拖动到场景中。
3. 将控制器（名为 FPSController，在层级视图中为蓝色）定位在 (165, 32, 125) 处。如果控制器没有在地形上正确定位，请按照上一练习确保地形位于 (0, 0, 0) 处。现在在 *y* 轴上将控制器旋转到 260，使其朝向正确的方向。将控制器对象重命名为 Player（游戏角色）。
4. 在 Character Controller 对象上试验 First Person Controller（第一人称控制器）和 Character Controller 组件。这两个组件在很大程度上控制着游戏角色在游戏中的行为。例如，如果游戏角色能够爬过你希望无法通行的山丘，则可以降低 Character Controller 组件上的斜度限制属性。
5. 因为 Player 的控制器有自己的摄像机，所以从场景中删除 Main Camera。

在场景中放好角色控制器后，播放场景。一定要四处走动看看，寻找任何需要修复或需要使其平滑的区域。注意边界，寻找任何游戏角色可以逃离游戏区域的地方，这些地方需要被抬高，或者修改控制器属性参数，这样游戏角色就不会从地图上掉下来。通常在这个阶段，你需要修复地形的任何基本问题。

提示　在世界中坠落

一般来说，游戏关卡上有墙或其他障碍物，以防止游戏角色离开制作好的区域。如果游戏使用重力，游戏角色可能会从世界中掉下来。你总是想创造一些方法来阻止游戏角色去他们不应该去的地方。这个游戏项目使用一个高的护堤来让游戏角色留在游戏区。第 6 章提供给你的高度图中有几个游戏角色可以爬出来的地方，看看你是否能找到并纠正它们。你还可以在层级视图中为 FPSController 设置斜度限制，如本章前面所述。

提示　我的鼠标呢？

为了避免在你试玩游戏时出现恼人的鼠标指针，FPSController 对象会隐藏并“锁定”它。这在玩游戏时很不错，除非你需要鼠标单击一个按钮或停止播放。如果需要鼠标指针，只需按 Esc 键即可解锁并显示。或者，如果需要退出播放模式，可以按 Ctrl+P 键（Mac 上为 Command+P 键）来完成。

6.3　游戏化

你现在有了一个可以进行游戏的世界，可以到处跑，可以在一定程度上体验这个世界，但缺少了游戏本身。现在你拥有的是一个可以玩的玩具，但你想要的是一个游戏，一个有规则和目标的玩具。把某物变成游戏的过程叫作游戏化（Gamification），这就是本节的全部内容。如果遵循了前面的步骤，你的游戏项目现在应该与图 6.2 类似（尽管你对雾、天空盒和植被的选择可能会产生一些差异）。接下来的几个步骤是添加游戏控制器对象以进行交互，将游戏脚本应用于这些对象，并将它们相互连接。

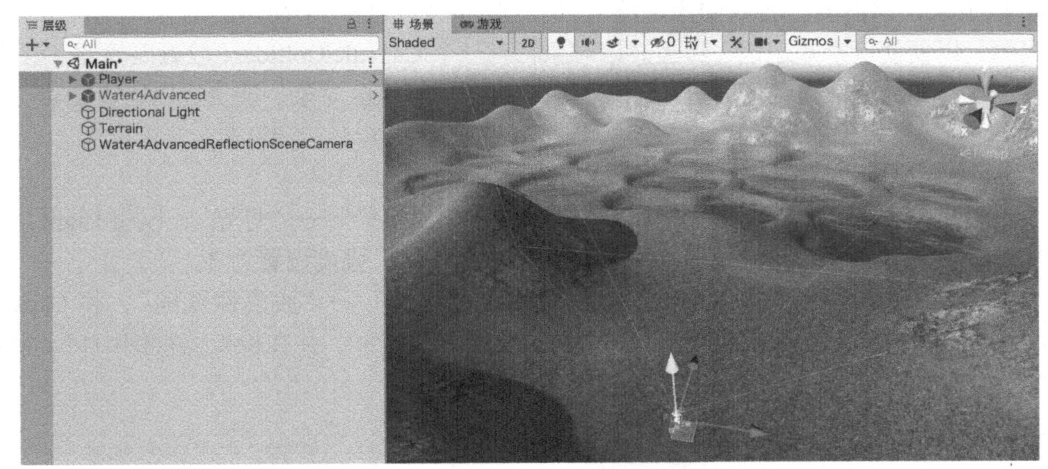

图 6.2 Amazing Racer 游戏目前的情况

小记 脚本

脚本是定义游戏对象行为的代码片段。你还没有学会如何在 Unity 中编写脚本。然而，要制作互动游戏，脚本是必需的。考虑到这一点，我们为你提供了制作这个游戏所需的脚本。这些脚本尽可能地短，这样就可以让你更清晰地理解这个项目的大部分内容。你可以在文本编辑器中打开脚本并阅读它们，看看它们能做什么。脚本在第 7 章和第 8 章中有更详细的介绍。

6.3.1 添加游戏控制器对象

正如本章“需求”小节中所定义的，你需要 4 个特定的游戏控制器对象。第一个对象是复活点——一个简单的游戏对象，它的存在只是为了告诉游戏在哪里复活游戏角色。要创建复活点，请执行以下步骤。

1. 将一个空的游戏对象添加到场景中（选择“游戏对象”→“创建空物体”）。
2. 将游戏对象放置在 (165, 32, 125) 处，并使其旋转至 (0, 260, 0)。
3. 将层级视图中的空对象重命名为 Spawn Point。

接下来，你需要创建水障检测器，这将是一个置于水下的简单平面。为该平面添加一个触发器碰撞盒（详见第 9 章），它将检测游戏角色何时掉进水中。要创建检测器，请执行以下步骤。

1. 向场景中添加一个平面（选择“游戏对象”→“3D 物体”→“平面”），并将其定位在 (100, 27, 100) 处，缩放到 (20, 1, 20)。
2. 在层级视图中将该平面重命名为 Water Hazard Detector（水障检测器）。
3. 选中检查器视图中 Mesh Collider（网格碰撞器）组件上的“凸面”和“是触发器”

复选框（见图 6.3）。

4. 禁用对象的 Mesh Renderer 组件，使对象不可见。通过在检查器视图中取消选中 Mesh Renderer 复选框来完成此操作（参见图 6.3）。

接下来，你需要在游戏中添加终点区。这个区域将是一个简单的对象，上面有一个点光源，以便使玩家知道该去哪里。该对象将有一个 Capsule Collider（胶囊碰撞器）组件，这样它就能知道游戏角色何时进入了该区域。要添加终点区对象，请执行以下步骤。

1. 向场景中添加一个空的游戏对象，并将其放置在 (26, 32, 37) 处。
2. 在层级视图中将其重命名为 Finish Zone（完成区域）。
3. 选中该对象后，在菜单栏中选择“组件”→“渲染”→“灯光”，以将 Light 组件添加到终点区对象中。将类型设置为点，范围设置为 35，强度设置为 3。
4. 选中对象并在菜单栏中选择“组件”→“物理”→“胶囊碰撞器”，将 Capsule Collider 组件添加给终点区对象。选中“是触发器”复选框，并在检查器视图中将半径更改为 9（见图 6.4）。

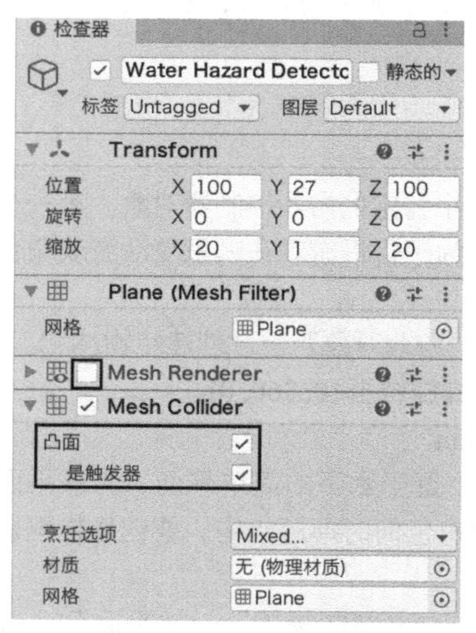

图 6.3　检查器视图中的水障检测器对象

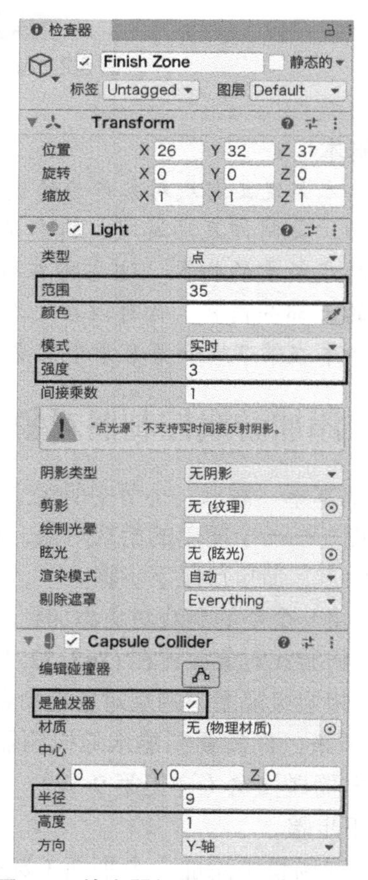

图 6.4　检查器视图中的终点区对象

需要创建的最后一个对象是游戏控制器对象。这个物体本身在技术上不需要存在，你可以在游戏世界中的其他对象上添加该属性，例如 Main Camera。不过，通常会创建一个专用的游戏控制器对象，以防止它被意外删除。在这个开发阶段，游戏控制器对象是非常基础的，以后将更多地使用它。要创建游戏控制器对象，请执行以下步骤。

1. 向场景中添加一个空游戏对象。
2. 在层级视图中将其重命名为 Game Manager。

6.3.2 添加脚本

如前所述，脚本决定了游戏对象的行为。在本小节中，你将向游戏对象添加脚本。目前来说，理解这些脚本的作用并不重要。以下任意方式都能将脚本添加到项目中。

1. 将现有脚本拖动到项目的项目视图中。
2. 在项目视图中右键单击空白处并选择“创建”→“C# 脚本”，以在项目中创建新脚本。

一旦脚本出现在项目中，应用它们就很容易了。要应用脚本，只需将其从项目视图拖动到要应用脚本的对象的层级视图或检查器视图上（参见图 6.5）。

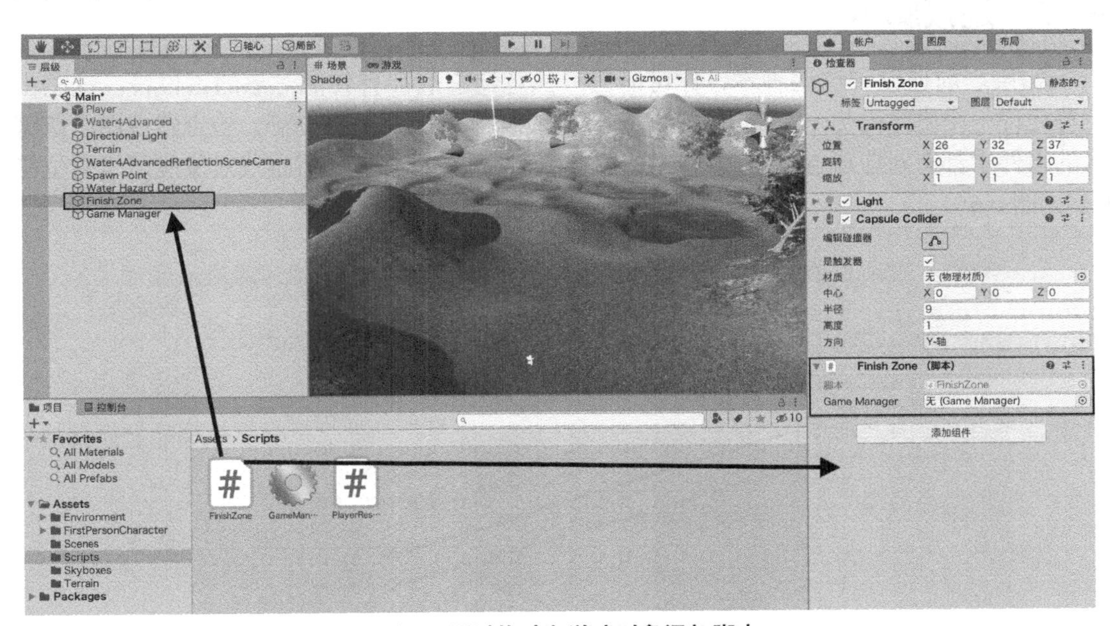

图 6.5 通过拖动向游戏对象添加脚本

也可以将脚本拖动到场景视图中的对象上来应用脚本，但如果这样做，可能会丢失脚本，并意外地将脚本放到其他对象上。因此，不建议通过场景视图来应用脚本。

提示 特殊的脚本图标

你可能已经注意到 Game Manager 脚本在项目视图中有一个不同的齿轮状图标，这是因为该脚本有一个 Unity 自动识别的名称：Game Manager。有些特定的名称在用于脚本时，可以更改图标，使其更容易识别。

▼自己上手

导入并关联脚本

按照以下步骤从随书资源导入脚本并将其关联到正确的对象。

1. 在项目视图中创建一个新文件夹，并将其命名为Scripts。在第6章随书资源中找到FinishZone.cs、GameManager.cs和PlayerRespawn.cs（游戏角色复活）这3个脚本，然后将它们拖动到新创建的Scripts文件夹中。
2. 将FinishZone.cs从项目视图拖动到层级视图中的Finish Zone对象上。
3. 在层级视图中选择Game Manager对象。在检查器视图中，选择“添加组件”→“脚本”→Game Manager（这是向游戏对象添加脚本的组件的另一种方法）。
4. 将PlayerRespawn.cs从项目视图拖动到层级视图中的Water Hazard Detector对象上。

6.3.3　连接脚本

如果之前通读了这些脚本，你可能已经注意到它们都有其他对象的占位符。这些占位符允许一个脚本与另一个脚本对话。对于这些脚本中的每个占位符，检查器视图中该脚本的组件中都有对应属性。与脚本一样，你可以通过单击并拖动将游戏对象应用于占位符（参见图6.6）。

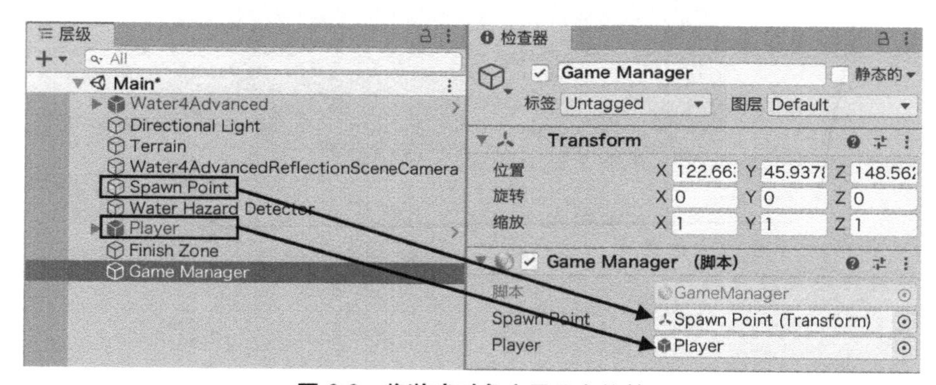

图6.6　将游戏对象应用于占位符

▼自己上手

脚本间的连接

按照以下步骤为脚本关联正确运行所需的游戏对象。

1. 在层级视图中选择Water Hazard Detector对象。请注意，Player Respawn（脚本）[角色重生（脚本）]组件有一个Game Manager属性，此属性是你之前创建的Game Manager对象的占位符。

2. 在层级视图中单击并拖动 Game Manager 对象到 Player Respawn（脚本）组件的 Game Manager 属性上。现在，每当游戏角色落入水障时，水障会让 Game Manager 对象知道此事件，且游戏角色会被移回关卡开始位置的复活点。
3. 选择 Finish Zone 对象，单击 Game Manager 对象并从层级视图拖动到检查器视图中 Finish Zone（脚本）组件的 Game Manager 属性上。现在，每当游戏角色进入终点区，Game Manager 就会收到通知。
4. 选择 Game Manager 对象，单击 Spawn Point 对象并拖动到 Game Manager(脚本）组件的 Spawn Point 属性上。
5. 单击并拖动 Player 对象（就是角色控制器）到 Game Manager 对象的 Player 属性上。

这就是连接游戏对象的全部内容，你的游戏现在完全可以玩了！到目前为止，你所采取的一些步骤可能在当下没有意义，但你对它研究得越多，使用得越多，它就变得越直观。

6.4 游戏测试

你的游戏已经制作完成，但现在还不是休息的时候，你必须开始游戏测试的流程。游戏测试需要在玩游戏的过程中，尽量发现错误或没有你想象中那么有趣的事情。很多时候，让其他人测试你的游戏是有益的，这样他们就可以告诉你什么对他们来说是有意义的，什么是他们觉得有趣的。

如果你遵循前面描述的所有步骤，至少不会发现任何错误（通常被称为 Bug）。然而，确定哪些部分是有趣的过程完全取决于游戏制作者，因此，这个部分留给你决定。可以玩一玩游戏，并看看你不喜欢什么，要重点注意那些没有让你感到愉悦的内容。不过，不要只关注消极的一面，还要找到你喜欢的东西。你更改这些内容的能力目前可能有限，所以把它们记下来，如果有机会，可以计划一下如何改变游戏。

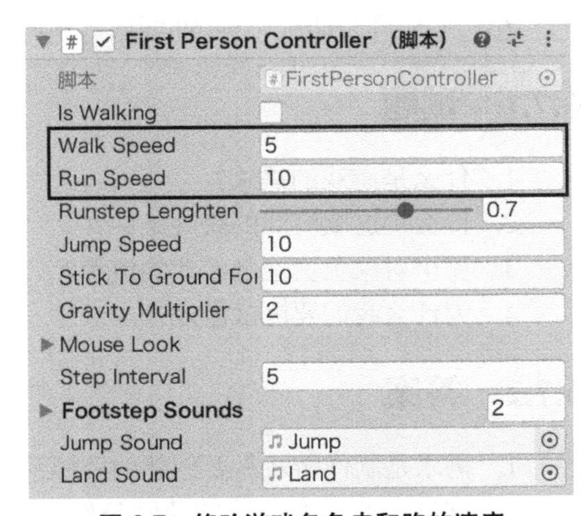

图 6.7 修改游戏角色走和跑的速度

目前能够让游戏更有趣的一个简单调整就是改变游戏角色的速度。如果你已经玩过几次这个游戏，你可能已经注意到这个角色移动得相当慢，这会让玩家感觉游戏非常漫长。要使角色加速，需要修改 Player 对象上的 First Person Controller（脚本）组件。在检查器视图中，更改 Run Speed（奔跑速度）设置（见图 6.7）。示例项目将其设置为 10，可以尝试更快或更慢的速度，并选择一个你喜欢的速度。（你会注意到按住Shift键会让角色跑起来。）

6.5 总结

在本章中，你在Unity中制作出了第一款游戏。你首先设计了游戏概念、规则和需求的多个方面。接着构建了游戏世界，并添加了环境效果。然后添加了交互所需的游戏对象，将脚本应用于这些游戏对象并将它们连接了起来。最后，你测试了这个游戏，并注明了你喜欢和不喜欢的东西。

6.6 问答

问 这章内容似乎超越了我的理解力，我做错了什么事情吗？

答 完全不是！这个过程对于不习惯它的人可能感到非常生疏。阅读和学习书中的材料，慢慢就会开始熟悉这个过程。你能够做的是注意对象如何通过脚本彼此产生联系。

问 本章没有介绍如何构建和部署游戏，为什么？

答 构建和部署游戏在本书第23章有所介绍。在构建游戏时有许多事情要考虑，此时，你应该只把注意力集中在开发它所需的理念上。如果你真的等不及了，可以先跳到第23章去看看，我不会告诉别人的！

问 为什么我们不能制作没有脚本的游戏？

答 如前所述，脚本定义了对象的行为。如果没有某种形式的交互式行为，将很难制作出一款条理分明的游戏。在第7章和第8章学习编写脚本之前就学习构建一款游戏的唯一原因是：在转向不同的内容之前强化你已经学过的主题。

6.7 测试

花一些时间来研究下面的问题，以确保你牢固地掌握了所学内容。

6.7.1 试题

1. 什么是游戏的需求？
2. 什么是这款游戏的获胜条件？
3. 哪个对象负责控制游戏的流程？
4. 为什么我们要测试游戏？

6.7.2 答案

1. 需求是制作游戏需要创建的资源列表。

2. 这款游戏没有明确的获胜条件。当游戏角色这一次到达的时间比上一次更短时，就认为他获胜了。不过，这里没有以任何方式把获胜条件构建到游戏中。

3. 游戏控制器。在这款游戏中，它被命名为 Game Manager。
4. 为了发现错误，以及确定游戏的哪些部分像我们希望的那样工作。

6.8 练习

制作游戏时最棒的一点是，你可以按照自己想要的方式制作游戏。遵循指南可能是一种很好的学习体验，但你无法获得制作定制游戏那样的满足感。这个练习稍微修改一下 Amazing Racer 游戏，使其更独特。具体如何改变游戏取决于你。以下列出了一些建议。

1. 尝试添加多个终点区，看看你是否能让游戏角色有更多选择。
2. 修改地形，使其具有更多或不同的危险。
3. 尝试设置多个复活点，这样，某些障碍会将游戏角色移动到不同的复活点。
4. 修改天空和纹理以创建一个陌生的世界，让这个世界独一无二。

第7章　脚本（第一部分）

本章你将会学到如下内容。

- Unity 中脚本的基础知识。
- 如何使用变量。
- 如何使用运算符。
- 如何使用条件语句。
- 如何使用循环语句。

截至目前，你已经学会了如何在 Unity 中制作对象。然而，这些东西有点无趣，把模型就放在那儿能有什么用呢？最好能给立方体一些自定义的操作，使其在某种程度上变得有趣起来。为此，你需要的是脚本。脚本是用于定义对象的复杂或非标准行为的代码（指令）文件。在本章中，你将学习编写脚本的基础知识。首先，你将了解如何在 Unity 中使用脚本，学习如何创建脚本以及使用脚本编程环境。然后，你将学习脚本语言的相关知识，包括变量、运算符、条件语句和循环语句。

提示　示例脚本

本章提到的多个脚本及代码结构可以在随书资源 Hour 7 Files 中找到，如需额外学习，请仔细翻阅。

注意　编程新手

如果你以前从未编过程，本章可能会让你感到奇怪和困惑。在你学习本章时，尽你最大的努力关注对象是如何构造的，以及为什么它们是这样构造的。记住，编程是纯逻辑的。如果一个程序没有做你希望它做的事情，那是因为你没有告诉它如何正确地做。有时候，需要改变你的思维方式。慢慢来，并且一定要练习。

7.1　脚本

如前所述，使用脚本是定义行为的一种方式。在 Unity 中，脚本与其他组件一样附加到对象上，并赋予它们交互性。在 Unity 中使用脚本通常需要如下 3 个步骤。

1. 创建脚本。
2. 将脚本附加到一个或多个游戏对象上。
3. 如果脚本需要，用值或其他游戏对象填充对应属性。

本章的其余部分将讨论这些步骤。

7.1.1 创建脚本

在创建脚本之前，最好在项目视图的 Assets 文件夹下创建一个 Scripts 文件夹。有了一个包含所有脚本的文件夹之后，右键单击该文件夹并选择“创建”→“C# 脚本”，并给脚本起个名称。

小记 脚本语言

Unity 允许你用 C# 编写脚本。在过去，JavaScript 和一种叫作 Boo 的语言是受支持的，但是多年来，为了专注于一种通用语言和通用功能，这两种语言被逐步淘汰。不过别担心，C# 是一种功能强大且灵活的语言。

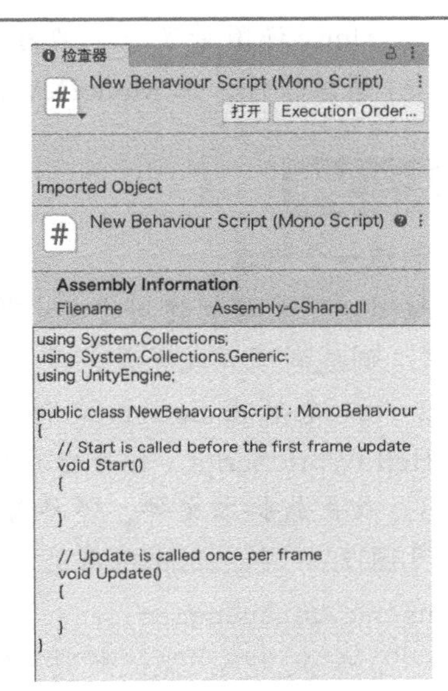

图 7.1 检查器视图中的脚本

创建脚本后，你可以查看和修改它。在项目视图中单击脚本，可以在检查器视图中查看脚本的内容（见图 7.1）。双击项目视图中的脚本将打开默认编辑器，你可以在其中向脚本添加代码。假设你已经安装了默认组件，并且没有更改任何内容，双击一个脚本文件将打开 Visual Studio 开发环境（见图 7.2）。

```
using System.Collections;
using System.Collections.Generic;
using UnityEngine;

public class NewBehaviourScript : MonoBehaviour
{
    // Start is called before the first frame update
    void Start()
    {

    }

    // Update is called once per frame
    void Update()
    {

    }
}
```

图 7.2 打开 Visual Studio（图片版权属于微软公司）

小记 集成开发环境

Visual Studio 是与 Unity 捆绑在一起的一款强大而复杂的软件。这样的编辑器被称为集成开发环境（Integrated Development Environment，IDE），可以帮助你编写游戏代码。由于集成开发环境实际上不是 Unity 的一部分，所以本书没有对它们进行任何深入的介绍。现在你只需要熟悉 Visual Studio 的编辑器窗口。如果你还需要了解集成开发环境，可以在相应的部分进行学习。（注意：在 Unity 2018.1 之前，Unity 还附带了一个名为 MonoDevelop 的集成开发环境，你仍然可以单独购买和使用该软件，但 MonoDevelop 不再随引擎提供。）

▼自己上手

创建一个脚本

按照以下步骤创建用于本小节的脚本。

1. 创建新项目或场景，并在项目视图中添加 Scripts 文件夹。
2. 右键单击 Scripts 文件夹并选择“创建”→“C# 脚本”，将脚本命名为 HelloWorldScript（你好世界脚本）。
3. 双击新脚本文件，等待 Visual Studio 打开。在 Visual Studio 的编辑器窗口（参见图 7.2）中，删除所有文本并输入以下代码。

```
using UnityEngine;
public class HelloWorldScript : MonoBehaviour
{
    // Start方法在第一帧更新前被调用
    void Start ()
    {
        print ("Hello World");
    }

    // Update方法每帧被调用一次
    void Update ()
    {
     }
}
```

4. 选择“文件”→“保存”或按 Ctrl+S 键（Mac 上为 Command+S 键）保存脚本。回到 Unity，在检查器视图中确认脚本已更改，然后运行场景。注意，什么也没发生。脚本已被创建，但它在附加到对象之前不会起作用，接下来将会详细介绍。

小记 脚本名称

你刚刚创建了一个名为 HelloWorldScript 的脚本，脚本文件的名称是很重要的。在

Unity 和 C# 中，文件名必须与其中的类名匹配。类将在本章稍后讨论，现在只需说明，如果你有一个包含名为 MyAwesomeClass 的类的脚本，则包含该类的文件将被命名为 MyAwesomeClass.cs（我的超棒课程）。还值得注意的是，类名以及脚本文件名不能包含空格、不能以数字或特殊字符开头。

提示　简单的脚本名称

如前所述，脚本文件的名称必须与脚本中包含的类的名称匹配。这意味着，如果创建了名为 MyAwesomeScript.cs 的脚本，则需要打开该脚本并更改要匹配的类的名称（本章稍后将详细讨论）。然而，有一种更简单的方法来处理这个问题。当你第一次在 Unity 中创建新脚本时，该文件已准备好被重命名。如果立即输入脚本名而不是单击脚本名以外的地方，Unity 会自动重命名脚本中的类进行匹配。这可以省掉一些时间和烦恼！

7.1.2 附加脚本

要将脚本附加到游戏对象上，只需在项目视图中单击脚本并将其拖动到指定对象上（见图 7.3）。可以将脚本拖动到层级视图、场景视图或检查器视图中的对象上（假设对象已被选中）。或者，你可以选择要附加脚本的对象，然后选择“添加组件”→“脚本”，从可用脚本列表中选择所需的脚本。一旦附加到对象上，脚本将成为该对象的一个组件，并在检查器视图中可见。

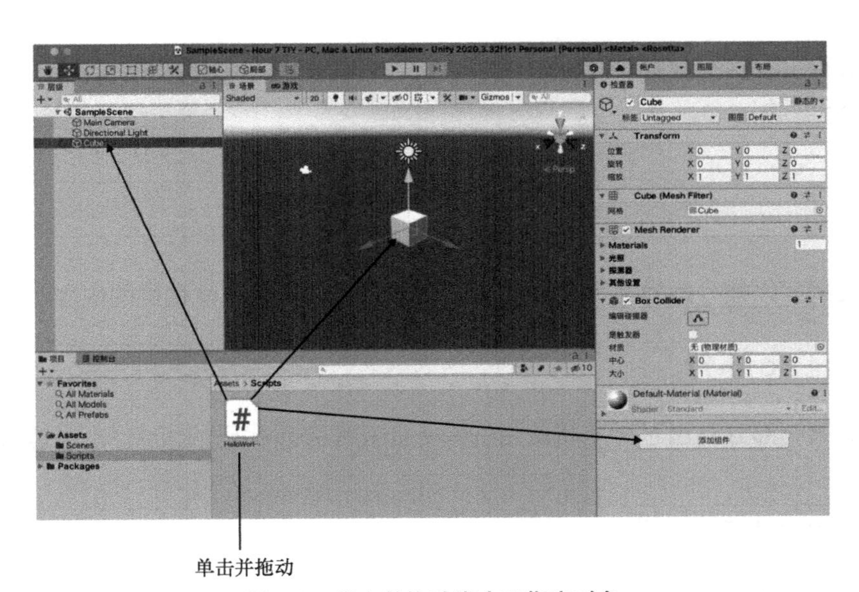

图 7.3　单击并拖动脚本至指定对象

要查看它的实际操作，请将之前创建的脚本 HelloWorldScript 附加到 Main Camera 上。现在，你应该在检查器视图中看到一个名为 HelloWorldScript（脚本）的组件。如果运行场景，你会看到“Hello World”出现在编辑器底部的项目视图下方（见图7.4）。

7.1.3　一个基本脚本的详细分析

在上一小节中，你修改了一个脚本，将一些文本输出到屏幕上，但没有解释脚本的内容。在本小节中，你将了解应用于每个新C#脚本的默认模板。代码清单7.1包含Unity在创建名为HelloWorldScript的新脚本时为你生成的所有代码。

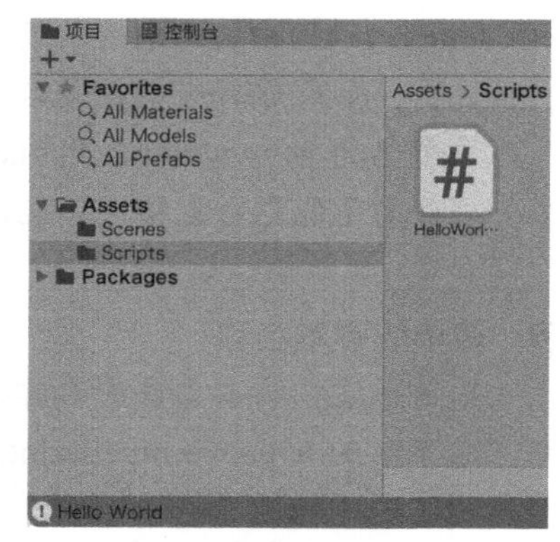

图7.4　运行场景时输出“Hello World”

代码清单7.1　默认的脚本代码

```
using System.Collections;
using System.Collections.Generic;
using UnityEngine;
public class HelloWorldScript : MonoBehaviour
{
    // Start方法在第一帧更新前被调用
    void Start()
    {

    }

    // Update方法每帧被调用一次
    void Update()
    {

    }
}
```

这段代码可以被分解为3个部分：`using`部分、类声明部分和类的内容。

7.1.4　`using`部分

脚本的第一部分列出了脚本将使用的库（即其他幕后代码的集合），看起来就像下面这样。

```
using System.Collections;
using System.Collections.Generic;
using UnityEngine;
```

你不会经常更改这一部分，而且目前来说保持现状就好。通常，当你在Unity中新建脚本时，脚本中就会添加好这些行。System.Collections（定义非泛型集合的命名空间）和System.Collections.Generic（定义泛型集合的命名空间）库是可选的，如果脚本不使用它们的任何功能，则通常会忽略它们。

7.1.5 类声明部分

脚本的下一部分被称为类声明。每个脚本都包含一个以脚本文件名命名的类，看起来像下面这样。

```
public class HelloWorldScript : MonoBehaviour { }
```

在大括号 {} 内的所有代码都是这个类的一部分，因此也是脚本的一部分。所有代码都应该放在这些括号内。和 using 部分一样，类声明部分很少被更改，此处就不需要更改。

7.1.6 类的内容

该类开始括号和结束括号之间的部分被视为“在”该类中，所有的代码都在这里。默认情况下，脚本在类中包含两个方法（有时称为函数），即 Start 和 Update。

```
// Start方法在第一帧更新前被调用
void Start(){ }

// Update方法每帧被调用一次
void Update(){ }
```

方法在第 8 章“脚本（第二部分）”中有更详细的介绍，现在只需知道，Start 方法中的任何代码都会在场景首次启动时运行。Update 方法中的任何代码都会以尽可能快的速度运行，甚至会达到每秒数百次。

提示　注释

编程语言允许程序员为以后阅读代码的人留下信息，这些信息被称为注释。在一行中，两个斜杠（//）后面的任何单词都会被“注释掉”，这意味着计算机将跳过它们，而不会尝试将它们作为代码读取。你可以在本章前面部分的“创建脚本”中看到一个注释示例。

小记　控制台视图

Unity 编辑器中还有一个视图直到现在才被提及：控制台视图。基本上，控制台视图是一个包含游戏文本输出的视图。通常，当脚本出现错误或输出时，消息会写入控制台视图。图 7.5 展示了控制台视图。如果控制台视图不可见，可以在菜单栏中选择“窗口”→“常规”→“控制台”来访问它。

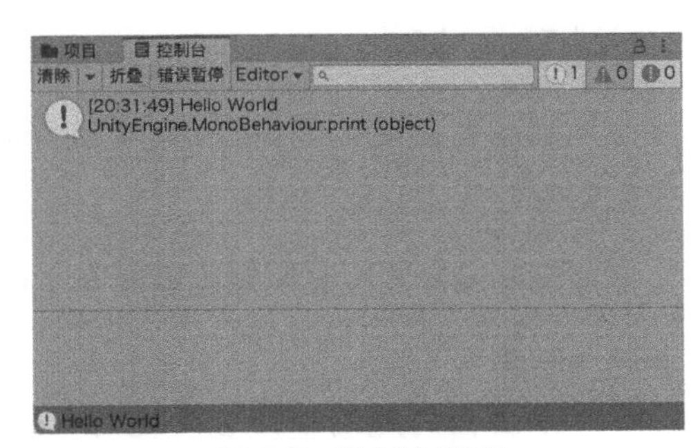

图 7.5　控制台视图

▼ 自己上手

使用内置方法

现在，你已经准备好尝试内置的 Start 和 Update 方法，看看它们是如何工作的。已完成的 ImportantFunctions（重要功能）脚本可在随书资源 Hour 7 Files 中找到。试着自己完成下面的练习，但如果遇到困难，请参考随书资源。

1. 创建新项目或场景。在项目中添加一个名为 ImportantFunctions 的脚本。双击脚本以在代码编辑器中打开它。
2. 在脚本中，向 Start 方法添加以下代码行。

```
print ("Start runs before an object Updates");
```

3. 保存脚本，并在 Unity 中将其附加到 Main Camera。运行场景并注意控制台视图中显示的消息。
4. 回到 Visual Studio，向 Update 方法添加以下代码行。

```
print ("This is called once a frame");
```

5. 保存脚本并快速启动和停止场景。请注意，控制台视图显示了 Start 方法中的一行文本和 Update 方法中的一连串文本。（注意：如果你只看到一条来自 Start 和一条来自 Update 的消息，请确保未在控制台视图中选择“折叠”选项。）

7.2　变量

有时，你希望在脚本中多次使用相同的数据。在这种情况下，需要为可复用的数据设置占位符。这样的占位符称为变量。与传统数学不同，编程中的变量不只是数字，它们可以保存单词、复杂对象或其他脚本。

7.2.1　创建变量

每个变量都有一个类型和一个名称，需要在创建变量时为其指定。使用以下语法创建变量。

```
<变量类型> <名称>;
```

所以，要创建一个名为 num1 的整数，你需要输入如下内容。

```
int num1;
```

表 7.1 包含了所有原始（或基本）的变量类型以及它们可以保存的数据的类型。

小记　语法

语法指的是编程语言的规则。语法规定了代码的结构和书写方式，以便计算机知道如何读取它们。你可能已经注意到，到目前为止，脚本中的每个语句或命令都以分号结尾。这也是 C# 语法的一部分。忘记分号会导致脚本无法运行。如果你想更多地了解 C# 的语法，可以在微软官网的 C# 文档中获取更多相关内容。

表7.1 C#变量类型

类型	描述
int	Integer（整数）的简写，保存正或负的整数
float	float 保存浮点数（如 3.4），是 Unity 中默认的数字类型。通常，在 Unity 中写浮点数时都会在其后面加上 f，如 3.4f、0f、5f 之类的
double	double 也存储浮点数，不过它不是 Unity 中默认的数字类型。它一般保存比 float 精度更高的数字
bool	Boolean（布尔）的简写，用于存储真（true）或假（false）
char	Character（字符）的简写，用于存储单个字母、空格或特殊字符（比如 a、5 或 !）。在书写字符值时，要带上单引号（如 'A'）
string	string（字符串）类型保存整个单词或句子。在书写字符串值时，要带上双引号（如 "Hello World"）

7.2.2 变量可用域

变量可用域是指变量可以使用的地方。正如你在脚本中看到的，类和方法使用大括号来指示属于它们的内容（想象一下，括号就像手臂拥抱着它们之间的代码，说："这是我的！"）。一对括号之间的区域通常称为块，这一点很重要，因为变量只能在创建它们的块中使用。所以，在脚本的 Start 方法中创建的变量，在 Update 方法中就不可用，因为它们是两个不同的块。试图在变量不可用的情况下使用该变量会导致错误。如果在类中但在方法之外创建了一个变量，那么两个方法都可以使用它，因为这两个方法都与变量位于同一块（类块）中。代码清单 7.2 演示了这一点。

代码清单 7.2 类和局部块级的演示

```
// 该变量存在于"类块"中
// 本类中任意位置都能使用
private int num1;

// Start方法在第一帧更新前被调用
void Start()
{
    // 该变量存在于"局部块"中
    // 只能在Start方法中使用
    int num2;
}
```

7.2.3 公有和私有

在代码清单 7.2 中，可以看到关键字 private（私有的）出现在 num1 之前。这称为访问修饰符，仅在类级别声明的变量中才需要它。需要使用的访问修饰符有两种：private 和 public。关于这两个访问修饰符的内容很多，但现在只需要知道它们是如何影响变量的。基本上，私有变量只能在创建它的文件中使用，其他脚本和编辑器无法查看或以任何方式修改它。私有变量仅供内部使用。相比之下，其他脚本甚至Unity编辑器都可以看到公有变量，这使你可以轻松地在Unity中动态更改变量的值。如果不将变量标记为`public`或`private`，则默认为`private`。

▼自己上手

在Unity中修改公有变量

按照以下步骤查看公有变量在Unity编辑器中的显示方式。

1. 创建一个新的C#脚本，并在Visual Studio中，在`Start`方法上方的类中添加以下行。

```
Public int runSpeed;
```

2. 保存脚本，然后在Unity中将其连接到Main Camera。
3. 选择Main Camera并查看检查器视图，能注意到刚才作为组件附加的脚本。现在请注意，该组件有一个新属性：Run Speed。你可以在检查器视图中修改该属性，该更改将在运行时反映在脚本中。图7.6显示了具有新属性的组件。请注意，根据你编写`runSpeed`的方式（使用小写字母`r`和大写字母`S`），Unity理解到这是两个单词，并称该属性为Run Speed。

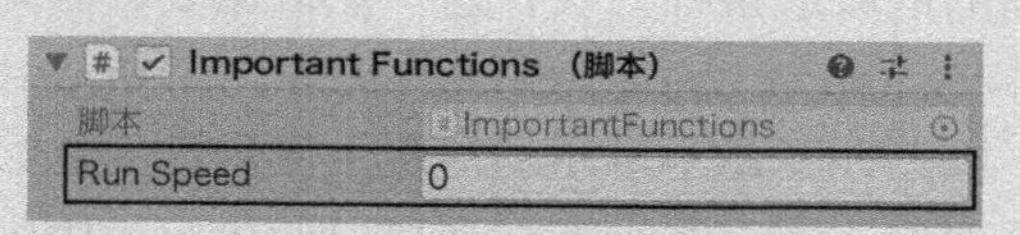

图7.6　脚本组件中新的Run Speed属性

7.3　运算符

如果无法访问或修改变量中的所有数据，那么这些数据就毫无价值。运算符是特殊的符号，使你能够对数据进行修改。它们通常分为4类：算术运算符、赋值运算符、等式运算符和逻辑运算符。

7.3.1　算术运算符

算术运算符对变量执行一些标准的数学运算。它们通常仅用于数字变量，尽管存在一些例外。表7.2描述了算术运算符。

表7.2　算术运算符

运算符	描述
+	加法。把两个数字相加。对于字符串，+符号用于把它们连接或结合在一起： `"Hello"+"World";// 生成 "HelloWorld"`
-	减法。用左边的数字减去右边的数字

续表

运算符	描述
*	乘法。将两个数相乘
/	除法。用左边的数除以右边的数

%	求模。用左边的数字除以右边的数字，但是不返回商。作为替代，求模运算符将返回除法的余数。
	10 % 2; // 返回 0
	6 % 5; // 返回 1
	24 % 7; // 返回 3

算术运算符可以级联在一起以生成更复杂的数学字符串，如下所示。

```
x + (5 * (6 - y) / 3);
```

算术运算符按照标准的数学运算顺序工作：从左到右进行数学运算，先计算括号中的内容，然后进行乘法和除法运算，最后进行加法和减法运算。

7.3.2 赋值运算符

赋值运算符的作用正如其名：它们为变量赋值。最值得注意的赋值运算符是等号，但更常见的是把多个运算结合在一起。C# 中的所有赋值都是把右边的值赋予左边，这意味着右边的东西都会移到左边去。示例如下。

```
x = 5; //可行，它将x设为5
5 = x; //不可行，不能将变量设为某个值（5）
```

表 7.3 描述了赋值运算符。

表7.3 赋值运算符

运算符	描述
=	把右边的值赋予左边的变量

+=、-=、*=、/=	简写的赋值运算符，基于使用的符号执行某种算术运算，然后把结果赋予左边的任何变量。示例如下。
	x = x + 5; //x 与 5 相加，然后赋值给 x
	x += 5; // 与上述一致，是简写版

++、--	另一类简写的运算符，它们称为递增和递减运算符，分别用于把一个数字增加或减少 1。示例如下。
	x = x + 1; //x 与 1 相加，然后赋值给 x
	x++; // 与上述一致，是简写版

7.3.3 等式运算符

等式运算符用于比较两个值。等式运算符的结果总是真（true）或假（false）。因此，唯一可以保存等式运算符结果的变量类型是布尔型（记住布尔值只能是真或假）。表 7.4 描述了等式运算符。

表7.4 等式运算符

运 算 符	描 述

==	不要把它与赋值运算符（=）弄混淆，仅当两个值相等时，它才返回真。否则，它将返回假。示例如下。
	5 == 6; //返回假
	9 == 9; //返回真

>、<	它们是大于和小于运算符。示例如下。
	5 > 3; //返回真
	5 < 3; //返回假

>=、<=	它们类似于大于和小于运算符，只不过它们是大于或等于和小于或等于运算符。示例如下。
	3 >= 3; //返回真
	5 <= 9; //返回真

!=	这是不等于运算符，仅当两个值不同时，它才返回真。否则，它将返回假。示例如下。
	5 != 6; //返回真
	9 != 9; //返回假

提示　额外的练习

在随书资源 Hour 7 Files 中，有一个名为 EqualityAndOperations.cs（等式与计算）的脚本，一定要仔细查看它，对不同的运算符进行一些额外的练习。

7.3.4 逻辑运算符

逻辑运算符使你能够将两个或多个布尔值（真或假）组合成为单个布尔值。它们对确定复杂条件很有用。表 7.5 描述了逻辑运算符。

表7.5 逻辑运算符

<table>
<tr><th>运 算 符</th><th>描 述</th></tr>
<tr><td>&&</td><td>它被称为逻辑与运算符，用于比较两个布尔值，并确定它们是否都为真。如果两个值中的任何一个值为假或者都为假，它将返回假。示例如下。
true && false; //返回假
false && true; //返回假
false && false; //返回假
true && true; //返回真</td></tr>
<tr><td>||</td><td>它被称为逻辑或运算符，用于比较两个布尔值，并确定其中是否有任何一个值为真。如果其中任何一个值为真或者两个值都为真，它将返回真。示例如下。
true || false; //返回真
false || true; //返回真
false || false; //返回假
true || true; //返回真</td></tr>
<tr><td>!</td><td>它被称为逻辑非运算符，用于返回一个布尔值的相反值。示例如下。
!true; //返回假
!false; //返回真</td></tr>
</table>

7.4 条件语句

计算机的强大之处在于它能做出基本的决定。这种能力的根源在于布尔值的真与假。可以使用这些布尔值来构建条件语句，并引导程序走上独特的道路。在通过代码构建逻辑流时，请记住，机器一次只能做出一个简单的决定，不过，把足够多的决定放在一起，你就可以建立复杂的互动。

7.4.1 if语句

条件语句的基础是 if 语句，其构造如下。

```
if( <一些布尔型条件>)
{
    //执行事件
}
```

if 结构可以被读作“如果这个条件为真，就做这件事情”。因此，如果你希望在 x 大于 5 时把“Hello World”输出到控制台视图，就可以编写如下代码。

```
if(x > 5)
{
    print("Hello World");
}
```

记住：if 条件语句的内容必须求值为真或假。把数字、单词或其他任何内容放在那里都无效。

```
if( "Hello" == "Hello")//正确
if( x + y)//不正确
```

最后，当条件求值为真时，你希望运行的任何代码都必须放在 if 语句后面的大括号内。

提示　理解奇怪的行为

条件语句使用特定的语法，如果不完全遵循该语法，可能会产生奇怪的行为。可能在你的代码中有一个 if 语句，并且注意到有些地方不太正确。可能条件代码一直在运行，即使它不应该运行；你也可能注意到它一直没有运行，即使它应该运行。你应该知道造成这种情况的两个常见的原因。首先，if 条件后面没有分号，如果编写带有分号的 if 语句，则总会运行其后面的代码。其次，确保在 if 语句中使用的是相等运算符（==），而不是赋值运算符（=），否则会导致奇怪的行为。

```
if (x > 5); // 不正确
if (x = 5)  // 不正确
```

记住这两个常见的错误将在未来为你节省大量时间。

7.4.2 if/else语句

if语句非常适合条件代码，但是如果想把程序分支为两条不同的路径，该怎么办？if/else语句使你能够这么做。if/else语句具有与if语句相同的基本前提，只不过它可以读作“如果这个条件为真，就做这件事情；否则就做另外一件事情”。if/else语句可以写成如下形式。

```
if ( <一些布尔型条件> )
{
    // 执行事件 1
}
else
{
    // 执行事件2
}
```

例如，如果希望在变量*x*大于变量*y*时把“X大于Y”输出到控制台视图，或者希望在*x*不大于*y*时输出“Y大于等于X”，可以编写如下代码。

```
if(x > y)
{
    print("X大于Y");
}
else
{
    print("Y大于等于X");
}
```

7.4.3 if/else if语句

有时，你希望代码沿着多条路径中的一条执行下去。你可能希望用户能够从一组选项中进行选择（例如菜单）。if/else if的结构与前两种语句的结构基本相同，只是它有多个条件。

```
if( <一些布尔型条件> )
{
    // 执行事件1
}
else if ( <另一些布尔型条件> )
{
    // 执行事件2
}
else
{
    // else在 if/else if语句中可用可不用
    // 执行事件3
}
```

例如，如果希望基于一个人的百分制分数把他的字母等级输出到控制台视图，可以编写如下代码。

```
if (grade >= 90) {
    print ("你得了A");
} else if (grade >= 80) {
    print ("你得了B");
} else if(grade >= 70) {
    print ("你得了C");
} else if (grade >= 60) {
    print ("你得了D");
} else {
    print ("你得了F");
}
```

提示 大括号

你可能已经注意到，有时我会将大括号放在它们自己的行上，有时我也会将大括号放在类名、方法名或 if 语句的同一行上。事实上，两者都可以，选择取决于个人偏好。话虽如此，关于哪种方法更优越的问题，人们已经展开了激烈的争论。的确，这是一个非常重要的话题。

提示 单行 if 语句

如果 if 语句只包含单独一行代码，将不需要大括号。因此，代码可以写成如下形式。

```
if (x > y)
{
    print("X 大于 Y");
}
```

也可以写成如下形式。

```
if (x > y)
    print("X 大于 Y");
```

不过，我建议你现在就把大括号写上。随着代码变得越来越复杂，这可以在以后避免很多混乱。大括号内的代码称为代码块，会一起执行。

7.5 循环语句

到目前为止，你已经了解了如何处理变量并做出决策。如果你想把两个数字相加，这当然很有用。但是如果你想把 1 到 100 之间的所有数字加起来呢？ 1 到 1000 呢？你肯定不想输入那么多多余的代码。你可以使用迭代（通常称为循环）的方式。有两种主要类型的循环语句可供使用：while 循环语句和 for 循环语句。

7.5.1　while循环语句

while 是最基本的循环语句，它遵循与 if 语句类似的结构。

```
while(<一些布尔型条件>)
{
    //执行事件
}
```

它们之间的唯一区别是：if 语句只会把它的包含代码运行一次，而循环语句将反复运行它的包含代码，直到条件变为假为止。因此，如果想把 1 ~ 100 的所有数字相加，然后把它们输出到控制台视图，可以编写如下代码。

```
int sum = 0;
int count = 1;

while(count <= 100)
{
    sum += count;
    count++;
}

print(sum);
```

可以看到，count 的值将从 1 开始，并且每次循环或者说每执行一次循环语句都会将其增加 1，直至它等于 101 为止。当 count 等于 101 时，它将不再小于或等于 100，将退出循环。省略 count++ 这一行将导致循环语句无限地运行（因此一定要包括这一行代码）。在循环每次迭代时，都会把 count 的值加到变量 sum 上。一旦退出循环语句，就会把结果写到控制台视图上。

总之，只要 while 循环语句的条件为真，它就会反复运行所包含的代码。一旦它的条件变为假，它就会停止运行。

7.5.2　for循环语句

for 循环语句遵循与 while 循环语句相同的思想，只不过它的构造方式稍有不同。如你在前面用于 while 循环语句的代码中所看到的，你必须创建一个 count 变量，必须测试该变量（作为条件），还必须增加变量，这些都是在 3 个单独的行上完成的。for 循环语句把该语法精简成一行，它看起来如下。

```
for (<创建一个计数器>; <布尔型条件>; <给计数器的值进行增减计算 >)
{
    //执行事件
}
```

for 循环语句具有 3 个特殊的间隔部分用于控制循环。注意 for 循环语句头部中的每个间隔部分之间是分号，而不是逗号。第一个间隔部分创建一个用作计数器的变量［用于计数器的常见名称是 i，即迭代器（Iterator）的简写]；第二个间隔部分是循环的条件语句；第三个间隔部分用于增加或减少计数器的值。可以使用 for 循环语句重写前面的 while 循环语句示例，如下所示。

```
int sum = 0;

for(int count = 1; count <= 100; count++)
{
    sum += count;
}

print(sum);
```

如你所看到的，可以对循环语句的不同部分进行精简，使之占据较少的空间。可以看到 for 循环语句确实擅长处理像计数这样的事情。

7.6 总结

在本章中，你迈出了电子游戏编程的第一步。从了解 Unity 中脚本编写的基础知识开始，你学习了如何制作和附加脚本，了解了脚本的基本结构。在此基础上，你学习了程序的基本逻辑成分，使用了变量、运算符、条件语句和循环语句。

7.7 问答

问 制作游戏需要多少程序设计工作量?

答 大多数游戏都会使用某种形式的程序设计来定义复杂的行为。行为需要越复杂，程序设计就越复杂。如果想要制作游戏，就应该熟悉程序设计的概念。即使你不打算成为游戏的主要开发者仍应如此。考虑到这一点，本书将向你介绍制作几款简单游戏所需知道的一切知识。

问 这些就是关于编写脚本的所有知识了吗?

答 是，又不是。本书中展示了基本的程序设计，它们永远也不会真正改变，而只会以新的、独特的方式得到应用。也就是说，由于一般意义上的程序设计的复杂性，这里介绍的许多内容都进行了简化。如果你想学习关于程序设计的更多知识，应该阅读专门介绍这个主题的书或文章。

7.8 测试

花一些时间来研究下面的问题，以确保你牢固地掌握了所学内容。

7.8.1 试题

1. Unity 使用哪种语言进行编程?

2. 判断题：`Start` 方法中的代码在每一帧都会运行。
3. 在 Unity 中，哪种变量类型是默认的浮点数类型？
4. 哪个运算符返回除法的余数？
5. 什么是条件语句？
6. 哪种循环语句最适合计数？

7.8.2　答案

1. C#。
2. 错误。`Start` 方法在场景的开始处运行，`Update` 方法则在每一帧都会运行。
3. `float`。
4. 求模运算符 `%`。
5. 条件语句是一种允许计算机基于简单的条件选择代码路径的语句。
6. `for` 循环语句。

7.9　练习

将代码结构视为构件通常会有所帮助。单独每个部分都很简单，然而，把它们放在一起就可以构建复杂的实体。在以下步骤中，你将遇到多种编程挑战。利用本章学到的知识为每个问题制定解决方案，将每个解决方案放在自己的脚本中，并将脚本附加到场景的 Main Camera 上，以确保它们正常工作。请注意，这些挑战十分具有挑战性！如果这是你第一次尝试编程，你可能会发现自己陷入了困境。没关系！你可以在第 7 章的随书资源中找到这个练习的解决方案。

1. 编写一个脚本，将 2 到 499 之间的所有偶数相加，将结果输出到控制台视图。

2. 编写一个脚本，将从 1 到 100 之间除了 3 或 5 的倍数的所有数字输出到控制台。让脚本输出“编程太棒了！”代替 3 或 5 的倍数。（提示：如果求模运算的结果为 0，则可以判断一个数字是另一个数字的倍数；例如，`12 % 3 == 0`，因此 12 是 3 的倍数。）

3. 在斐波那契数列中，通过将前面两个数相加来确定一个数。序列以 `0,1,1,2,3,5`…开头，编写一个脚本，确定斐波那契数列的前 20 位，并将其输出到控制台视图。

第8章　脚本（第二部分）

本章你将会学到如下内容。

- 如何编写方法。
- 如何捕获用户输入。
- 如何处理局部组件。
- 如何处理游戏对象。

在第 7 章“脚本（第一部分）”中，你学习了 Unity 中编写脚本的基础知识。在这一章中，你将利用所学知识完成更有意义的任务。首先，你将了解什么是方法、它们如何运作，以及如何编写它们。然后你将处理用户输入。之后，你将学习如何从脚本访问组件。最后，你将学习如何使用代码访问其他游戏对象及其组件。

提示　示例脚本

本章提到的多个脚本及代码结构可以在随书资源 Hour 8 Files 中找到，如需额外学习，请仔细翻阅。

小记　可视化脚本

有几种工具可以帮助你创建自定义行为，而无须输入任何代码。这些工具通常是基于节点的逻辑可视化表示，通常被称为可视化脚本。可视化脚本似乎是一个神奇的解决方案，可以帮助你避免在制作游戏时编写任何程序，这可能非常有用，但学习和理解脚本的基本逻辑很重要。学习脚本将使你更好地使用可视化脚本工具，同时也使你成为一个更全面的游戏创作者。

8.1　方法

方法（通常被称为函数）是可以独立调用和使用的代码模块。每种方法通常都有一项任务或一个目的，一般来说方法可以协同工作以实现复杂的目标。回想目前为止你已经接触过的两种方法：`Start` 和 `Update`。每种方法都有一个简单明了的目的。`Start` 方法包含对象在场景刚开始运行时需要的代码。`Update` 方法包含场景中每一帧都会运行的代码。

小记　方法的简写

到目前为止，你已经看到，每当提到 Start 方法时，其后面都会跟着“方法”一词。总是必须用一个词来判断它是否是一个方法可能会变得很麻烦。但是，不能只写 Start，因为人们不知道你指的是单词、变量还是方法。一个简单的处理方法是在方法后面使用小括号。因此，Start 方法也可以写为 Start()。如果你看到像 SomeWords() 这样的内容，你马上就会知道作者正在谈论一个名为 SomeWords 的方法。

8.1.1　方法的具体分析

在开始使用方法之前，应该先看看组成方法的不同部分。以下是方法的一般格式。

```
<返回类型> <方法名> (<参数列表>)
{
    <方法块>
}
```

8.1.1.1　方法名

每个方法都必须有一个唯一的名称（参阅后面的“方法签名”部分）。尽管管理专有名称的规则由所使用的语言决定，但好的方法名称通用指南包括以下内容。

1. 使方法名具有描述性。它应该是一个动作或动词。
2. 不允许使用空格。
3. 避免在方法名称中使用特殊字符（例如！、@、*、%、$）。不同的语言允许不同的字符，但是，如果不使用，就可以避免出现问题的风险。

方法名很重要，因为它让你能分辨和使用它们。

8.1.1.2　返回类型

每个方法都能够将变量返回给任何调用它的代码。此变量的类型称为返回类型。如果方法返回整数，则返回类型为 int。同样，如果方法返回真或假，则返回类型为 bool。如果一个方法没有返回任何值，它仍然有一个返回类型，在这种情况下，返回类型为 void（空，意指不返回任何内容）。任何返回值的方法都会使用关键字 return（返回）。

8.1.1.3　参数列表

正如方法可以将变量传回任何调用它的代码一样，调用代码也可以传递变量，这些变量称为参数。传入方法的变量在方法的参数列表部分进行标识。例如，一个名为 Attack 的方法接收一个名为 enemyID 的整数，该方法如下所示。

```
void Attack(int enemyID)
{}
```

在指定参数时，必须同时提供变量的类型以及名称，并用逗号把多个参数分隔开。

8.1.1.4 方法签名

方法的返回类型、名称和参数列表的组合通常被称为方法签名。在本章前面部分提到，一个方法必须有一个唯一的名称，但事实并非如此。真正的情况是，一个方法必须具有唯一的签名。例如，看看以下两种方法。

```
void MyMethod()
{}

void MyMethod(int number)
{}
```

尽管这两个方法的名称相同，但它们有不同的参数列表，因此实质是不同的。这种使用相同名称的不同方法的做法被称为方法重载。

8.1.1.5 方法块

这是方法的代码实际出现的位置。每次使用一个方法时，方法块内的代码将作为一个整体运行。

▼自己上手

确定方法的各个部分

花一点时间研究方法的不同部分，再尝试下面的方法。

```
int TakeDamage(int damageAmount)
{
    int health = 100;
    return health - damageAmount;
}
```

你能够确定以下提到的各个部分吗?

1. 方法名是什么?
2. 方法返回的变量类型是什么?
3. 方法参数是什么? 有多少个参数?
4. 方法块中的代码是什么?

小记 将方法视作工厂

对于编程新手来说，方法的概念可能会令人困惑。通常，在方法参数和方法返回值方面会出现错误。一种有用的方式是把一个方法想象成一个工厂。工厂接收用于生产产品的原材料，方法也是如此。参数是你传递给工厂的材料，返回值是该工厂的最终产品。可以把不带参数的方法视作不需要原材料的工厂。同样，可以把不返回任何值的方法视作不制造最终产品的工厂。把方法想象成小型工厂，可以保持头脑中逻辑清晰。

8.1.2　编写方法

当你理解了一个方法的组成部分，写出它们就很容易了。在你开始自己写方法之前，花点时间回答 3 个主要问题。

1. 方法将实现什么具体任务？
2. 方法是否需要任何外部数据来完成任务？
3. 方法是否需要返回任何数据？

回答这些问题将帮助你确定方法的名称、参数和返回值。

考虑一个例子，一名球员被火球击中，你需要编写一个方法，通过删除 5 个生命值来模拟这种情况。你知道这种方法的具体任务是什么，也知道任务不需要任何数据（因为你知道它需要 5 个生命值），并且应该返回新的生命值。你可以像下面这样编写方法。

```
int TakeDamageFromFireball()
{
    int playerHealth = 100;
    return playerHealth - 5;
}
```

正如你在这个方法中看到的，游戏角色的生命值是 100，从中扣除 5，结果（95）被传回。显然，这是可以改进的。例如，如果你想让火球造成 5 点以上的伤害值怎么办？你需要确切地知道火球在既定时刻（即方法被调用时）应该造成多大的伤害。你需要一个变量，或者在本例中是一个参数。新方法的编写如下。

```
int TakeDamageFromFireball(int damage)
{
    int playerHealth = 100;
    return playerHealth - damage;
}
```

现在你可以看到，伤害值是从方法中读取的，并作用于生命值。另一个可以改善的地方是生命值本身。目前，玩家永远不会输，因为在扣除伤害值之前，游戏角色的生命值将恢复到 100。最好将游戏角色的生命值储存在其他地方，使得它的值是持久的，然后你可以读取它并相应地扣除伤害值。方法的编写如下所示。

```
int TakeDamageFromFireball(int damage, int playerHealth)
{
    return playerHealth - damage;
}
```

在本练习中可以发现，通过梳理你的需求，可以为游戏构建更好、更稳定的方法。

小记　我们使用的是简单的例子

在前面的示例中，生成的方法只执行基本的减法，为了教学目的，这是过于简化了的。在现实的环境中，有很多方法来处理这项任务。游戏角色的生命值可以存储在一个属于脚本的变量中。在这种情况下，不需要读取它。另一种可能是在TakeDamageFromFireball方法中使用一个复杂的算法，通过某个护甲值、游戏角色的躲避能力或魔法盾来减小传入的伤害。如果你觉得这里的例子看起来有点傻，只需记住它只是为了演示这个主题的不同元素。

8.1.3 使用方法

一旦编写了一个方法，就可以使用它了。使用方法通常被称为调用（Calling 或 Invoking）方法。要调用一个方法，只需写下该方法的名称，后面加上括号和参数。因此，要使用名为 SomeMethod 的方法，你将编写以下代码。

```
SomeMethod();
```

如果 SomeMethod() 需要一个整数参数，可以像下面这样调用它。

```
//方法参数为5
SomeMethod(5);
//将变量传入方法
int x = 5;
SomeMethod(x); //此处不写“int x”
```

请注意，在调用方法时，不需要与传入的变量一起提供变量类型。如果 SomeMethod 方法返回一个值，需要在变量中获取它，代码可能看起来像下面这样（假定返回类型为 bool，但实际上，它可以是任何类型）。

```
bool result = SomeMethod();
```

调用方法只需使用以下基本的语法。

▼自己上手

调用方法

让我们进一步研究上一小节描述的 TakeDamageFromFireball 方法。本练习演示了如何调用该方法的各种形式（你可以在随书资源 Hour 8 Files 中找到这个练习的解决方案，如 FireBallScript）。调用方法遵循以下步骤。

1. 创建新项目或场景。创建一个名为 FireBallScript（火球脚本）的 C# 脚本，并输入前面描述的 3 个 TakeDamageFromFireball 方法。确保将这些方法放在其他方法之外，但放在类内部，即与 Start 和 Update 方法处于相同的缩进级别。
2. 在 Start 方法中，输入以下命令调用第一个 TakeDamageFromFireball 方法。

```
int x = TakeDamageFromFireball();
print ("Player health: " + x);
```

3. 将脚本连接到 Main Camera 并运行场景。注意控制台视图中的输出。现在，在 Start 方法中调用第二个 TakeDamageFromFireball 方法，输入以下内容（将其放在输入的第一段代码下面，无须删除它）。

```
int y = TakeDamageFromFireball(25);
print ("Player health: " + y);
```

4. 再次运行场景，并在控制台视图中记录输出。最后，输入以下命令调用 Start 方法中的最后一个 TakeDamageFromFireball 方法。

```
int z = TakeDamageFromFireball(30, 50);
print ("Player health: " + z);
```

5. 运行场景并记录最终输出。注意看看这 3 种方法的行为有何不同。还要注意，你调用了该方法 3 次，而正确的版本是你传入了正确参数的那一个。

提示　帮助找错

如果在尝试运行脚本时出现错误，请注意控制台视图中错误消息末尾报告的行号和字符号。此外，你可以按 Ctrl+Shift+B 键（Mac 上为 Command+Shift+B 键）在 Visual Studio 中构建代码。执行此操作时，Visual Studio 会检查代码并指出上下文中的任何错误，向你显示出问题的行的确切位置。

8.2　输入

如果没有玩家的输入，电子游戏将只是视频。玩家输入可以有很多不同的种类。输入可以通过物理设备，例如游戏板、操纵杆、键盘和鼠标。现代移动设备中还有电容控制器，比如相对较新的触摸屏，还有 Wii 遥控器、PlayStation Move 和微软 Kinect 等运动设备。此外，音频输入（麦克风）可以让玩家使用自己的声音控制游戏。在本节中，你将学习如何编写代码允许玩家使用物理设备与游戏交互。

8.2.1　输入的基础知识

使用 Unity（与大多数其他游戏引擎一样），可以在代码中检测特定的按键，使游戏具有交互性。然而，这样做让玩家很难将自己的偏好映射到对应的控制上去，所以不建议这样做。幸好 Unity 有一个简单的系统，可以对控制进行通用映射。在 Unity 中，你将寻找一根特定的轴（Axis），以了解玩家是否打算采取特定的行动。然后，当玩家运行游戏时，他们可以选择用不同的控制代表不同的轴。

可以使用输入管理器查看、编辑和添加不同的轴。要访问输入管理器，请在菜单栏选择“编辑”→“项目设置”→“输入管理器”。在输入管理器中，可以看到与不同输入操作关联的各种轴。默认情况下，有 18 个输入轴，如果需要，还可以添加自己的输入轴。图 8.1 显示了默认情况下已展开水平轴的输入管理器。

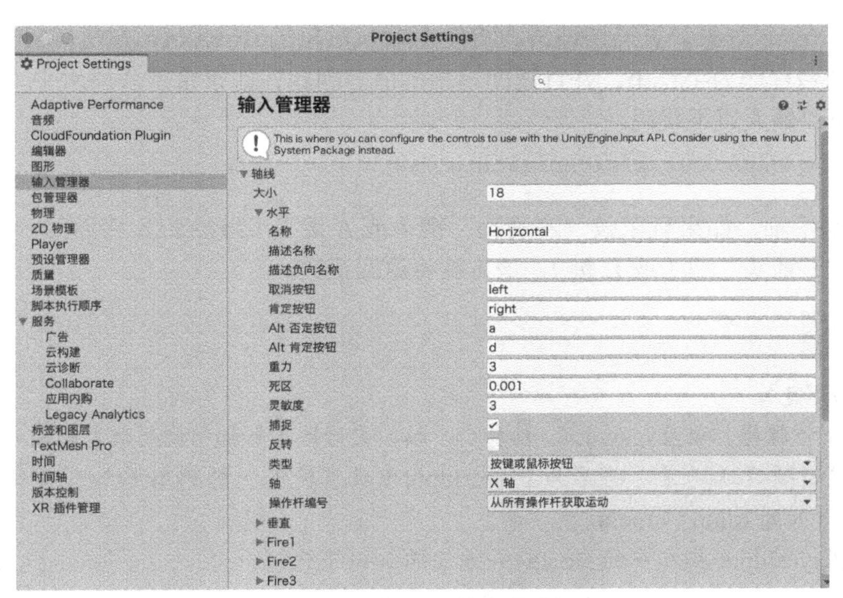

图 8.1 输入管理器

虽然水平轴并不直接控制任何东西（稍后你将编写脚本来实现），但它代表了一个横向移动的游戏角色。表 8.1 描述了轴的属性。

表8.1 轴的属性

类 型	描 述
名称	轴的名称，在代码中利用该属性引用轴
描述名称 / 描述负向名称	玩家在游戏配置中看到的轴的详细名称和相反的名称。例如 Go Left 和 Go Right 是名称和负向名称
取消按钮 / 肯定按钮	将负值和正值传递到轴的按钮。对于水平轴，它们是“左箭头”键和“右箭头”键
Alt 否定按钮 /Alt 肯定按钮	将值传递到轴的备用按钮。对于水平轴，它们是 A 键和 D 键
重力	当不再按某个键时，轴返回 0 的速度有多快
死区	低于该值的任何输入都将被忽略。这有助于防止操纵杆设备出现抖动
灵敏度	轴将多快地响应输入
捕捉	当选中这个属性时，如果按相反的方向，它将导致轴立即回归到 0
反转	当选中这个属性时，将使控制发生颠倒
类型	输入的类型，包括键盘 / 鼠标键、鼠标移动和游戏操纵杆移动
轴	输入设备的对应轴（这不适用于按钮）
操作杆编号	指示从哪根游戏操纵杆获取输入，默认将从所有的游戏操纵杆获取输入

8.2.2 编写输入脚本

在输入管理器中设置轴后，在代码中使用它们就很简单了。要访问玩家的任何输入，可以使用 Input 对象。更确切地讲，将使用输入对象的 GetAxis 方法。GetAxis 方法将读取轴的名称作为字符串，并且返回该轴的值。因此，如果希望获得水平（Horizontal）轴的值，可以输入以下代码。

```
float hVal = Input.GetAxis("Horizontal");
```

对于水平轴，如果玩家按“左箭头”键（或 A 键），GetAxis 将返回一个负数。如果玩家按“右箭头”键（或 D 键），该方法将返回正数。

▼ 自己上手

读取用户输入

按照以下步骤操作垂直（Vertical）轴和水平轴，更好地了解如何使用玩家的输入结果。

1. 创建新项目或场景。将名为 PlayerInput（玩家输入）的脚本添加到项目中，并将脚本附加到 Main Camera。

2. 向 PlayerInput 脚本中的 Update 方法添加以下代码。

```
float hVal = Input.GetAxis("Horizontal");
float vVal = Input.GetAxis("Vertical");
if(hVal != 0)
    print("Horizontal movement selected: " + hVal);
if(vVal != 0)
    print("Vertical movement selected: " + vVal);
```

此代码必须在 Update 方法中处于更新状态，以便持续地读取输入。

3. 保存脚本并运行场景。注意当你按箭头键时控制台视图上发生了什么。现在试试 W、A、S、D 键。如果你什么都没看到，用鼠标单击游戏窗口再试一次。

8.2.3 特定的键输入

虽然你更希望用通用轴进行输入，但有时也会希望确定是否按了特定的键。为此，可以再次使用 Input 对象。不过，这次将使用 GetKey 方法，该方法读取与特定键对应的特殊代码。如果该键被按下，则返回真；如果该键未被按下，则返回假。要确定当前是否按了 K 键，请输入以下内容。

```
bool isKeyDown = Input.GetKey(KeyCode.K);
```

提示 查找键码

每个键都有一个特定的键码。阅读 Unity 文档，可以确定所需特定键的键码。或者，也可以使用 Visual Studio 中的内置工具来查找它。无论何时在 Visual Studio 中处理脚本，都可以输入一个对象的名称，后面接一个点号。这样做会弹出一个包含所有可能选项的菜单。同样，如果在方法名称后输入小括号，则会弹出相同的菜单，显示各种选项。图 8.2 显示了使用此弹出菜单查找 D 键的键码的示例。

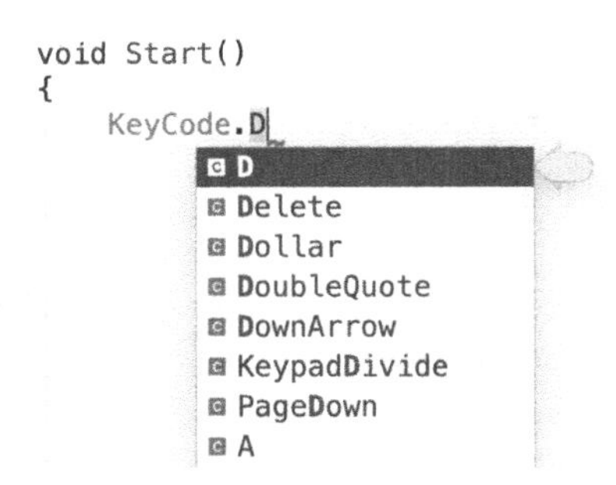

图 8.2 Visual Studio 中自动弹出的菜单（图片版权属于微软公司）

▼自己上手

读取特定的按键

按照以下步骤编写脚本，以确定是否按了特定键。

1. 新建项目或场景。将名为 PlayerInput 的脚本添加到项目中（或修改现有脚本），并将其附加到 Main Camera 上。
2. 向 PlayerInput 脚本中的 `Update` 方法添加以下代码。

```
if(Input.GetKey(KeyCode.M))
    print("The 'M' key is pressed down");
if(Input.GetKeyDown(KeyCode.O))
    print("The 'O' key was pressed");
```

3. 保存脚本并运行场景。注意按 M 键时会发生什么，按 O 键时又会发生什么。特别要注意的是，M 键被按下的整个时间内都会有输出，而 O 键只有在按下的瞬间才会输出。

提示　从抬起到按下

在“读取特定的按键”的练习中，你以两种不同的方式检查按键输入。也就是说，你使用了 `Input.GetKey` 测试是否按了某个键，并且使用了 `Input.GetKeyDown` 测试在此帧期间是否按了键。第二个版本只记录了最开始按下该键时的情况，并且忽略了你按住该键的情况。一般来说，Unity 有 3 种类型的按键事件：`GetKey`、`GetKeyDown` 和 `GetKeyUp`。这在其他类似方法中也是一致的，如 `GetButton`、`GetButtonDown`、`GetButtonUp`、`GetMouseButton`、`GetMouseButtonDown` 等。知道什么时候是按一下按键还是按住按键很重要。不过，无论你需要哪种类型的输入，都有对应的方法。

8.2.4 鼠标输入

除了按键之外，还需要捕获用户的鼠标输入。有两个组件用于鼠标输入：鼠标键和鼠标移动。确定鼠标键是否被按下跟前述的按键非常相似，在本小节中，你将再次使用

Input 对象。使用 GetMouseButtonDown 方法，该方法采用 0 到 2 之间的整数来指示你要获取的鼠标键。该方法返回一个布尔值，指示是否按下鼠标键。按下鼠标键的代码如下所示。

```
bool isButtonDown;
isButtonDown = Input.GetMouseButtonDown(0); // 鼠标左键
isButtonDown = Input.GetMouseButtonDown(1); // 鼠标右键
isButtonDown = Input.GetMouseButtonDown(2); // 鼠标中键
```

鼠标仅沿 x 和 y 两根轴移动。要获取鼠标移动信息，可以使用输入对象的 GetAxis 方法。可以使用名称 Mouse X 和 Mouse Y 分别获得沿 x 轴和 y 轴的移动信息。用于读取鼠标移动信息的代码如下所示。

```
float value;
value = Input.GetAxis("Mouse X"); // 沿x轴的移动
value = Input.GetAxis("Mouse Y"); // 沿y轴的移动
```

与按下按键不同，鼠标移动量仅由鼠标自上一帧以来的移动距离来衡量。基本上，按住一个键会导致某个值增加，直到它达到 −1 或 1（取决于它是正还是负）。但是，鼠标移动的数字通常较小，因为在每一帧都会进行测量和重置。

▼ 自己上手

读取鼠标移动信息

在这个练习中，你将读取鼠标移动信息，并把结果输出到控制台视图。

1. 创建一个新的项目或场景，向项目中添加一个名为 PlayerInput 的脚本（或编辑已有的脚本），并将脚本附加到 Main Camera 上。
2. 把以下代码添加到 PlayerInput 脚本中的 Update 方法中。

```
float mxVal = Input.GetAxis("Mouse X");
float myVal = Input.GetAxis("Mouse Y");
if(mxVal != 0)
    print("Mouse X movement selected: " + mxVal);
if(myVal != 0)
    print("Mouse Y movement selected: " + myVal);
```

3. 保存脚本并运行场景。仔细检查控制台视图，看看当你四处移动鼠标时的输出结果。

8.3　访问局部组件

正如你在检查器视图中多次看到的，对象由各种组件组成。对象中始终存在 Transform 组件，并且可以选择任意数量的其他组件，例如渲染器、灯光和摄像机。脚本也是组件，这些组件一起定义了游戏对象的表现。

8.3.1 使用GetComponent

你可以在运行时通过脚本与组件交互。需要做的第一件事是引用要使用的组件，在 Start 方法中执行此操作，并将结果保存在一个变量中。这样，你就不必浪费时间重复这个相对缓慢的操作。

GetComponent 方法的语法与你目前看到的略有不同，它使用尖括号指定你要查找的类型（例如灯光、摄像机、脚本）。

GetComponent 方法会返回脚本所附加的游戏对象的指定类型的第一个组件。正如本章前面提到的，你应该将此组件分配给一个局部变量，以便以后可以访问它。可以按照如下代码进行编写。

```
Light lightComponent; // 存放Light组件的变量
Start ()
{
    lightComponent = GetComponent<Light> ();
    lightComponent.type = LightType.Directional;
}
```

一旦有了对组件的引用，就可以通过代码轻松修改其属性。输入存储引用的变量的名称，后面跟一个点，再跟要修改的任何属性，就完成了修改。上面的示例将 Light 组件的类型属性更改为定向。

8.3.2 获取变换

你将处理的最常见的组件是 Transform 组件。编辑它可以使对象在屏幕上移动。请记住，对象的变换由其移动（或位置）、旋转和缩放组成。尽管可以直接修改这些项，但使用一些内置选项（Translate 方法、Rotate 方法和 localScale 变量）将更容易，代码如下所示。

```
// 沿着正x轴移动物体
// ‘0f’代表0是一个浮点数，这是Unity读取的方式
transform.Translate(0.05f, 0f, 0f);
// 绕z轴旋转物体
transform.Rotate(0f, 0f, 1f);
// 沿各轴将物体放大两倍
transform.localScale = new Vector3(2f, 2f, 2f);
```

小记　找到变换

因为每个游戏对象都有一个 Transform 组件，所以不需要执行特别的查找操作，可以像上面一样直接访问变换。这是唯一一个以这种方式工作的组件，其余部分必须使用 GetComponent 方法访问。

由于 Translate 和 Rotate 是方法，如果把上面的代码放在 Update 方法中，对象将持续沿着正 x 轴移动，同时绕 z 轴旋转。

▼自己上手

变换对象

将上一个代码应用于场景中的对象，请按照以下步骤查看其作用。

1. 新建项目或场景。将立方体添加到场景中，并将其放置在 (0, −1, 0) 处。
2. 创建一个新脚本并将其命名为 CubeScript（立方体脚本）。将脚本附加到立方体上。在 Visual Studio 中，在 Update 方法中输入以下代码。

```
transform.Translate(.05f, 0f, 0f);
transform.Rotate(0f, 0f, 1f);
transform.localScale = new Vector3(1.5f, 1.5f, 1.5f);
```

3. 保存脚本并运行场景。你可能需要移动到场景视图才能看到完整的运动。请注意：Translate 和 Rotate 方法的效果是累积的；而变量 localScale 的效果不是累积的，它不会保持增长。

8.4　访问其他对象

很多时候，你希望脚本能够查找和操作其他对象及其组件。只需找到所需的对象并调用适当的组件就能完成。有几种基本方法可以查找其他对象，或者查找附加了脚本的对象。

8.4.1　查找其他对象

查找其他要使用的对象的最简单的方法是使用编辑器。通过在类级别上创建 GameObject 类型的公有变量，你可以简单地将所需的对象拖动到检查器视图中的脚本组件上。设置此项的代码如下所示。

```
// 示例代码
public class SomeClassScript : MonoBehaviour
{
    // 你想要获取的游戏对象
    public GameObject objectYouWant;
    // 示例代码
    void Start() {}
}
```

将脚本附加到游戏对象后，你会在检查器视图中看到一个名为 Object You Want（你需要的游戏对象）的属性（见图 8.3）。只需将任何你想要的游戏对象拖动到此属性上，即可在脚本中访问它。

另一种查找游戏对象的方法是 Find 方法。根据经验，如果希望非开发者也能够连接对象，应在检查器视图中进行。如果断开连接会破坏游戏，则应使用 Find 方法。使用脚本查找对象有 3 种主要方法：按名称、按标签和按类型。

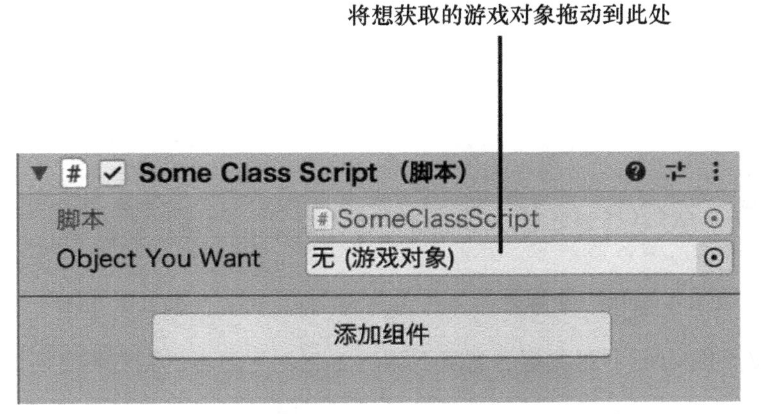

图 8.3 检查器视图中的 Object You Want 属性

对象的名称是它在层级视图中的名称。例如，如果你正在查找名为 Cube（立方体）的对象，则代码如下所示。

```
// 示例代码
public class SomeClassScript : MonoBehaviour
{
    // 你想要获取的游戏对象
    private GameObject target; // 如果用Find方法，则不需要其是公有变量
    // 示例代码
    void Start()
    {
        target = GameObject.Find("Cube");
    }
}
```

此方法的缺点是，它只会返回所查找的第一个具有给定名称的对象。如果具有多个 Cube 对象，将不知道获得的是哪个对象。

提示　提高效率

请注意，使用 Find 查找对象的速度非常慢，因为该方法会按顺序搜索场景中的每一个游戏对象，直到匹配上为止。在非常大的场景中，此方法可能会导致游戏的帧速率明显下降。如果可以，建议不要使用 Find。尽管如此，很多时候使用该方法却是必要的。在这种情况下，在 Start 中调用该方法并将查找结果保存在变量中以供将来使用，以将影响降至最低，这是非常有效的方法。

另一种查找对象的方法是通过其标签。对象的标签很像它的图层（本章前面部分讨论过），唯一的区别是语义。图层用于广泛的交互类型，而标签则用于基本的标识。可以通过 Tags&Layers 管理器（选择“编辑”→“项目设置”→“标签和图层”）来创建标签。图 8.4 显示了如何向 Tags&Layers 管理器中添加新标签。

创建标签后，只需在检查器视图中的“标签”下拉列表将其应用于对象（见图 8.5）。

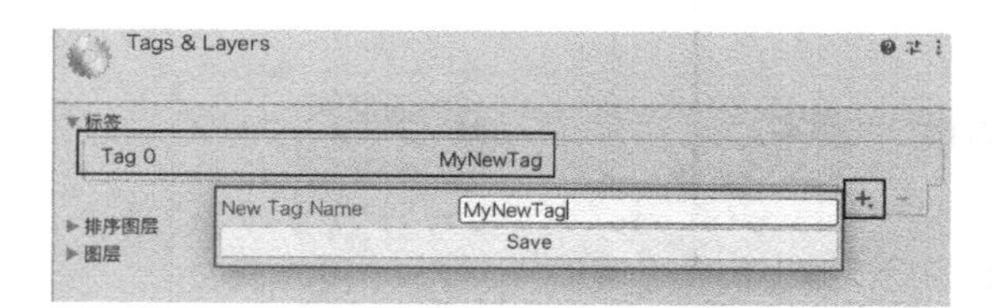

图 8.4　新增一个标签

图 8.5　选择一个标签

当标签被添加给一个对象后，你可以用 FindWithTag 方法来找到该对象，代码如下所示。

```
// 示例代码
public class SomeClassScript : MonoBehaviour
{
    // 你想要获取的游戏对象
    private GameObject target;
    // 示例代码
    void Start()
    {
        target = GameObject.FindWithTag("MyNewTag");
    }
}
```

另外，Find 方法也能用，但是上述方法会更加适用于各种情况。

8.4.2　修改对象组件

一旦有了指向另一个对象的引用，使用该对象的组件几乎与使用局部组件完全相同。唯一的区别是，现在不能简单地写组件名称，而需要编写对象变量及其前面的句点，代码如下所示。

```
// 获取局部组件，不是目标对象组件
transform.Translate(0, 0, 0);
// 获取目标对象组件
targetObject.transform.Translate(0, 0, 0);
```

▼自己上手

变换目标对象

跟随如下步骤，使用脚本修改一个目标对象。

1. 新建一个项目或场景，向场景中添加一个立方体，并让其位于 (0, −1, 0) 处。

2. 新建一个脚本并重命名为 TargetCubeScript（目标立方体脚本）。将脚本放置在 Main Camera 上。在 Visual Studio 中，在 TargetCubeScript 中输入以下代码。

```
// 你希望获取的游戏对象
private GameObject target;
// 示例
void Start()
{
    target = GameObject.Find("Cube");
}
void Update()
{
    target.transform.Translate(.05f, 0f, 0f);
    target.transform.Rotate(0f, 0f, 1f);
    target.transform.localScale = new Vector3(1.5f, 1.5f, 1.5f);
}
```

3. 保存脚本并运行场景。请注意，即使脚本应用于 Main Camera，立方体也会四处移动。

8.5 总结

在本章中，你已经在 Unity 中探索了更多脚本，学习了所有有关方法的知识，并研究了如何编写自己的方法。你还使用了玩家的键盘和鼠标的输入，学习了如何使用代码修改对象组件，并学习了如何通过脚本查找其他游戏对象并与之交互。

8.6 问答

问 我怎么知道应该编写多少个方法?

答 方法应该是单个简洁的函数。方法不应太少，因为太少将导致每个方法不只做一件事情。你也不希望方法太多，因为太多将违背自己的初衷。只要每个过程都具有它自己特定的方法，就足够了。

问 我们为什么没有学习关于游戏手柄的更多知识?

答 游戏手柄的问题在于它们全都有所不同。此外，不同的操作系统也以不同的方式处理它们。在本章中没有详细介绍它们的原因是：它们太多样化，一些内容无法获得一致的读者体验（此外，并非每一个人都有游戏手柄）。

问 每个组件都可以通过脚本编辑吗?

答 是的，至少内置组件都是如此。

8.7 测试

花一些时间来研究下面的问题，以确保你牢固地掌握了所学内容。

8.7.1　试题

1. 判断题：方法也可以称为函数。
2. 判断题：并非所有的方法都具有返回类型。
3. 为什么把玩家交互映射到特定的按钮是一件糟糕的事情？
4. 在关于局部和目标组件的小节中的自己上手练习中，沿着正 x 轴平移立方体，并沿着 z 轴旋转它。这将导致立方体在一个大圆上四处移动，为什么？

8.7.2　答案

1. 正确。
2. 错误。每个方法都具有返回类型，如果方法不返回任何内容，其类型就是 `void`。
3. 如果玩家重新映射控制以满足他们的个人偏好，将会遇到更大的困难。把控制映射到一般的轴，玩家可以轻松地控制把哪些按钮映射到哪些轴。
4. 变换发生在局部坐标系统上（参见第 2 章“游戏对象”）。因此，立方体确实沿着正 x 轴移动。不过，该轴相对于摄像机所面对的方向将持续改变，所以立方体在一个大圆上四处移动。

8.8　练习

一种好的做法是：把每一章的课程结合起来，查看它们如何以一种更真实的方式交互。在本练习中，你将编写脚本以允许玩家对游戏对象进行方向控制。你可以在随书资源 Hour 8 Files 中找到此练习的解决方案。

1. 新建一个项目或场景。将立方体添加到场景中，并将其放置在 (0, 0, −5) 处。
2. 创建一个名为 Scripts 的新文件夹，并创建一个名为 CubeControlScript（立方体控制脚本）的新脚本。将脚本附加到该立方体上。
3. 尝试向脚本中添加以下功能。如果遇到问题，请查看随书资源 Hour 8 Files 以获取帮助。

- 每当玩家按向左或向右箭头键时，分别沿负 x 轴或正 x 轴移动立方体。每当玩家按向下或向上箭头键时，分别沿负 z 轴或正 z 轴移动立方体。
- 当玩家沿 y 轴移动鼠标时，围绕 x 轴旋转摄像机。当玩家沿 x 轴移动鼠标时，围绕 y 轴旋转立方体。
- 当玩家按 M 键时，立方体的大小将增加一倍。当玩家再次按 M 键时，立方体将恢复到原来的大小。M 键作为两种大小之间的切换开关。

第9章　碰撞

本章你将会学到如下内容。

- 刚体的基础知识。
- 如何使用碰撞器。
- 如何利用触发器编写脚本。
- 如何投射光线。

在本章中，你将学习如何处理视频游戏中最常用的物理概念：碰撞。简单地说，碰撞知道一个对象的边界何时与另一个对象接触。首先，你将学习刚体是什么，以及它们能为你做些什么。之后，你将体验Unity强大的内置物理引擎Box2D和PhysX。接着，你将学习使用触发器进行碰撞的一些更微妙的用法。最后，你会学习使用光线投射来检测碰撞。

9.1　刚体

要让一个物体利用Unity内置的物理引擎，它必须包含一个被称为Rigidbody（刚体）的组件。添加Rigidbody组件使对象的行为与真实世界物理实体的类似。要添加Rigidbody组件，只需选择所需的对象（确保选择对象不是2D的），然后选择"添加组件"→"物理"→"刚体"，将新Rigidbody组件（见图9.1）添加到检查器视图中的对象中。

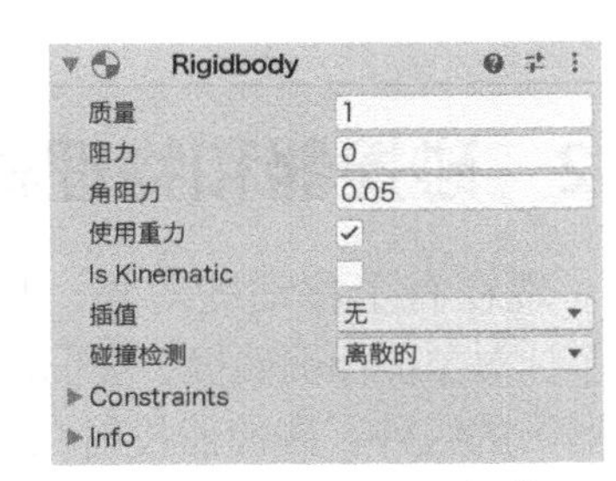

图9.1　Rigidbody组件

Rigidbody组件的属性如表9.1所示。

表9.1　Rigidbody组件属性

属　性	描　述
质量	以既定单位指定对象的质量。1单位=1千克，质量越大，移动所需的力越大
阻力	指示移动时对对象应用的空气阻力大小。阻力越大，移动对象所需的力越大，并将更快地阻止移动的对象。阻力为0时不应用空气阻力
角阻力	非常像阻力，这是在转动时应用的空气阻力
使用重力	确定是否对这个对象应用Unity的重力计算。重力将或多或少地影响对象，这依赖于它的阻力
Is Kinematic（是运动学）	允许你控制刚体的运动。如果对象是运动学对象（即选中该复选框），则不会受到力的影响

续表

属性	描述
插值	确定对象是否以及如何平滑地运动。默认情况下，此属性设置为无。使用插值时，平滑基于前一帧；而使用外推时，平滑基于下一个假定帧。建议仅当你注意到滞后或停顿，并且希望物理对象具有更平滑的运动时才启用此选项
碰撞检测	确定如何计算碰撞。默认设置是离散的，也是所有对象相互测试的方式。如果在检测与速度非常快的对象的碰撞时遇到问题，持续设置可能会有所帮助。但是请注意，持续可能会对性能产生很大影响。连续动态设置对于其他的离散对象将使用离散检测，而对于其他的连续对象则使用持续检测
Constraints（约束）	约束是刚体施加于对象的运动限制。默认情况下，这些限制处于禁用状态。冻结位置轴将阻止对象沿该轴移动，冻结旋转轴将阻止对象绕该轴旋转
Info（信息）	刚体物理信息的只读展示

▼自己上手

使用刚体

跟随如下步骤看看刚体的实际应用。

1. 创建新项目或场景。将立方体添加到场景中，并将其放置在 (0, 1, −5) 处。
2. 运行场景。请注意立方体如何漂浮在摄像机前面。
3. 向对象添加 Rigidbody 组件（选择“组件”→“物理”→“刚体”）。
4. 运行场景。请注意，对象现在由于重力而下落。
5. 试验阻力属性和 Constraints 属性，并注意其效果。

9.2 碰撞器和物理材质

现在有了移动的对象，是时候让它们彼此碰撞了。为了让对象能检测碰撞，它们需要一个被称为 Collider（碰撞器）的组件。碰撞器投射在对象周围的边界，当其他对象进入其中时可以检测到它们。

9.2.1 碰撞器

创建球体、胶囊和立方体等几何对象时，这些对象上已经有 Collider 组件。在菜单栏选择“组件”→“物理”，然后从子菜单中选择所需的碰撞器形状，即可将碰撞器添加到没有碰撞器的对象。图 9.2 显示了可供选择的各种碰撞器形状。

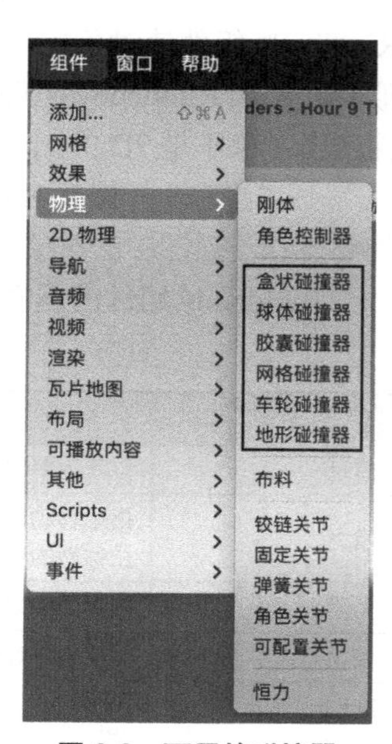

图 9.2 可用的碰撞器

将碰撞器添加到对象后，Collider 组件将显示在检查器视图中。表 9.2 描述了 Collider 组件属性。除此之外，不同类型的碰撞器还可以具有其他属性，例如半径或高度。

表9.2 Collider组件属性

属　性	描　述
编辑碰撞器	允许你在场景视图中以图形方式调整碰撞器大小（在某些情况下还可以调整形状）
是触发器	确定碰撞器是物理碰撞器还是触发碰撞器。本章稍后将更详细地介绍触发器
材质	允许你将物理材质应用于对象，以更改其行为方式。例如，可以使对象的行为类似于木材、金属或橡胶。本章稍后将介绍物理材质
中心	碰撞器相对于包含对象的中心点
大小	碰撞器的大小

提示　混合与匹配碰撞器

在对象上使用不同形状的碰撞器可以产生一些有趣的效果。例如，使立方体上的碰撞器比立方体大得多，会使立方体看起来像漂浮在某个表面上。同样，使用较小的碰撞器可以使对象陷入表面中。此外，在立方体上放置球体碰撞器（Sphere Collider）可以使立方体像球一样滚动。可以尝试用各种方法制作物体碰撞器，体验其中的乐趣。

▼自己上手

尝试碰撞器

现在应该试验一些不同的碰撞器，看看它们如何交互。一定要保存这个练习，在本章后面将再次使用它。请跟随如下步骤操作。

1. 创建新项目或场景。向其中添加两个立方体。
2. 在 (0, 1, −5) 处放置一个立方体，并在其上添加一个刚体。将另一个立方体放置在 (0, −1, −5) 处，并将其缩放到 (4, 0.1, 4)，旋转至 (0, 0, 15)。在第二个立方体上也添加一个刚体，但取消选中“使用重力”复选框。
3. 运行场景，注意顶部立方体如何落在另一个立方体上，然后两个立方体从屏幕上掉落。
4. 在底部立方体上的Rigidbody组件的Constraints属性中，冻结3根轴的位置和旋转。
5. 运行场景，注意顶部立方体现在是如何落下并停在底部立方体上的。
6. 从顶部立方体中移除Box Collider（盒状碰撞器）组件（右键单击Box Collider组件并选择移除组件）。将Sphere Collider组件添加到顶部立方体（选择“组件”→“物理”→“球体碰撞器”）。让底部立方体旋转至 (0, 0, 350)。
7. 运行场景。请注意立方体是如何像球体一样从坡道上滚下的。
8. 用各种碰撞器进行试验。另一个有趣的试验是更改底部立方体上的Constraints属性。尝试冻结 y 轴位置并解冻其他所有内容。尝试不同的方法使立方体发生碰撞。

提示 复杂的碰撞器

你可能已经注意到网格碰撞器（Mesh Collider）。本书没有专门讨论这个碰撞器，因为它很难制造，也很容易出错。基本上，网格碰撞器是使用网格定义形状的碰撞器。实际上，其他碰撞器（盒状、球体等）都是网格碰撞器；它们只是简单的内置组件。虽然网格碰撞器可以提供非常精确的碰撞检测，但它们也会影响性能。要养成一个好习惯（至少在学习的这个阶段），就是使用几个基本的碰撞器创建一个复杂的对象。例如，如果你有一个人形模型，请尝试将球体用于头部和手，将胶囊用于躯干、手臂和腿。这样将优化性能，并且仍能得到非常清晰的碰撞检测。

9.2.2 物理材质

物理材质（Physic Material）可以应用于碰撞器，以赋予对象不同的物理特性。例如，可以使用橡胶材质使对象具有弹性，或使用冰材质使其光滑。你甚至可以自己制作材质来模拟你想选择的特定材质。

随书资源 Hour 9 Files 中有一些预制的物理材质。要导入它们，请找到文件 Physics Materials.unitypackage 并将其拖动到项目中。确保在 Import Package 对话框中选择了所有项目，然后单击 Import 按钮。Unity 在项目中添加了一个 Assets\PhysicsMaterials 文件夹，其中包含多个具有描述性名称的物理材质。如前所述，你还可以创建自己的物理材质。要创建新的物理材质，请右键单击项目视图中的 Assets 文件夹，然后选择“创建”→“物理材质”，或者，如果你正在使用 2D 物理系统（第 12 章“2D 游戏工具”中会介绍），请选择“创建”→ 2D →“物理材质 2D”。

物理材质具有一组属性，这些属性决定了它在物理层面的行为方式（见图 9.3）。表 9.3 描述了物理材质的属性。将物理材质从项目视图拖动到具有碰撞器的对象上，就可以将其应用于对象了。

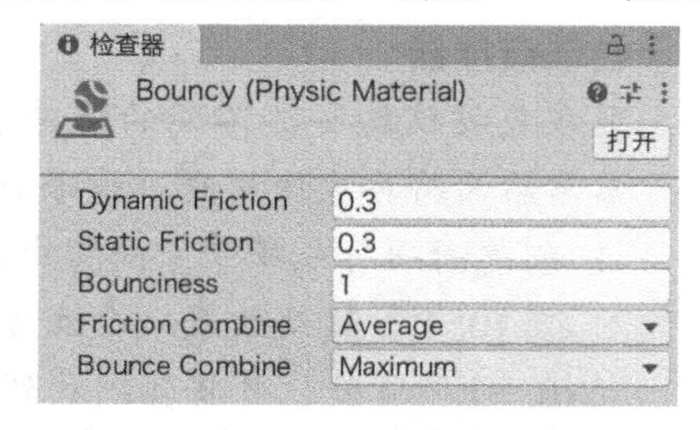

图 9.3 物理材质的属性设置界面

表9.3 物理材质属性

属 性	描 述
Dynamic Friction（动态摩擦力）	当对象已经在移动时应用的摩擦力。数字越小表示对象越光滑
Static Friction（静态摩擦力）	当对象处于静止状态时应用的摩擦力。数字越小表示对象越光滑
Bounciness（碰撞反弹系数）	通过碰撞保留的能量值。值为 1 将导致对象弹跳，而不会损失任何能量，并且将永远弹跳。值为 0 将阻止对象弹跳
Friction Combine（摩擦力组合）	确定如何计算两个碰撞对象的摩擦力。可以计算平均的摩擦力，也可以使用最小或最大摩擦力，或者把它们相乘
Bounce Combine（反弹组合）	确定如何计算两个碰撞对象的弹力。可以计算平均的弹力，也可以使用最小或最大弹力，或者把它们相乘

物理材质的效果可以像你想象的那样微妙或显著。你可以试着去修改参数，看看你可以创建哪些有趣的行为。

9.3 触发器

到目前为止，你已经接触到了物理碰撞器，它们是使用 Unity 的内置物理引擎以位移和旋转方式做出反应的碰撞器。如果你回想第 6 章“游戏案例 1：Amazing Racer”，就可能会记得使用过另一种碰撞器。还记得当游戏角色进入水障和终点区时，游戏是如何检测到的吗？那是通过正在工作的触发碰撞器（即触发器，Trigger）检测的。触发器可以像普通碰撞器一样检测碰撞，但它不会对此做任何特定的操作。触发器调用 3 个特定的方法，允许程序员确定碰撞的含义。

```
void OnTriggerEnter(Collider other) //对象进入触发器时触发
void OnTriggerStay(Collider other)  // 对象停留在触发器中时触发
void OnTriggerExit(Collider other)  // 对象离开触发器时触发
```

使用这些方法，可以定义对象进入、停留或离开碰撞器时发生的情况。例如，无论何时一个对象进入立方体的边界，都希望把一条消息写到控制台视图，那么就可以给立方体添加一个触发器，将含有以下代码的脚本附加到立方体上。

```
void OnTriggerEnter(Collider other)
{
    print("Object has entered collider");
}
```

你可能会注意到触发器方法的一个参数，即碰撞器类型的变量 other。这是一个指向进入触发器的对象的引用。使用该变量，可以根据需要来操纵对象。例如，要修改前面的代码以向控制台视图写入引入触发器的对象的名称，可以使用以下命令。

```
void OnTriggerEnter(Collider other)
{
    print(other.gameObject.name + " has entered the trigger");
}
```

甚至可以更进一步，利用以下代码销毁进入触发器的对象。

```
void OnTriggerEnter(Collider other)
{
    Destroy(other.gameObject);
}
```

▼ 自己上手

使用触发器

在这个练习中，你将有机会利用一个正常工作的触发器构建出一个交互式场景。

1. 创建新项目或场景。将立方体和球体添加到场景中。
2. 将立方体放置在 (−1, 1, −5) 处，将球体放置在 (1, 1, −5) 处。

3. 分别创建名为TriggerScript（触发器脚本）和MovementScript（运动脚本）的脚本。将TriggerScript放置在立方体上，将MovementScript放置在球体上。
4. 在立方体的碰撞器上，选中“是触发器”复选框。给球体添加Rigidbody组件并取消选中“使用重力”复选框。
5. 将以下代码添加到MovementScript的Update方法中。

```
float mX = Input.GetAxis("Mouse X") / 10;
float mY = Input.GetAxis("Mouse Y") / 10;
transform.Translate(mX, mY, 0);
```

6. 将以下代码添加到TriggerScript。

```
void OnTriggerEnter (Collider other)
{
    print(other.gameObject.name + " has entered the cube");
}
void OnTriggerStay (Collider other)
{
    print(other.gameObject.name + " is still in the cube");
}
void OnTriggerExit (Collider other)
{
    print(other.gameObject.name + " has left the cube");
}
```

确保把这些代码放在所有方法的外面，但是要放在类里面，也就是和Start方法及Update方法位于一个层级。
7. 运行场景。请注意如何利用鼠标移动球体。将球体与立方体碰撞，并注意控制台视图输出。请注意这两个对象没有物理反应，但它们仍然相互作用。你能计算出这个交互作用属于表9.4中的哪个单元吗？

表9.4　碰撞器交互矩阵

碰撞器类型	静态碰撞器	刚体碰撞器	运动学刚体碰撞器	静态触发碰撞器	刚体触发碰撞器	运动学刚体触发碰撞器
静态碰撞器		碰撞			触发	触发
刚体碰撞器	碰撞	碰撞	碰撞	触发	触发	触发
运动学刚体碰撞器		碰撞		触发	触发	触发
静态触发碰撞器		触发	触发		触发	触发
刚体触发碰撞器	触发	触发	触发	触发	触发	触发
运动学刚体触发碰撞器	触发	触发	触发	触发	触发	触发

注意 碰撞器不工作

并非所有碰撞场景都会导致实际发生碰撞。请参阅表 9.4，查看两个对象之间的交互是会发生碰撞还是触发，或者两者都不会。

静态碰撞器是任何没有 Rigidbody 组件的游戏对象上的碰撞器。当你添加 Rigidbody 组件时，它们将成为刚体碰撞器，选中 Is Kinematic 复选框时，它们将成为运动学刚体碰撞器。对于这 3 个碰撞器中的任何一个，如果需要，你还可以选中“是触发器”复选框。这些选项会形成表 9.4 所示的 6 种类型的碰撞器。

9.4 光线投射

光线投射是指发出一条假想线（即光线，Ray）并观察其“击中”的物体的行为。例如，想象一下，通过望远镜观看时，你的视线就是射线，而你所能看到的就是射线所“击中”的东西。游戏开发者一直在使用光线投射进行瞄准、确定视线、测量距离等操作。Unity 中有几种光线投射方法，这里列出了两种常见的。第一种 `Raycast` 方法如下所示。

```
bool Raycast(Vector3 origin, Vector3 direction, float distance, LayerMask mask);
```

请注意，此方法需要很多参数。还有，它使用了一个名为 `Vector3` 的变量（你以前使用过）。`Vector3` 是一种变量类型，其参数为 3 个浮点数。使用它可以很好地指定 x 坐标、y 坐标和 z 坐标，而不需要 3 个单独的变量。第一个参数 `origin` 是光线开始的位置，第二个参数 `direction` 是光线的传播方向，第三个参数 `distance` 确定光线的射程，最后一个变量 `mask` 确定将“击中”哪些图层。可以省略 `distance` 和 `mask` 变量，如果这样做，光线将传播无限远（在本例中是非常远）的距离，并“击中”所有对象图层。

如前所述，可以使用光线执行许多操作。例如，如果要确定摄像机前面是否有东西，可以添加以下代码到脚本中。

```
void Update()
{
    // 从摄像机的位置向前方投射光线
    if (Physics.Raycast(transform.position, transform.forward, 10))
        print("There is something in front of the camera!");
}
```

使用光线投射的另一种方法是查找光线碰撞的对象。此方法使用一种被称为 `RaycastHit` 的特殊变量类型。许多版本的 `Raycast` 方法会使用 `distance` 和 `mask` 参数。但使用此方法最基本的方式如下所示。

```
bool Raycast(Vector3 origin, Vector3 direction, out Raycast hit, float distance);
```

这种方法有一个新的有趣之处。你可能已经注意到，它使用了一个以前从未见过的新关键字：`out`。这个关键字意味着当方法运行完毕时，变量 `hit` 将包含“击中”的任何对象。完成后，该方法有效地将值发回。因为 `Raycast` 方法已经返回一个布尔变量，指示它是否“击中”了某个对象，而一个方法不能返回两个变量，使用 `out` 可以获取更多信息。

▼自己上手

投射一些光线

在本练习中，你将创建一个交互式“射击”程序。该程序将从摄像机发送一条射线，并摧毁它接触到的任何物体。请遵循以下步骤。

1. 创建一个新项目或场景，并向其中添加4个球体。
2. 将4个球体分别放置在(−1, 1, −5)、(1, 1.5, −5)、(−1, −2, 5)和(1.5, 0, 0)处。
3. 创建一个名为RaycastScript（射线脚本）的新脚本，并将其附加到Main Camera。在Update方法中添加以下内容。

```
float dirX = Input.GetAxis ("Mouse X");
float dirY = Input.GetAxis ("Mouse Y");
// 由于我们绕着这两根轴转，所以下面的对应关系是反的
transform.Rotate (dirY, -dirX, 0);
CheckForRaycastHit(); // 将在下一步中添加
```

4. 在类中方法外添加以下代码，向脚本中添加CheckForRaycastHit方法。

```
void CheckForRaycastHit() {
   RaycastHit hit;
   if (Physics.Raycast (transform.position, transform.forward, out hit)) {
    print (hit.collider.gameObject.name + " destroyed!");
     Destroy (hit.collider.gameObject);
   }
}
```

5. 运行场景，注意移动鼠标将怎样移动摄像机。尝试把摄像机放在每个球体的中心，注意球体是怎样被销毁的，并把消息写到控制台视图。

9.5 总结

在本章中，你了解了通过碰撞进行的对象交互。首先，你学习了Unity刚体物理能力的基础知识，然后尝试了各种类型的碰撞器和碰撞。之后，你了解到碰撞不局限于物体的弹跳，还动手练习了触发器。最后，你学习了使用光线投射查找对象。

9.6 问答

问 我的所有对象都应该具有Rigidbody组件吗？

答 刚体是主要充当物理角色的有用组件。也就是说，给每个对象添加Rigidbody组件可能具有怪异的副作用，并且可能会降低性能。一条很好的经验法则是：仅当需要组件时才添加它们，而不要提前添加。

问 有多种碰撞器我们还没有讨论，为什么不讨论它们？

答 大多数碰撞器的行为方式与我们介绍过的一些碰撞器相同，或者超出了本书的范围。因此，本书省略了对它们的介绍。

9.7 测试

花一些时间来研究下面的问题，以确保你牢固地掌握了所学内容。

9.7.1 试题

1. 如果你希望对象展示像下落这样的物理轨迹，对象上将需要什么组件？
2. 判断题：一个对象上面只能有一个碰撞器。
3. 光线投射有什么用途？

9.7.2 答案

1. Rigidbody 组件。
2. 错误。一个对象上面可以有许多不同的碰撞器。
3. 用于确定一个对象可以看到什么并且在途中查找对象，以及确定对象之间的距离。

9.8 练习

在本练习中，你将创建一个使用运动和触发器的交互式应用程序。本练习要求你创造性地确定一个解决方案（这里没有给出）。如果你陷入困境并需要帮助，可以在随书资源 Hour 9 Files 中找到此练习的解决方案，名为 Hour 9 Exercise。

1. 新建一个项目或场景。将一个立方体添加到场景中，并将其放置在 (−1.5, 0, −5) 处，并缩放到 (0.1, 2, 2)，然后将其重命名为 LTrigger。

2. 复制该立方体（在层级视图中右键单击立方体并选择“复制”）。将新立方体命名为 RTrigger，并将其放置在 (1.5, 0, −5) 处。

3. 添加一个球体到场景中，并将其放置在 (0, 0, −5) 处。给球体添加 Rigidbody 组件并取消选中“使用重力”复选框。

4. 创建一个名为 TriggerScript 的脚本，并将其放置在 LTrigger 和 RTrigger 上。创建一个名为 MotionScript（动作脚本）的脚本，并将其放置在球体上。

5. 有趣的部分来了。你需要在游戏中创建以下功能。

- ▶ 玩家能够用箭头键移动球体。
- ▶ 当球体进入、退出或停留在任意一个触发器中时，应将相应的消息写入控制台视图。该消息应指明球体当前的状态是三者中的哪一个以及碰撞对象的名称（LTrigger 或 RTrigger）。

第 10 章　游戏案例2：Chaos Ball

本章你将会学到如下内容。

- ▶ 如何设计 Chaos Ball 游戏。
- ▶ 如何构建 Chaos Ball 舞台。
- ▶ 如何构建 Chaos Ball 实体。
- ▶ 如何构建 Chaos Ball 控制对象。
- ▶ 如何进一步改进 Chaos Ball。

是时候把你所学的知识用于制作另一个游戏了。在本章中，你将制作游戏 Chaos Ball（混沌球），这是一款快节奏的街机风格游戏。你将从学习游戏的基本设计元素开始，接着将构建竞技场和游戏对象，每个对象都将被创建为独特的对象，并被赋予特殊的碰撞属性。然后，你需要添加交互性以使游戏可玩。最后你需要试玩游戏并进行一些必要的调整来改善体验。

提示　完整的项目

确保在本章中完成整个游戏项目。感到困惑的时候，找到随书资源 Hour 10 Files 中游戏的完整项目，如果你需要帮助或灵感，可以查看它！

10.1　设计

你在第 6 章“游戏案例 1：Amazing Racer”中已经了解了游戏设计的要素，在本章中，你将直接运用它们。

10.1.1　概念

这款游戏有些像打砖块或弹球游戏。游戏角色在舞台上，4 个角各有一种颜色的灯，4 个具有相应颜色的球将四处浮动。在 4 个彩色球之间，会有几个黄色的球，叫作混沌球。混沌球的存在完全是为了阻挡游戏角色，让游戏充满挑战。它们比彩色球小，移动速度也更快。游戏角色将有一个平坦的表面，他们将试着把彩色球击入正确的角落。

10.1.2　规则

游戏规则将说明如何玩游戏，同时还会提及对象的一些属性。Chaos Ball 的规则如下。

- ▶ 当 4 个球都在正确的角落时，玩家获胜。

- 打到正确的角会导致球消失，该角的灯熄灭。
- 游戏中的所有物体都具有超级弹性，碰撞时不会失去能量。
- 没有球（或游戏角色）可以离开舞台。

10.1.3 需求

这个游戏的需求很简单。它不是一款图形密集的游戏，而是依靠脚本和交互来实现其娱乐效果。Chaos Ball 游戏的需求如下。

- 有围墙的舞台：在 Unity 中创建。
- 舞台和游戏对象的纹理：Unity 标准资源中提供了这些纹理。
- 一些彩色球和混沌球：在 Unity 中生成。
- 角色控制器：由 Unity 标准资源提供。
- 游戏控制器：在 Unity 中创建。
- 弹性材质：在 Unity 中创建。
- 彩色的角落指示器：在 Unity 中生成。
- 交互式脚本：在类似 Visual Studio 的代码编辑器中编写。

10.2 舞台

创建一个动作从而开始创建 Chaos Ball 游戏。这里使用舞台一词来说明这个关卡非常小，而且有围墙，无论是游戏角色还是球都不能离开舞台。如图 10.1 所示，舞台非常简单。

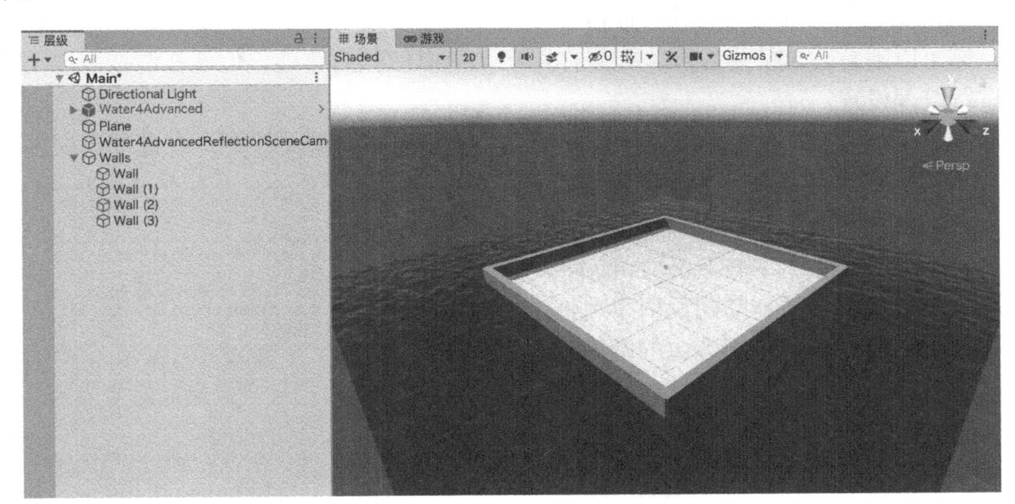

图 10.1 舞台

10.2.1 创建舞台

由于基础的舞台地图很简单，创建舞台将很容易。要创建舞台，请执行以下步骤。

1. 创建一个名为 Chaos Ball 的新项目。

2. 从随书资源 Hour 10 Files 中将 EnvironmentAssets.unitypackage 和 FPSController.unitypackage 导入项目中。

3. 向场景中添加一个平面（选择“游戏对象”→ 3D →“平面”）。将平面定位在 (0, 0, 0) 处，并缩放至 (5, 1, 5)。

4. 删除 Main Camera。

5. 向场景中添加立方体。将立方体放置在 (−25, 1.5, 0) 处，并将其缩放到 (1.5, 3, 51)。请注意它是如何成为舞台的一面侧墙的，并将其重命名为 Wall。

在 Scenes 文件夹中把场景重命名为 Main。

提示　合并对象

你可能想知道为什么你只创建了一堵墙，而舞台显然需要4堵墙。其思想是：尽可能少做冗余、乏味的工作。通常，如果需要多个非常相似的对象，就可以只创建一个对象，然后把它复制多次。在本案例中，可以先利用合适的材质和属性建立一面墙，然后简单地把它复制3次。可以对角落节点、混沌球和彩色球重复相同的过程。你能看到通过一点规划可以节省不少时间。同样值得一提的是，使用预制件可以使整个过程变得更加容易。虽然直到下一章才有预制件的内容，但你现在也可以试试。

10.2.2　纹理化

现在，舞台看起来相当简陋和乏味，一切都是白色的，只有一面墙。下一步是添加一些纹理，使这个地方更有生气。你需要专门为两个对象设置纹理：墙和地面。完成此步骤后，你可以随意尝试使用纹理。如果你愿意，可以使其更有趣，但现在请按照以下步骤对墙进行纹理设置。

1. 在项目视图中的 Assets 下创建一个名为 Material 的新文件夹。右键单击文件夹并选择“创建”→“材质”，将材质添加到文件夹中，将其命名为 Wall。

2. 在检查器视图中将 Sand Albedo 纹理应用于墙材质。可以通过将材质拖动到反射率属性上，或单击检查器视图中“反射率”一词旁边的圆圈图标来完成此操作（见图10.2）。

3. 将平滑度滑块拖动到0。

4. 将正在平铺的 X 值设置为10。

5. 在场景视图中，单击 Wall 材质并将其拖动到墙对象上。

图10.2　Wall 材质

接下来，你需要让地面更有趣。Unity 附带了一些很棒的水着色器，你可以按照如下步骤使用它们。

1. 在项目视图中，导航到文件夹 Environment\Water\Water4\Prefabs。将 Water4Advanced

资源拖动到场景中。

2. 将水放在 (0, 0.5, 0) 处。

10.2.3 创建超级弹性材质

你希望对象在不损失任何能量的情况下从墙上反弹，而这需要一种超级弹性材质。如果你还记得的话，Unity 有一套可用的物理材质。然而，所提供的弹性材质并不能满足你的需要。因此，你需要创建新材质，步骤如下所示。

1. 右键单击 Material 文件夹，然后选择“创建”→“物理材质”。将新材质命名为 Superbouncy（超级弹性）。

2. 设置超级 Superbouncy 的属性，如图 10.3 所示。确保球具有 100% 的弹性，这样它们就会一直以相同的速度移动。

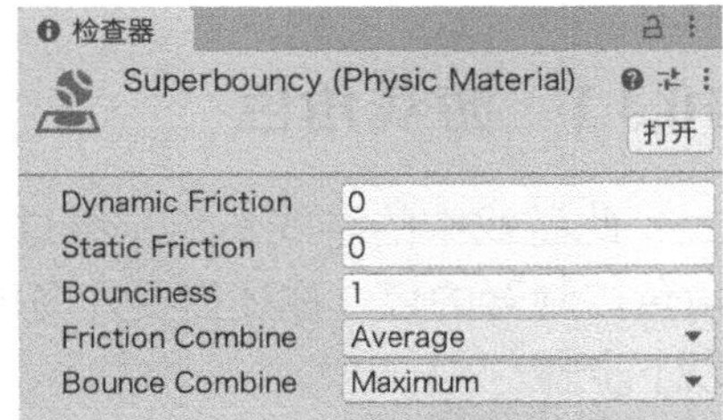

图 10.3 设置新材质

此时，可以将 Superbouncy 材质直接放置到墙的碰撞器上。然而，你需要将这种材质添加到所有的墙壁、所有的球和角色上。实际上，这个游戏中所有的碰撞都需要这种材质。因此，可以使用物理属性设置菜单将 Superbouncy 材质应用为所有碰撞器的默认材质。遵循以下步骤。

1. 选择“编辑”→“项目设置”→“物理”。

2. 将 Default Material（默认材质）属性设置为 Superbouncy（见图 10.4）。

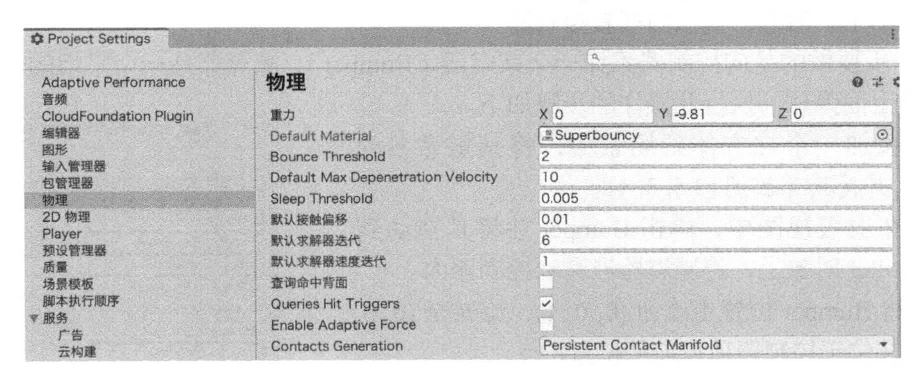

图 10.4 物理属性设置

在该界面中，还可以修改物理（碰撞、重力等）行为的基本原理。不过，就目前而言，让它们保持原样即可。

10.2.4 完成舞台

现在墙和地面已经完成，可以完成舞台了。艰难的工作已经完成，此时只需复制墙（在层级视图中右键单击墙，并选择“复制”）。具体步骤如下。

1. 复制一面墙，将新实例放置在 (25, 1.5, 0) 处。

2. 再次复制墙，将其放置在 (0, 1.5, 25) 处，设置其旋转为 (0, 90, 0)。

3. 复制步骤 2 中创建的墙（旋转后的墙），并将其放置在 (0, 1.5, −25) 处。

4. 创建一个被称为 Walls 的空游戏对象。将空游戏对象的位置设置为 (0, 0, 0)。将之前创建的 4 面墙拖动到这个占位符下，形成分组。

你的舞台现在应该有 4 面墙，而且没有任何缝隙或接缝（参见图 10.1）。

10.3 游戏实体

在本节中，你将创建 Chaos Ball 所需的各种游戏对象。与舞台墙一样，创建每个实体的其中一个实例，然后复制它，可以节省大量精力。

10.3.1 游戏角色

此游戏中的游戏角色是经过修改的第一人称角色控制器。创建此项目时，应已导入角色控制器的包。你还需要升高控制器的摄像机，以便玩家在游戏中有更好的视野。遵循以下步骤。

1. 将 FPSController 角色控制器从 Assets\FirstPersonCharacter 文件夹拖动到场景中。

2. 将控制器定位在 (0, 1, 0) 处。

3. 在层级视图中展开 FPSController 对象，并找到 FirstPersonCharacter 子对象（其上有摄像机）。

4. 将 FirstPersonCharacter 放置在 (0, 5, −3.5) 处，旋转至 (43, 0, 0)。摄像机现在应该在控制器的上、后方，稍微俯视着控制器。

下一步要做的是向控制器添加一个减震器（Bumper）。减震器是一个平坦的表面，玩家将在它上面弹球。执行此操作的步骤如下。

1. 添加一个立方体到场景中，将其重命名为 Bumper，并将其缩放到 (3.5, 3, 1)。

2. 在层级视图中，单击 Bumper 并将其拖动到 FPSController 对象上，将减震器嵌套到控制器内。

3. 将 Bumper 位置更改为 (0, 0, 1)，旋转至 (0, 0, 0)。它现在位于控制器稍靠前的位置。

4. 创建一种名为 BumperColor 的新材质（非物理材质），为减震器添加颜色。将反射率颜色设置为你想要的颜色，然后将材质拖动到 Bumper 上。

最后要做的是调整 FPSController 的默认设置，使其更适合此游戏。按照图 10.5 仔细设置所有内容，注意，与默认设置不同的以粗体显示。

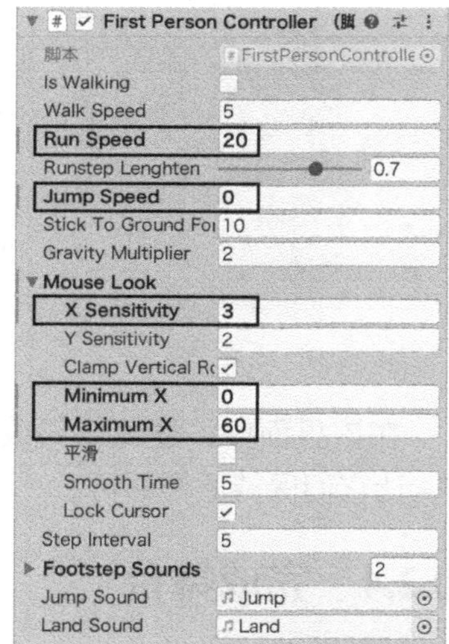

图 10.5 FPSController（脚本）设置

10.3.2 混沌球

混沌球围绕着舞台快速且无规律飞行，其目的是干扰玩家。在许多方面，它们类似于彩色球，因此你需要为它们创建普遍适用的资源。要创建第一个混沌球，请执行以下步骤。

1. 将球体添加到场景中。将其重命名为 Chaos，并将其放置在 (12, 2, 12) 处，缩放设置为 (0.5, 0.5, 0.5)。

2. 为混沌球创建一种名为 ChaosBall 的新材质（不是物理材质），并将反射率颜色设置为亮黄色。单击材质并将其拖动到球体上。

3. 向球体添加刚体。如图 10.6 所示，取消选中“使用重力”复选框。使碰撞检测属性为连续动态。在 Constraints 属性下，选中 Y 以冻结其 y 轴方向，防止球体向上或向下移动。

4. 打开 Tags&Layers 管理器（选择“编辑”→“项目设置”→“标签和图层”），打开“标签”下拉列表，然后添加标签 Chaos。在这里，请继续添加标签 Green（绿）、Orange（橙）、Red（红）和 Blue（蓝），稍后会使用它们。

5. 选择 Chaos 球体，并在检查器视图中将其标签更改为 Chaos（见图 10.7）。

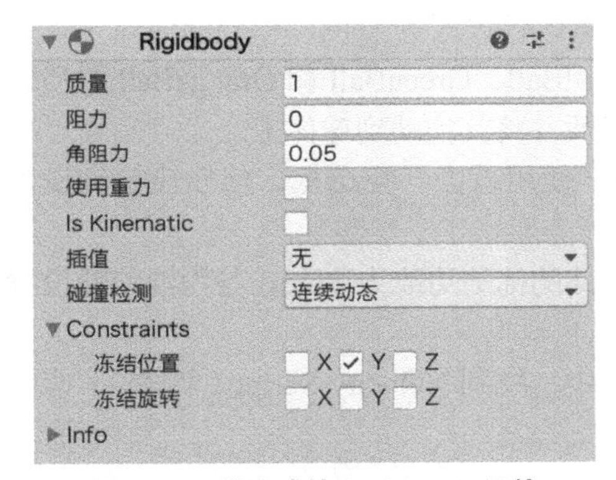

图 10.6 混沌球的 Rigidbody 组件

图 10.7 更改标签

球现在有了，但它没有任何作用。你需要创建一个脚本来驱动舞台上的球。在本例中，创建一个名为 VelocityScript 的脚本，如代码清单 10.1 所示，将其附加到混沌球。将脚本移动到 Scripts 文件夹中。

代码清单 10.1 VelocityScript.cs

```
using UnityEngine;
public class VelocityScript : MonoBehaviour
{
    public float startSpeed = 50f;
    void Start ()
    {
        Rigidbody rigidBody = GetComponent<Rigidbody> ();
        rigidBody.velocity = new Vector3 (startSpeed, 0, startSpeed);
    }
}
```

运行场景，球开始在舞台周围飞行。此时，第一个混沌球已完成创建。在层级视图中，将混沌球复制 4 次。将球分散在舞台周围（确保只改变 x 轴方向和 z 轴方向位置），并给每个球一个随机的 y 轴旋转角度。请记住，沿 y 轴的移动是锁定的，因此需要确保每个球保持在 y 坐标值为 2 的位置。最后，创建一个名为 Chaos Ball 的空游戏对象，将其放置在 (0, 0, 0) 处，并将混沌球嵌套在其下方，以保持层级结构整洁。

10.3.3 彩色球

虽然混沌球实际上是黄色的，但在这个游戏中它们不被视为彩色球；彩色球是赢得比赛所需的 4 个特定球，它们应该是红色、橙色、蓝色和绿色。与混沌球一样，你可以创建一个球，然后复制它，使操作更容易。

要创建第一个球，请执行以下步骤。

1. 将球体添加到场景中，并将其重命名为 Blue Ball。将球体放置在舞台中央的某个位置，并确保其 y 坐标值为 2。

2. 创建一个名为 BlueBall 的新材质，并将其颜色设置为蓝色，和把混沌球设置成黄色的方式相同。在进行此操作时，请继续创建 RedBall、GreenBall 和 OrangeBall 材质，并将每个材质设置为适当的颜色。单击 BlueBall 材质并将其拖动到球体上。

3. 向球体添加 Rigidbody 组件。取消选中“使用重力”复选框，将碰撞检测设置为连续动态，并在 Constraints 下冻结其 y 轴坐标。

4. 之前，你创建了 Blue 标签。现在，将球体的标签更改为 Blue，与为混沌球设置标签的方式相同（参见图 10.7）。

5. 将速度脚本附加到球体。在检查器视图中，找到 Velocity Script（脚本）[速度脚本（脚本）] 组件，并将起始速度属性更改为 25（见图 10.8）。这会导致球体最初的移动速度比混沌球慢。

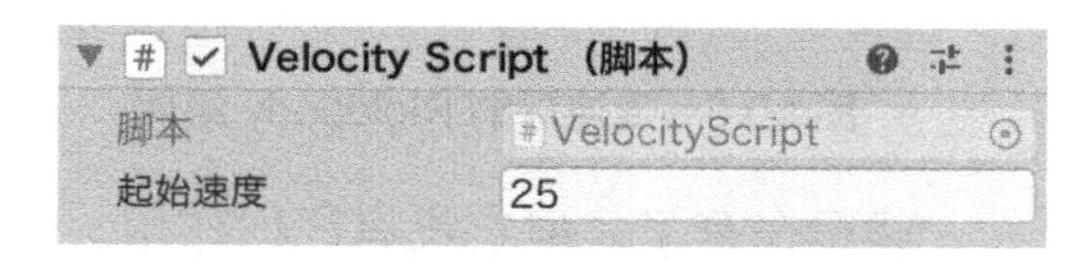

图 10.8 修改 Start Speed 属性

如果你现在运行场景，应该会看到蓝色球在舞台中快速移动。

现在需要创建其他 3 个球，每一个都是蓝色球的复制品。要创建其他球，请执行以下步骤。

1. 复制 Blue Ball 对象。根据颜色重命名每个新球：Red Ball、Orange Ball 和 Green Ball。
2. 给每个新球一个与其名称相对应的标签。每个球都必须有正确的标签。
3. 将适当的颜色材质拖动到每个新球上。每个球的颜色与其名称相同，这一点很重要。
4. 在舞台上给每个球一个随机的位置和旋转角度，但确保其 y 轴坐标值为 2。

此时，游戏实体已完成创建。如果你运行场景，就会看到所有的球在舞台上弹跳。

10.4 控制对象

现在你已经准备好了所有的对象，是时候把它们游戏化了。也就是说，是时候把它们变成一个可玩的游戏了。为此，你需要创建 4 个角的球门（Goal）、球门脚本和游戏控制器。当你完成这些，你就拥有一款游戏了。

10.4.1 球门

4 个角都有各自特定的彩色球门，分别对应一个彩色球。球门背后的思路是：当球进入球门时，球门将检查它的标签。如果标签与球门的颜色匹配，它就是匹配的，球将被摧毁，球门被设定为 solved（已被解决）。与前面的球对象一样，你可以设置好单个球门，然后复制它以满足需求。要创建初始球门，请执行以下步骤。

1. 创建一个空的游戏对象（选择“游戏对象”→“创建空对象”）。将游戏对象重命名为 Blue Goal，并为其指定 Blue 标签。将游戏对象放置在 (−22, 2, −22) 处。

2. 将 Box Collider 组件附加到球门上，并选中“是触发器”复选框。将 Box Collider 组件的大小更改为 (3, 2, 3)。

3. 给球门添加一个 Light 组件（选择“添加组件”→“渲染”→“灯光”）。将其设置为点光源，并设置为与球门相同的颜色（见图 10.9）。将强度更改为 3，将间接乘数更改为 0。

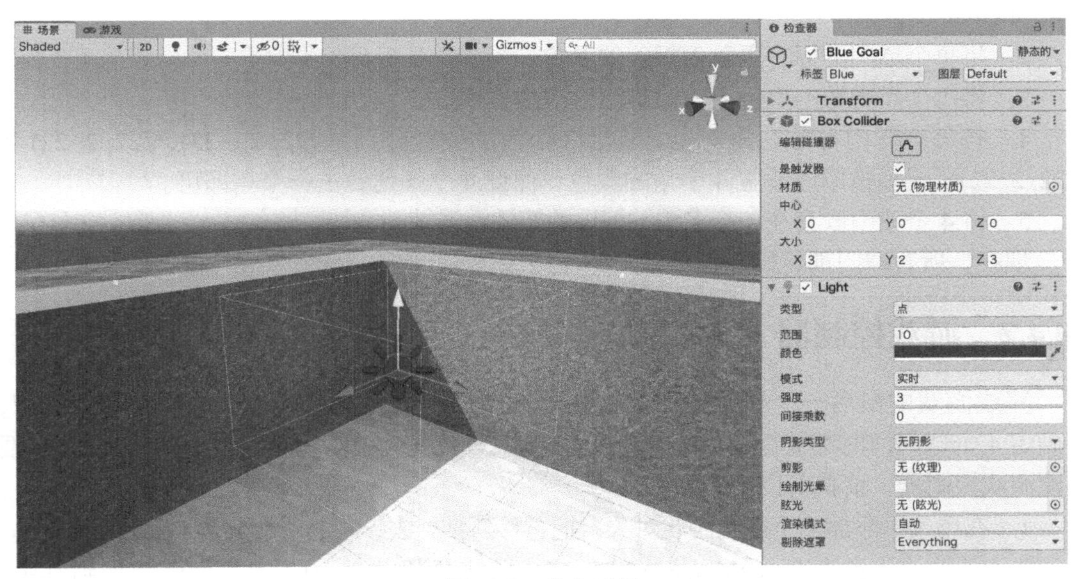

图 10.9 蓝色球门

接下来，创建一个名为 GoalScript 的脚本，并将其附加到蓝色球门。代码清单 10.2 显示了脚本的内容。

代码清单 10.2 GoalScript.cs

```
using UnityEngine;
public class GoalScript : MonoBehaviour
{
    public bool isSolved = false;
```

```
    void OnTriggerEnter (Collider collider)
    {
        GameObject collidedWith = collider.gameObject;
        if (collidedWith.tag == gameObject.tag)
        {
            isSolved = true;
            GetComponent<Light>().enabled = false;
            Destroy (collidedWith);
        }
    }
}
```

正如你在脚本中所看到的，OnTriggerEnter 方法将检查与其接触的每个对象的标签与其自己的标签。如果它们匹配，则对象将被销毁，球门将标记为 solved，并且该球门的灯光将被禁用。

当脚本完成并附加到球门后，是时候复制它了。要创建其他球门，请执行以下步骤。

1. 复制蓝色球门对象。根据每个新球门的颜色命名：Red Goal、Green Goal 和 Orange Goal。
2. 将每个球门的标签更改为相应的颜色。
3. 将每个点光源的颜色更改为球门对应的颜色。
4. 将每个球门都放在角落里。其他 3 个角的位置分别是 (22, 2, −22)，(22, 2, 22) 和 (−22, 2, 22)。无须按顺序设置 4 个角的颜色，保证 4 个颜色各占一个角即可。
5. 将 4 个球门嵌套在一个名为 Goals 的新的空游戏对象下。

现在，所有球门都建好了，可以开始使用了。

10.4.2　游戏控制器

完成游戏的最后一个要素是游戏控制器。该控制器将负责在每一帧检查每个球门，并确定 4 个球门何时都被标记为 solved。对于这个特定的游戏，游戏控制器非常简单。要创建游戏控制器，请执行以下步骤。

1. 在场景中添加一个空的游戏对象，把它移到某处去，将其重命名为 Game Manager。
2. 创建一个名为 GameManager 的脚本，并将代码清单 10.3 中的代码添加到其中。将脚本附加到游戏控制器上。
3. 选择 Game Manager 后，单击并将每个球门拖动到 Game Manager（脚本）组件上相应的属性中（见图 10.10）。

代码清单 10.3　游戏控制脚本

```
using UnityEngine;
public class GameManager : MonoBehaviour
{
    public GoalScript blue, green, red, orange;
```

```
    private bool isGameOver = true;
    void Update ()
    {
        // 如果4个球门都被标记为solved则游戏结束
       is GameOver = blue.isSolved && green.isSolved && red.isSolved &&
          orange.isSolved;
    }
void OnGUI()
    {
       if(isGameOver)
       {
           Rect rect = new Rect (Screen.width / 2 - 100, Screen.height /
             2 - 50, 200, 75);
           GUI.Box (rect, "Game Over");
           Rect rect2 = new Rect (Screen.width / 2 - 30, Screen.height /
             2 - 25, 60, 50);
           GUI.Label (rect2, "Good Job!");
         }
       }
}
```

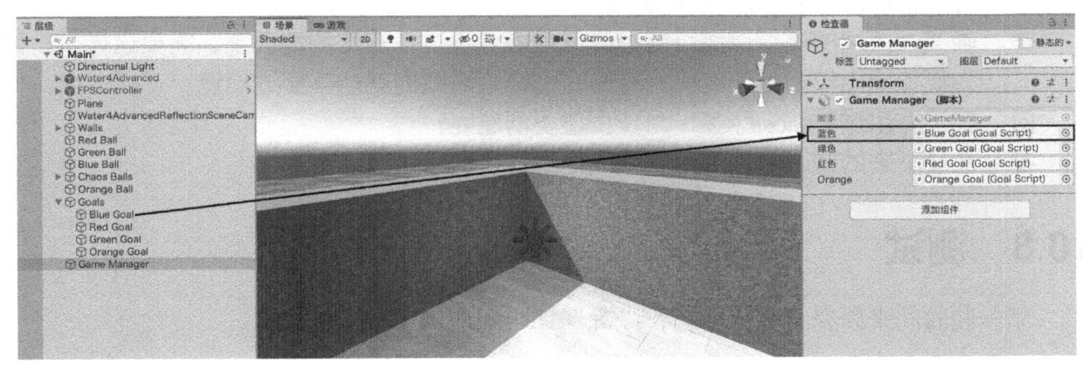

图 10.10 将球门添加到游戏控制器上

正如你在代码清单 10.3 所示的脚本中所看到的，游戏控制器对 4 个球门中的每一个都有一个引用。每一帧，控制器都会检查是否所有球门都标记为 solved。如果是，控制器将变量 `isGameOver` 设置为 `true`，并在屏幕上显示“game over”（游戏结束）的消息。

恭喜，Chaos Ball 现在完成了！

10.5 优化游戏

尽管 Chaos Ball 是一个完整的游戏，但它很难做到最好。这里省略了几个特性，它们可以极大地改进游戏玩法。之所以省略了它们，是为了使你可以试验游戏，并使之变得更好。在某种程度上，你可以说 Chaos Ball 现在是一个完整的原型。这是一个可玩的游戏示例，但它缺乏润色。我们鼓励你再从头开始阅读一遍本章的内容，并且寻找一些可以使游戏变得更好的方式。在你玩游戏时，可以自己思考以下问题。

- 游戏是太容易还是太难了？
- 什么会让它更容易或更难？
- 什么可以让游戏提供令人兴奋的因素？
- 游戏的哪些部分很有趣？游戏的哪些部分很乏味？

本章结束时的练习为你提供了一个改进游戏的机会，并添加了一些可以改进游戏的功能。请注意，如果出现任何错误，表示你错过了某些步骤。返回并仔细检查所有内容，以解决出现的任何错误。

10.6　总结

在本章中，你制作了 Chaos Ball 游戏。你首先设计了游戏，确定了概念、规则和需求。接着，你构建了舞台，知道了可以制作单个对象并复制它以节省时间。然后你创建了游戏角色、混沌球、彩色球、球门和游戏控制器。最后，你完成了游戏并思考了改进的方法。

10.7　问答

问　为什么对混沌球使用持续的碰撞检测？我认为这会降低性能。

答　确实，持续的碰撞检测可能会降低性能。不过，在这种情况下，需要这样做。因为混沌球比较小且速度快，有时它们在短时间内就能够穿过墙壁。

问　我没有用过 Chaos 标签，为什么还要创建呢？

答　在接下来的练习中你将用它来优化游戏。

10.8　测试

花一些时间来研究下面的问题，以确保你牢固地掌握了所学内容。

10.8.1　试题

1. 玩家怎样会输掉游戏？
2. 所有的球对象都会冻结在哪根轴上？
3. 判断题：球门利用 `OnTriggerEnter` 方法确定一个对象是不是正确的球。
4. 为什么省略了一些基本的特性？

10.8.2　答案

1. 玩家不会输掉游戏。
2. y 轴。
3. 正确。
4. 为了给读者提供一个添加它们的机会。

10.9 练习

自己制作游戏最好的一点就是你可以按照你想要的方式去制作。遵循指导可能是一种很好的学习体验，但你无法获得自定义游戏的满足感。在本练习中，你有机会修改Chaos Ball 游戏，使其更具独特性。如何修改完全取决于你自己。以下是一些建议。

1. 尝试添加一个按钮，允许玩家在游戏结束后再次玩游戏。(图形用户界面元素尚未涉及，但相关添加方法存在于第 6 章创建的 Amazing Racer 游戏中，看你是否能找到它。)
2. 尝试添加计时器，以便玩家知道赢得游戏需要多长时间。
3. 尝试添加混沌球的变体。
4. 尝试添加一个混沌球门，玩家需要将所有的混沌球弹入其中。
5. 尝试更改游戏角色的减震器的大小或形状。
6. 尝试用多种形状制作一个复杂的减震器。
7. 尝试将脚步声音频更改为跟水更为匹配的声音。
8. 尝试在舞台边界周围用地形、平面或其他游戏物体来覆盖水面。

第11章　预制件

本章你将会学到如下内容。

- 预制件的基础知识。
- 如何处理自定义的预制件。
- 如何在代码中实例化预制件。

预制件是一个复杂的对象，它通常被打包起来，这样用户就可以在不需要额外工作的情况下一次又一次地重新创建它。在本章中，你将学习关于预制件的所有知识。首先你将了解预制件的基础知识以及它可以做什么。接着，你将学习如何在Unity中创建预制件。然后，你将学习继承的概念。最后你将学习怎样通过编辑器和代码向场景中添加预制件。

11.1　预制件的基础知识

如前所述，预制件是一种特殊类型的资源，它打包了游戏对象。与仅作为单个场景的一部分存在的普通游戏对象不同，预制件被存储为资源。你可以在项目视图中看到预制件，并在许多场景中反复用它。你可以用预制件构建一个复杂的对象，例如敌人，以及使用它构建一支军队。你还可以使用代码创建预制件的副本，在运行时生成几乎无限数量的对象。最好的一点是可以把任何游戏对象或者游戏对象的集合放入预制件中，让一切都变成可能!

提示　思考练习

如果你在理解预制件的重要性方面遇到了困难，请考虑以下事项：在第10章中，你制作了游戏Chaos Ball，在制作游戏时，你必须制作一个混沌球并复制4次，如果你想同时更改所有混沌球，而它们却在场景或项目中的不同位置上，该怎么办?更改可能很困难，有时甚至令人望而却步。不过，预制件让它变得非常简单。

如果你在制作一个使用兽人敌人类型的游戏呢?同样，你可以先设置一个兽人，然后复制多次，但是如果你想在另一个场景中再次使用兽人呢?你必须在新场景中重新制作兽人。而如果兽人是一个预制件，那么它将是项目的一部分，并且可以在任意场景中再次使用它。预制件是Unity游戏开发的一个重要部分。

11.1.1　预制件的术语

你需要了解与预制件相关的特定术语。如果你熟悉面向对象编程的概念，可能会注意到一些相似之处。具体内容如下。

- 预制件（Prefab）：是基础对象。它仅存在于项目视图中，可以将其视为蓝图。
- 实例（Instance）：是场景中预制件的实际对象。如果预制件是汽车的蓝图，实例则是实际的汽车。如果场景视图中的一个对象被称为预制件，那么它实际上是一个预制件实例。预制件的实例（Instance of a Prefab）、预制件的对象（Object of a Prefab）和预制件的克隆体（Clone of a Prefab）都是一样的意思。
- 实例化（Instantiate）：是创建预制件实例的过程。实例化是一个动词，用法如下："我需要实例化这个预制件。"
- 继承（Inheritance）：与标准的程序设计中的继承不同。在这里，术语"继承"指的是预制件的所有实例用于链接到预制件本身的性质。在本章后面将更详细地介绍它。

11.1.2　预制件结构

无论你是否知道，你其实已经使用过预制件了。例如，你使用的 FPSController 资源其实是一个预制件。要将预制件实例化到场景中，只需在场景视图或层级视图中单击并将其拖动到位即可（见图 11.1）。

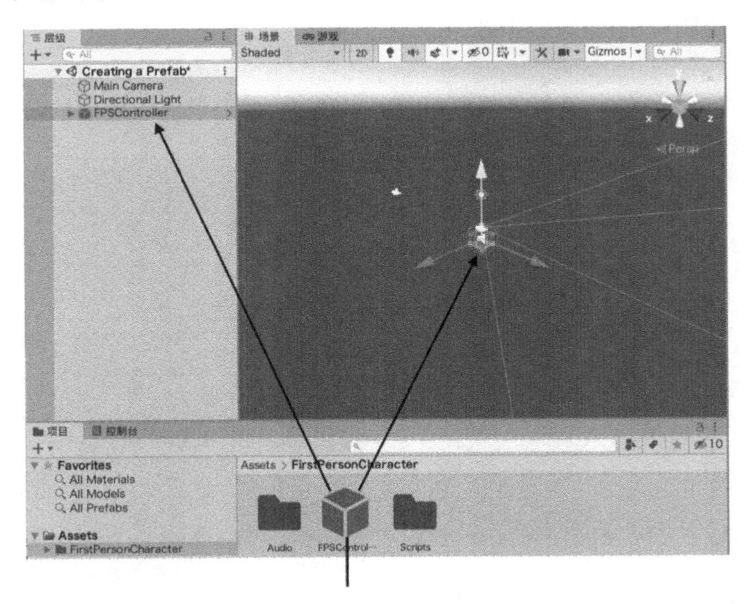

图 11.1　向场景中添加一个实例

查看层级视图时，可以知道哪些对象是预制件实例，因为它们会显示为蓝色，这可能是一个细微的色差，因此请注意。你还可以查看检查器视图的顶部来判断对象是否为一个预制件，如果你选中了一个预制件，将看到预制件控制组（见图 11.2）。

与非预制件的复杂对象一样，预制件的复杂实例在其名称的左侧也有一个箭头，单击该箭头时，会展开以显示所有子对象。修改这些子对象可能有点棘手，本章稍后将描述修改过程。

图 11.2　检查器视图中的预制件控制组

11.2　使用预制件

正如本章之前所讨论的，使用预制件是处理游戏对象的一种很好的方法。你可能希望在项目中创建自己的预制件。创建后，可能需要将其添加到场景中，或者修改它们。

11.2.1　新建预制件

使用提供的预制件是挺不错，但你可能希望创建自己的预制件。创建预制件是一个简单的过程：只需将任意游戏对象从层级视图向下拖动到项目视图中，就可以同时完成创建、命名、填充预制件的操作（见图 11.3）。

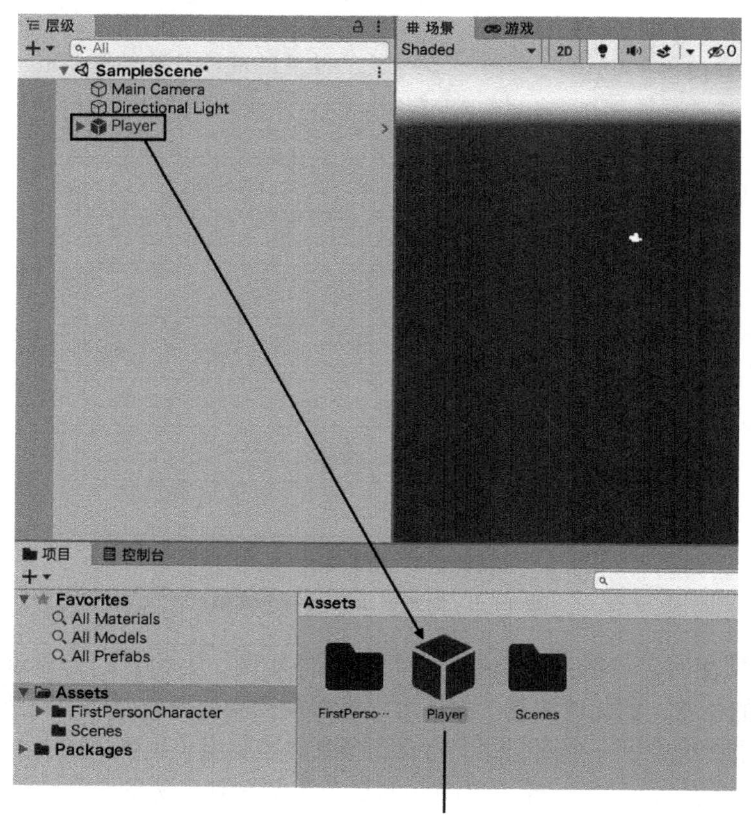

图 11.3　以一个游戏对象创建预制件

如果你正在用一个游戏对象创建一个预制件，而这个游戏对象已经是预制件，或者有其他预制件作为子对象（即预制件嵌套，本章稍后介绍），Unity 会询问你这是一个全新的预制件还是原始预制件的变体。

提示 预制件变体

当从已经是预制件或包含预制件的对象创建新的预制件时，Unity 为你提供了创建预制件变体的选项。当你想要拥有一个新的预制件子类型，该新类型同时包含指向原始预制件的链接时，预制件变体将非常有用。举个例子，假设你有一个兽人预制件，你还想要一个红色的兽人变体。这些红色兽人与普通兽人在所有方面几乎都是一样的，只是它们的统计数据或携带的武器可能略有不同。如果你把兽人和红色兽人制作成两个不同的预制件，当你修改兽人的一些基本特性时，你需要更新这两个预制件。然而，让红色兽人成为变体，你就只需要考虑红色兽人的不同之处，因为对普通兽人所做的更改也适用于红色兽人。

小记 预制件嵌套

预制件的工作流随着时间的推移而不断发展，如今实现了一个称为预制件嵌套的功能。嵌套意味着将一个预制件放置在另一个预制件中，同时保持与两个预制件的链接。例如，假设你有一个砖预制件。如果将来需要修改所有砖块（即砖预制件的实例），你需要将此砖块作为预制件进行维护。你还想用这些砖砌一堵墙，把它变成一个新的预制件，然后你就将拥有一个由其他预制件组成的预制件（嵌套后的预制件）。在本例中，如果打开墙预制件进行编辑，则可以进一步打开砖预制件进行编辑。依此类推，可以继续嵌套以创建越来越复杂的预制件。

▼自己上手

创建一个预制件

按照以下步骤创建一个复杂游戏对象的预制件，你将在本章后面使用它。（所以不要删除它！）

1. 新建项目或场景。将立方体和球体添加到场景中，将立方体重命名为Lamp（灯）。
2. 将立方体放置在 (0, 1, 0) 处，设置其缩放为 (0.5, 2, 0.5)，并为其添加 Rigidbody 组件。将球体放置在 (0, 2.2, 0) 处，为其添加点光源。
3. 单击层级视图中的球体并将其拖动到立方体上，以将球体嵌套在立方体中（见图 11.4）。
4. 在项目视图中的 Assets 文件夹下创建新文件夹，将其命名为 Prefabs。
5. 在层级视图中，单击 Lamp 对象（包含球体）并将其拖动到项目视图中。请注意，Unity 创建了一个看起来像灯的预制件。还要注意，层级视图中的立方体和球体将变为蓝色。此时，可以从场景中删除立方体和球体，因为它们现在包含在预制件中。

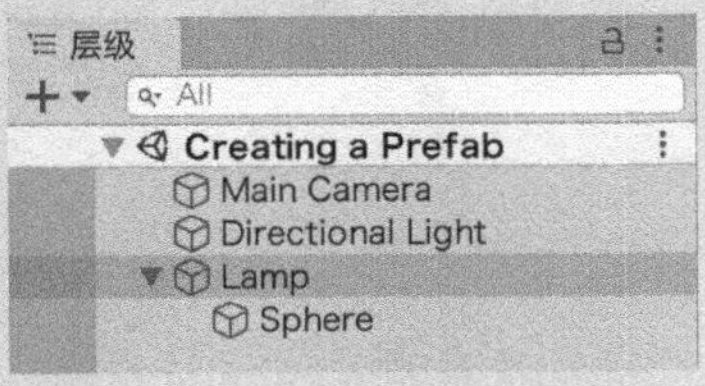

图 11.4 球体嵌套在立方体中

11.2.2　向场景中添加一个预制件实例

创建预制件资源后，可以根据需要多次将其添加到项目中的一个场景或任意数量的场景中。要将预制件实例添加到场景中，只需单击并将预制件从项目视图拖动到场景视图或层级视图中。实际上你已经做过很多次了，但现在你知道自己在做什么了。

如果将预制件拖动到场景视图中，会在拖动结束的位置实例化该预制件。如果将其拖动到层级视图的空白部分，则预制件的初始位置为预制件中设置的位置。如果将其拖动到层级视图中的另一个对象上，预制件将成为该对象的子对象。

▼自己上手

创建多个预制件实例

在“创建一个预制件”的练习中，你已经制作了一个 Lamp 预制件。这一次，你将使用该预制件在场景中创建许多灯光。请确保保存此处创建的场景，因为你将在本章稍后使用它。遵循以下步骤。

1. 在“创建一个预制件”的项目中创建一个新场景，并将其命名为 Lamps。
2. 创建平面并确保其位于 (0, 0, 0) 处，将其重命名为 Floor（地面）。可以的话，为其指定一个灰色材质，以便阴影在其上显示得更清晰。
3. 在场景视图中将 Lamp 预制件拖动到地板上。请注意灯光如何跟踪到地板的碰撞器。
4. 将 3 个以上的 Lamp 预制件拖动到地板上，并将其放置在角落附近（见图 11.5）。

（注意：你也可以右键单击场景中已有的预制件实例并复制它。以这种方式创建的每个新游戏对象也是原始预制件的实例。）

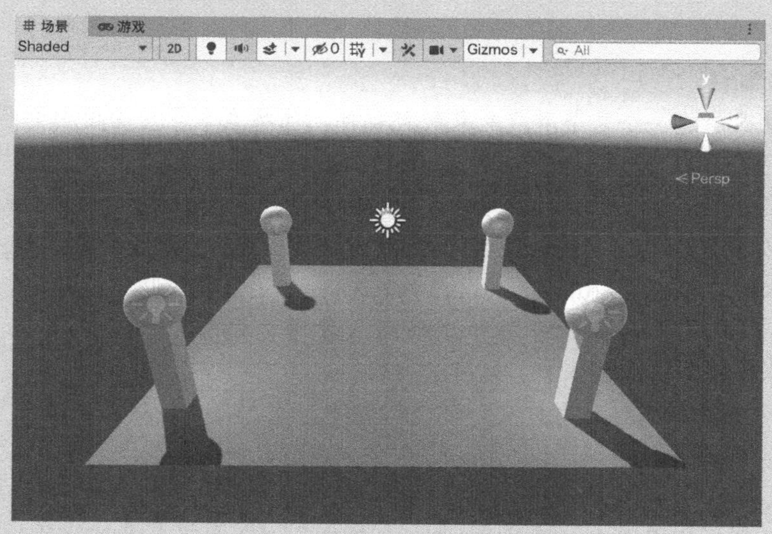

图 11.5　将 Lamp 放置到场景中

11.2.3 修改已有预制件

当术语“继承”与预制件一起使用时，它指的是预制件实例与预制件资源的链接。也就是说，如果更改预制件资源，预制件的所有实例也会自动更改。这非常有用。如果你在场景中放置了大量的预制件实例，它们都需要一点小小的改变，如果没有继承，你将不得不单独更改每一个。

可以通过以下两种方式来编辑预制件：一是在场景中编辑实例，然后将更改应用于预制件；二是在项目视图中打开预制件进行更改。

在场景中更改预制件的实例时，该实例将是唯一的。预制件的其他实例以及预制件本身不会反映这些更改。如果你希望你的更改影响一个预制件，从而影响该对象的所有预制件实例，需要告诉 Unity 如何应用它们。你可以通过选择实例并打开检查器中视图的“覆盖”下拉列表来实现这一点（见图 11.6）。然后，你可以选择应用所有更改、还原所有更改，或者单独选择要应用的更改和要还原的更改。

以上方法适用于将更改应用于游戏对象组件或将新游戏对象添加到预制件中。如果要从预制件中删除子对象或重新排序子对象，则需要打开预制件并进行编辑。你可以通过单击层级视图中预制件名称旁的向右箭头或打开预制件进行编辑来完成此操作。要打开预制件进行编辑，请在项目视图中选择预制件，然后在检查器视图中单击“打开预制件”按钮（见图 11.7）。Unity 将预制件加载到一个特殊视图中，允许你在不受干扰的情况下进行编辑（见图 11.8）。

图 11.6 应用或还原预制件更改

图 11.7 “打开预制件”按钮

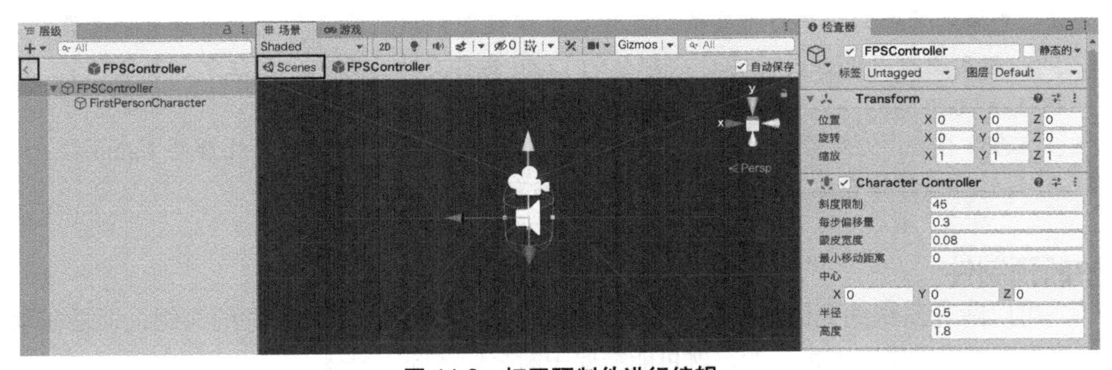

图 11.8 打开预制件进行编辑

编辑完预制件后，可以单击层级视图顶部的向左（后退）箭头或场景视图顶部的场景图标。如果进行了任何更改，系统将提示你选择保存或放弃这些更改。

▼ 自己上手

更新预制件

到目前为止，你已经创建了一个预制件，并向场景中添加了多个实例。现在，你有机会修改预制件，并查看它如何影响场景中已有的资源。对于本练习，应使用之前在“创建多个预制件实例”中创建的场景。如果尚未完成该步骤，需要在执行如下步骤之前完成。

1. 打开“创建多个预制件实例”练习中创建的 Lamps 场景。
2. 从项目视图中选择 Lamp 预制件并将其打开（在检查器视图中单击“打开预制件”按钮）。选择 Sphere 子对象。在检查器视图中，将 Light 组件的颜色更改为红色。
3. 关闭预制件并在提示时保存更改。（有关如何关闭预制件的提示，请参见图 11.8 左上方灰色框。）请注意场景中的预制件是如何自动更改的（见图 11.9）。

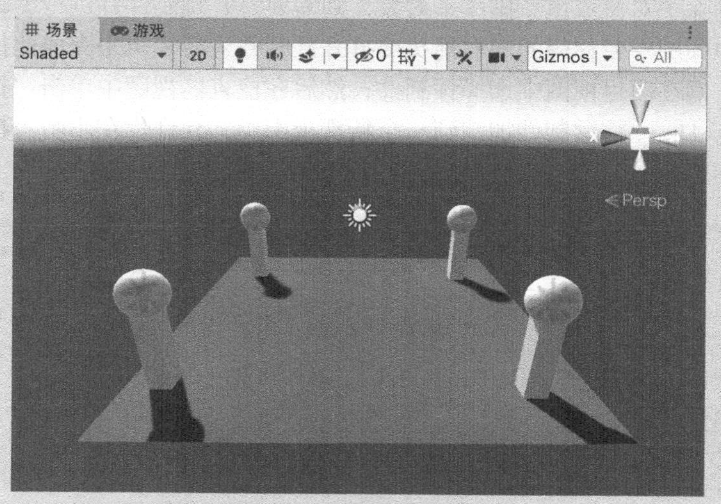

图 11.9　修改后的灯示例

4. 选择场景中的一个灯光实例。通过在层级视图中单击其名称左侧的箭头将其展开，然后选择 Sphere 子对象。将球体的 Light 组件更改为蓝色。请注意，其他预制件不会更改。
5. 选中 Lamp 父对象后，选择“覆盖”→“全部应用”以使用修改后的 Lamp 实例来更新预制件资源。请注意，所有实例都变为蓝色灯光。

中断预制件

可以断开预制件实例与预制件资源的链接。如果需要一个预制件的实例，但是在预制件改变时不希望实例也改变，就可能需要中断它们之间的链接。断开实例与预制件资源的链接不会以任何形式更改实例，实例仍然保留其所有对象、组件和属性。但是，它不再是预制件的实例，因此不再受继承的影响。

要断开实例与预制件资源的链接，只需在层级视图中的对象上右键单击，然后选择“预制件”→“解压缩”。此外，如果你想要断开预制件实例和作为游戏对象的子对象的所有预制件，可以右键单击对象并选择“预制件”→“完全解压缩”。游戏对象不会更改，但其名称会从蓝色变为黑色。

11.2.4 使用代码实例化预制件

将预制件放置到场景中是构建一致且有计划的关卡的一种很好的方法。但是，有时你希望在运行时创建实例。也许你希望敌人重生，或者希望他们被随机放置。你也可能需要很多实例，手动放置它们是不可行的。不管是什么原因，通过代码实例化预制件都是一个很好的解决方案。

有两种方法可以实例化场景中的预制件，它们都使用 `Instantiate` 方法。第一种方法如下。

```
Instantiate(GameObject prefab);
```

如你所见，此方法只需读取 `GameObject` 变量并复制它。

新对象的位置、旋转和缩放与要复制的对象的位置、旋转和缩放相同。使用 `Instantiate` 方法的第二种方法如下。

```
Instantiate(GameObject prefab, Vector3 position, Quaternion rotation);
```

此方法需要 3 个参数。第一个仍然是要复制的对象，第二个和第三个参数是新对象的位置和旋转。你可能已经注意到，旋转存储在称为四元数的东西中。四元数的实际应用超出了本章的讨论范围，你真正需要知道的是 Unity 是如何存储旋转信息的。

本章结束时的练习展示了在代码中实例化预制件的两种方法的示例。

11.3 总结

在本章中，你学习了 Unity 中预制件的相关知识。你首先学习了预制件的基础知识，包括概念、术语和结构。接着，你学习了创建自己的预制件，探索了如何创建它们、把它们添加到场景中、修改它们以及中断它们之间的链接。最后，你了解了如何通过代码实例化预制件。

11.4 问答

问 预制件似乎很像面向对象程序设计（Object Oriented Programming，OOP）中的类，这种说法准确吗？

答 是的，类与预制件之间有许多相似之处。它们都像蓝图，它们的对象都是通过实例化创建的，并且都链接到原型。

问 一个场景中可以有多少个预制件的实例？

答　可以根据需要具有许多个这样的实例。不过，要知道的是，在超过某个数字后，游戏的性能将会受到影响。每次创建一个实例时，它都将持久存在，直到销毁它为止。因此，如果创建 10000 个实例，场景中将有 10000 个实例同时存在。

11.5　测试

花一些时间来研究下面的问题，以确保你牢固地掌握了所学内容。

11.5.1　试题

1. 哪个术语是用于创建预制件资源的实例的?
2. 修改预制件资源的两种方式是什么?
3. 什么是继承?
4. 可以用多少种方式使用 `Instantiate` 方法?

11.5.2　答案

1. 实例化。
2. 可以通过项目视图修改预制件资源，也可以在场景视图中修改实例，并把它拖回到项目视图中的预制件资源上来修改它。
3. 继承是把预制件资源连接到其实例的链接。它实质上意味着当资源改变时，实例也会改变。
4. 两种。可以只指定预制件，也可以指定位置和旋转角度。

11.6　练习

在本练习中，你将再次使用本章前面部分制作的预制件。这一次，你将使用代码实例化预制件，希望你能从中获得一些乐趣。

1. 在 Lamp 预制件所在的相同项目中创建一个新的场景。在项目视图中单击 Lamp 预制件，并把它置于 (−1, 0, −5) 处。
2. 从场景中删除 Directional Light 对象。
3. 在场景中添加一个空的游戏对象，并将其重命名为 Spawn Point。将其定位在 (1, 1, −5) 处。将一个平面添加到场景中，并将其放置在 (0, 0, −4) 处，旋转角度为 (270, 0, 0)。
4. 向项目中添加脚本。将其命名为 PrefabGenerator（预制件生成器）并附加到 Spawn Point 对象上。代码清单 11.1 为 PrefabGenerator 脚本的完整代码。

代码清单 11.1　PrefabGenerator.cs

```
using UnityEngine;

public class PrefabGenerator : MonoBehaviour
```

```
{
    public GameObject prefab;

    void Update()
    {
        // 任何时候按B键，都会在预制件的原始位置生成新的预制件
        // 任何时候按Space键，都会在代码所挂载的Spawn Point对象的位置上生成新的预制件
        if (Input.GetKeyDown(KeyCode.B))
        {
            Instantiate(prefab);
        }

        if (Input.GetKeyDown(KeyCode.Space))
        {
            Instantiate(prefab, transform.position, transform.rotation);
        }
    }
}
```

5. 选中 Spawn Point，把 Lamp 预制件拖动到 Prefab Generator 组件的 Prefab 属性上。现在运行场景。注意：按 B 键将在默认的预制件位置创建一盏灯，而按 Space 键则会在复活点创建一个对象。

第12章　2D游戏工具

本章你将会学到如下内容。

- 正交摄像机如何运作。
- 如何在3D空间中放置精灵。
- 如何移动或碰撞精灵。

Unity是一个制作2D和3D游戏的强大平台。纯2D游戏中，所有资源都是简单的平面图像，称为精灵（Sprite）。在3D游戏中，资源是应用了2D纹理的3D模型。通常，在2D游戏中，游戏角色只能在两个维度上移动（例如左、右、上、下）。本章旨在帮助你了解在Unity中创建2D游戏的基础知识。

12.1　2D游戏的基础知识

2D游戏的设计原则与3D游戏的相同，你仍然需要考虑游戏的概念、规则和需求。制作2D游戏有其利弊。一方面，2D游戏简单且制作成本更低；另一方面，2D游戏的局限性可能使某些类型的游戏无法进行。2D游戏是由称为精灵的图像构建的。这有点像儿童舞台表演中的纸板剪纸。你可以移动它们，将它们放在彼此前面，并使它们进行交互，以创建一个丰富的环境。

创建新的Unity项目时，可以选择2D或3D（见图12.1）。选择2D会将场景视图默认为2D模式，并使用正交摄像机（本章稍后讨论）。关于2D项目，你会注意到的另一件事是场景中没有Directional Light或天空盒。事实上，2D游戏通常没有灯光，因为精灵是由一种称为精灵渲染器（Sprite Renderer）的简单渲染器绘制的。与纹理不同，照明通常不会影响精灵的绘制方式。不过，如果你想了解的话，可以自行查看新的2D照明功能。

提示　2D游戏的挑战

2D游戏带来了独特的设计挑战，举例如下。

1. 缺乏深度，难以实现沉浸式的效果。
2. 很多游戏类型无法很好地转换为2D模式。
3. 2D游戏通常没有灯光，因此必须仔细绘制和安排精灵。

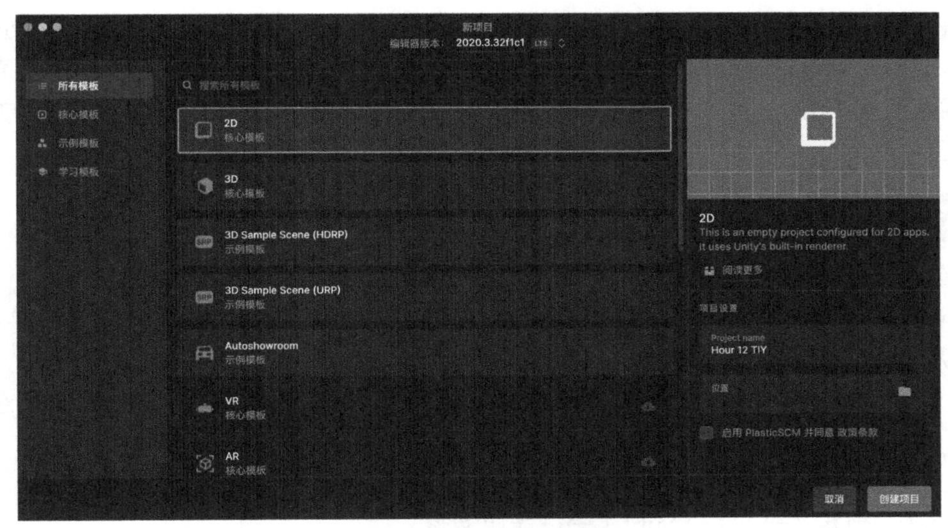

图 12.1　将项目设置为 2D

2D场景视图

打开 2D 设置的项目可看到其场景视图已是 2D 模式。要在 2D 和 3D 视图之间进行转换，请单击场景视图顶部的 2D 按钮（见图 12.2）。进入 2D 模式时，控制 3D 显示视角的场景小工具将消失。

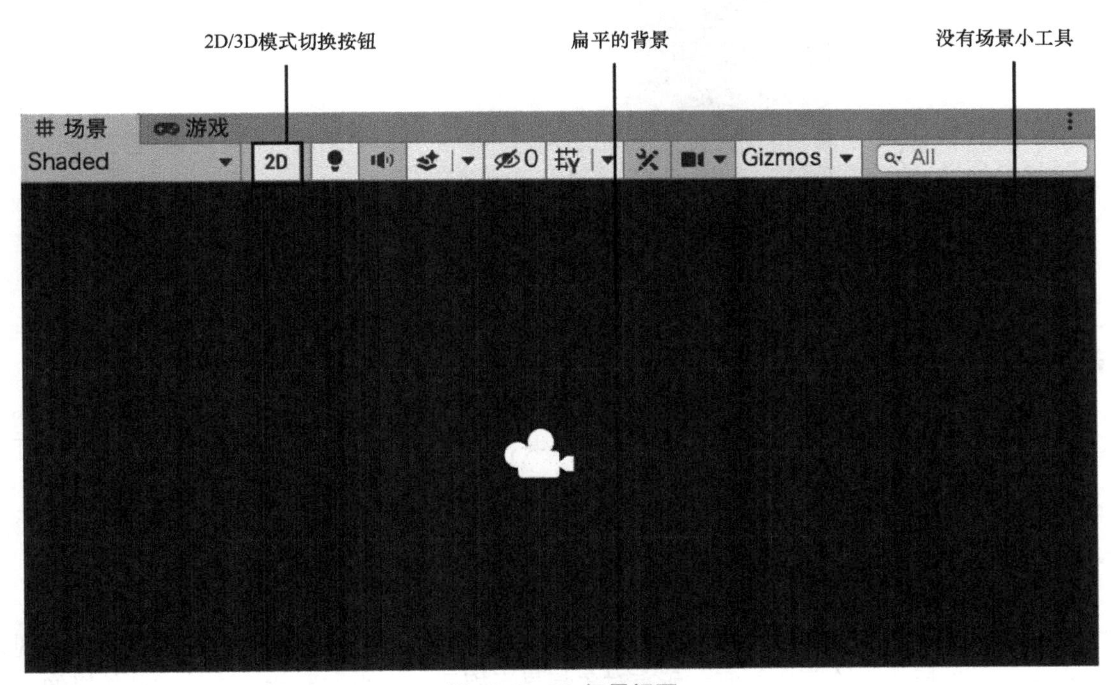

图 12.2　2D 场景视图

在场景中按住鼠标右键（或按住鼠标中键）并拖动鼠标，可以在 2D 模式下四处移动。你可以使用鼠标滚轮进行缩放，也可以使用触摸板上的滚动手势缩放。你可以使用背景网格来确定自己的方向。你不再具有场景小工具，也不需要它了。2D 模式下的场景方向不会改变。

▼ 自己上手

创建并放置一个精灵

本章稍后你将学习导入和使用精灵。现在，你只需按照如下步骤创建一个简单的精灵并将其添加到场景中。

1. 创建一个新项目并选择 2D（参见图 12.1）。现在项目已设置为 2D 模式。（请注意，2D 游戏中没有 Directional Light。）
2. 将新文件夹添加到项目中，并将其命名为 Sprites。在项目视图中右键单击，然后选择“创建”→ 2D → Sprites →“等距菱形”。
3. 将新创建的菱形精灵拖动到场景视图中。请注意检查器视图中的 Sprite Renderer 组件。
4. 使用 Sprite Renderer 组件将精灵的颜色从白色更改为其他颜色（见图 12.3）。

图 12.3　菱形精灵

提示　矩形变换工具

如第 2 章“游戏对象”中所述，矩形变换工具非常适合操作矩形（有角的）精灵。可以在 Unity 编辑器的左上角访问此工具，也可以按 T 键访问。有精灵的时候，可以试着用用这个工具。

12.2　正交摄像机

由于将项目设置为 2D 模式，因此摄像机默认为正交类型。这意味着摄像机不会出现透视失真；相反，无论距离如何，所有对象都显示相同的大小和形状。这种类型的摄像机适用于 2D 游戏，在 2D 游戏中，你可以通过精灵的大小和排序图层（Sorting Layer）控制精灵的显示深度。

排序图层允许你确定哪些精灵和精灵组在前面绘制。想象你正在搭建一个舞台。需要背景道具在前景道具后面。如果你正确地从前到后排序精灵，并选择适当的大小，则可以让人感受到深度。

单击 Main Camera 在检查器视图中查看摄像机类型，并将投影设置为正交（见图 12.4）。（其余摄像机设置在第 5 章中已介绍。）

提示　正交摄像机的大小

通常，你希望一次性更改场景中所有精灵的相对大小，而无须分别调整它们的大小。如果摄像机没有考虑深度，你可能想知道如何做到这一点，因为你不能把它们靠近摄像机。

在这种情况下，需要使用检查器视图中的大小属性（见图 12.4），该属性仅对正交摄像机显示。这是从摄像机视图中心到顶部的世界单位值。这可能看起来很奇怪，但它与纵横比等值有关。本质上，较大的数字会缩小精灵，而较小的数字会将其放大。

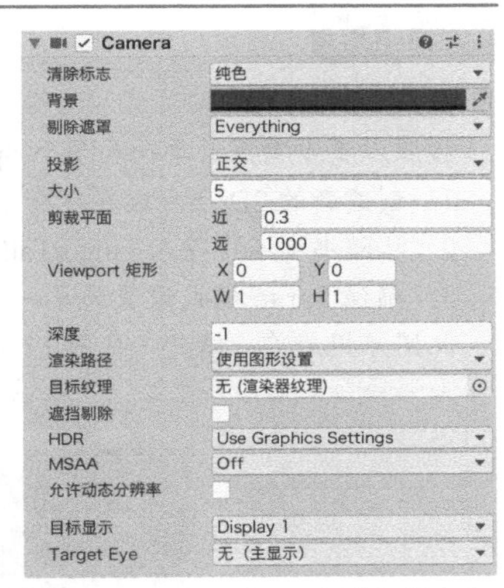

图 12.4　设置一个正交摄像机的大小

12.3　添加精灵

向场景添加精灵是一个非常简单的过程。将精灵图像导入项目中（同样非常简单）后，只需将其拖动到场景中即可。

12.3.1　导入精灵

如果你想使用自己的图像作为精灵，你需要确保Unity知道它是精灵。下面是导入精灵的方法。

1. 在随书资源 Hour 12 Files 中找到 ranger.png 文件（或使用你自己的图像）。

2. 将图拖动到 Unity 的项目视图中。如果创建了 2D 项目，它将作为精灵导入。如果你制作的是 3D 项目，你需要将纹理类型设置为 Sprite（2D 和 UI）来告诉 Unity 将其用作精灵（见图 12.5）。

3. 将精灵拖动到场景视图中就可以了。请注意，如果场景视图未处于 2D 模式，则创建的精灵不一定位于 z 轴的 0 点处（像其他精灵一样）。

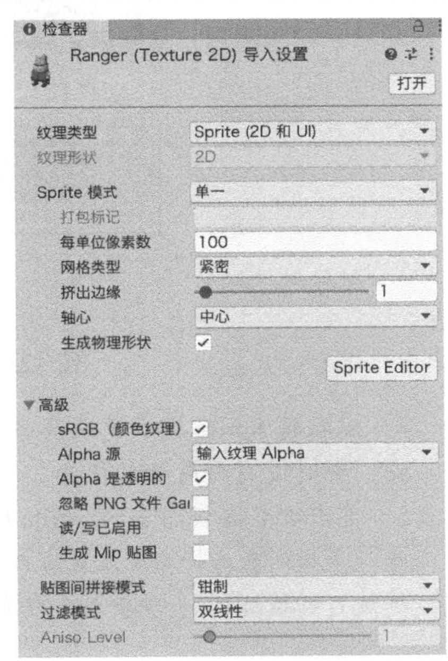

图 12.5　将一个图像转变为精灵

12.3.2 Sprite模式

当你开始制作动画时，乐趣才真正开始。Unity为使用精灵表单提供了一些强大的工具。精灵表单是一个图像，其中包含网格中放置的动画的多个帧。

Sprite编辑器（Sprite Editor）（稍后将进行探索）可帮助你从单个图像中自动提取数十个或数百个不同的动画帧。

▼自己上手

探索Sprite模式

按照以下步骤探索单一和多个Sprite模式之间的差异。

1. 创建新的2D项目或在现有2D项目中创建一个新场景。
2. 从随书资源中导入rangerTalking.png或使用你自己的精灵表单。
3. 确保Sprite模式设置为单一，并在项目视图中展开精灵托盘，以确保Unity将此图像视为单一精灵（见图12.6）。

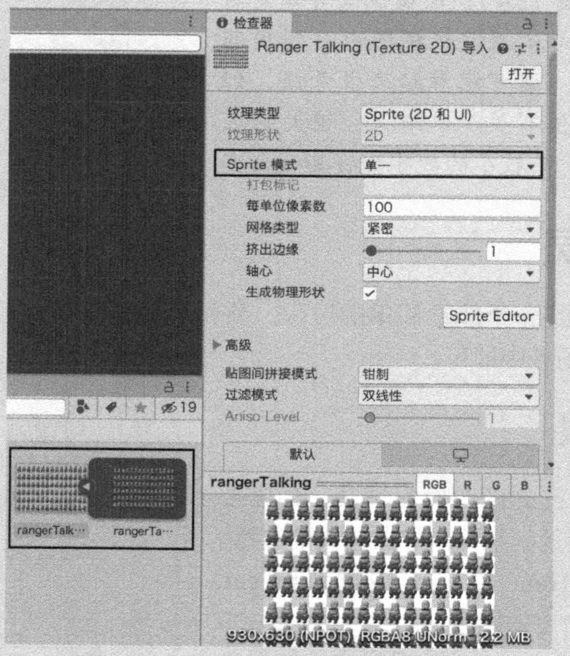

图12.6 导入精灵并设置为单一模式

4. 现在将Sprite模式更改为多个，然后单击检查器视图底部的"应用"按钮。注意，暂时没有要展开的托盘。
5. 单击检查器视图中的Sprite Editor按钮，将会弹出Sprite编辑器窗口。打开"切片"下拉列表，将类型设置为自动，然后单击"切片"按钮（见图12.7）。请注意，轮廓是自动检测的，但每个帧的轮廓都不同。

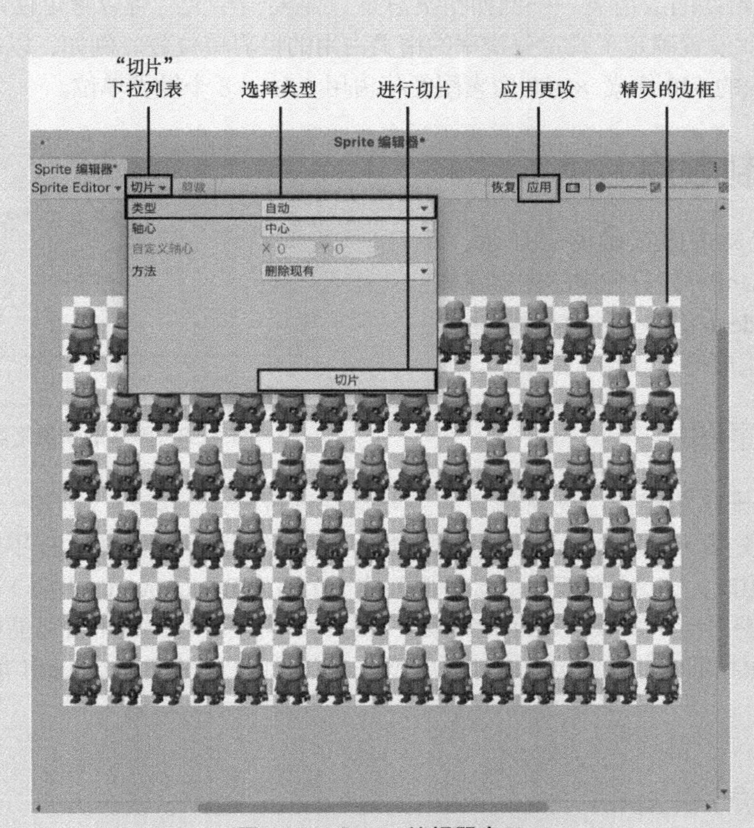

图 12.7 Sprite 编辑器窗口

6. 将类型设置为 Grid By Cell Size（根据单个精灵尺寸进行网格切分）并调整网格大小以适合精灵。对于提供的图像，网格值为 x=62 和 y=105。保持其他设置不变，然后单击"切片"按钮。请注意，现在边界更加均匀。
7. 单击"应用"按钮保存更改并关闭 Sprite 编辑器窗口。
8. 在项目视图中查看精灵，注意托盘现在包含所有帧，为制作动画做好了准备。

提示 精灵表单动画

探索 Sprite 模式中演示了如何导入和配置精灵表单。如前所述，精灵表单通常用于 2D 动画，你将在第 17 章中了解基于精灵的动画。

12.3.3 导入精灵大小

如果需要缩放精灵图像以使其大小匹配，有两个方法。修改精灵大小问题的最佳方法是在 Photoshop 等图像编辑软件中打开精灵并进行修改。不过，你可能没有这样的能力（或时间）。另一个方法是在场景中使用缩放工具。不过，这样可能效率不是很高，还可能导致某些奇怪的缩放结果。

如果需要始终缩放精灵——例如精灵总是只需要一半大，可以考虑使用每单位像素数导入设置。此设置确定了既定分辨率的精灵占用的世界单位数。例如，以每单位像素数设置 100，导入的 640 像素 ×480 像素图像将占用 6.4×4.8 个世界单位。

12.4　绘制顺序

为了让精灵按照正确图层显示，不被彼此遮挡，Unity 有一个排序图层系统。它由 Sprite Renderer 组件上的两个属性控制：排序图层和图层顺序（见图 12.8）。

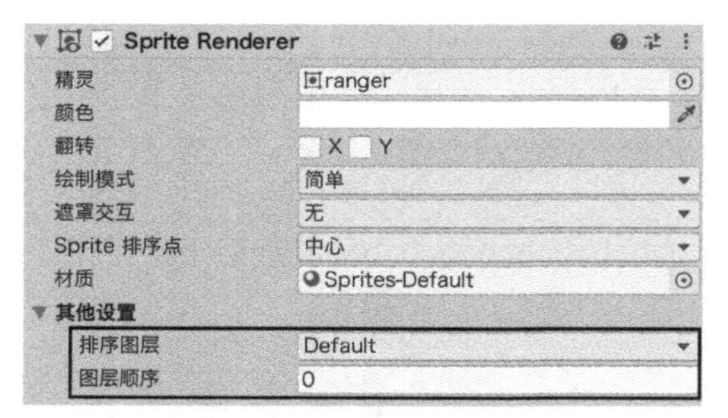

图 12.8　默认的精灵图层属性

12.4.1　排序图层

可以使用排序图层按深度对精灵的主要类别进行分组。第一次创建一个新项目时，只有一个排序图层，称为 Default（参见图 12.8）。假设你有一个简单的 2D 平台游戏，背景由山、树和云组成。在这种情况下，你需要创建一个名为 Background（背景）的排序图层。

你可能需要另一个图层来进行能量激活、生成子弹等，地面或平台可能位于该层。最后，如果你想用精细的前景精灵来增加深度感，可以把它们放在 Foreground（前景）图层中。

▼自己上手

创建排序图层

按照以下步骤创建新的排序图层并将其分配给精灵。

1. 创建新项目并从随书资源 Hour 12 Files 中导入 Sprites.unitypackage。
2. 找到精灵 BackgroundGreyGridSprite 并将其拖动到场景中。将其位置设置为 (−2.5, −2.5, 0)，并将其缩放至 (2, 2, 1)。
3. 打开 Sprite Renderer 组件的“排序图层”下拉列表，选择 Add Sorting Layer（添加排序图层），添加新的排序图层（见图 12.9）。

图 12.9　添加新的排序图层

4. 单击排序图层下面的“+”按钮，添加两个名为 Background 和 Player 的新图层（见图 12.10）。请注意，列表中最下面的一层，即 Player，将在最后绘制，因此将出现在游戏中所有其他游戏角色的前面。最好将默认图层移到底部，以便在其他图层的顶部绘制新项目。

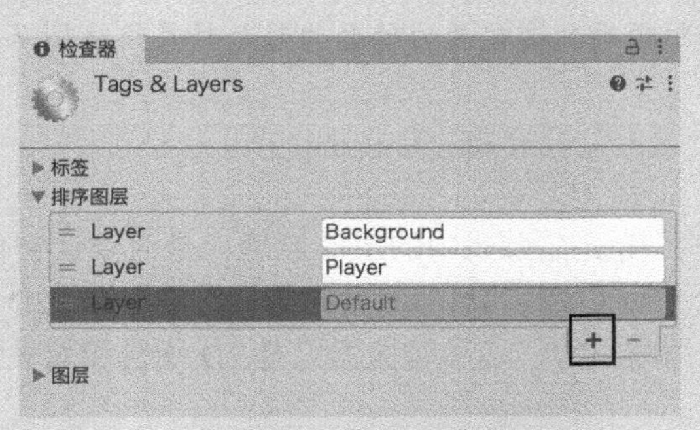

图 12.10 管理排序图层

5. 重新选择 BackgroundGreyGridSprite 对象，并将其排序图层设置为新创建的 Background。
6. 在项目视图中，搜索精灵 RobotBoyCrouch00 并将其拖动到场景中，将其定位在 (0, 0, 0) 处。
7. 将此精灵的排序图层设置为 Player（见图 12.11）。请注意，游戏角色对象会绘制在背景的前方。现在，请尝试返回到 Tags&Layers 管理器（选择“编辑”→“项目设置”→“标签和图层”）以重新排列图层，让背景绘制在游戏角色对象后方。

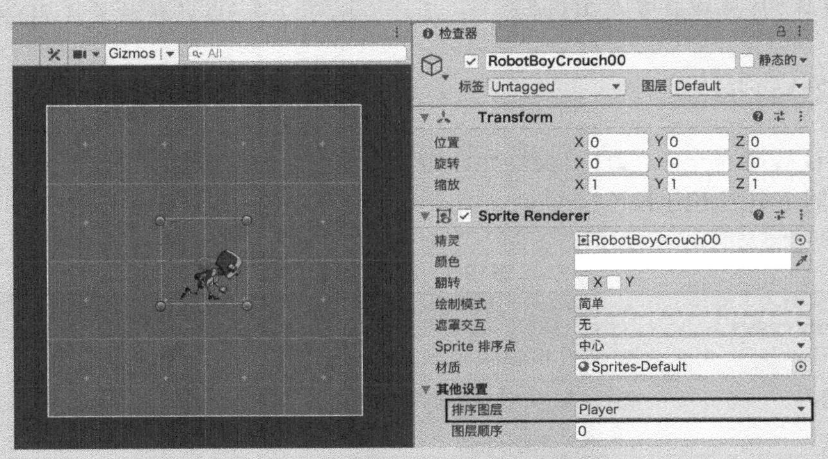

图 12.11 设置一个精灵的排序图层

12.4.2 图层顺序

定义主要图层并将其指定给精灵后，可以使用图层顺序属性微调绘制顺序。这是一个简单的优先级系统，较高的数字会绘制在较低的数字的图层前方。

注意　精灵丢失

刚开始的时候，精灵完全丢失是很常见的。这通常是因为精灵位于较大的元素后面或摄像机后面。

你还可能发现，如果忘记在图层属性中设置“排序图层”和“图层顺序”，*z* 轴深度可能会影响绘制顺序。这就是为什么为每个精灵设置图层很重要。

12.5　2D物理

现在，你已经了解了精灵在游戏中的工作原理，是时候让它们移动从而增添一些趣味了。Unity 拥有强大的 2D 物理工具，可以集成一个名为 Box2D 的系统。就像在 3D 游戏中一样，你可以将刚体与重力、各种碰撞器以及 2D 平台和驾驶游戏的特定物理特性一起使用。

12.5.1　2D刚体

Unity 有一种用于 2D 的独特类型的刚体。此物理组件与 3D 组件具有许多相同的特性，你已经见过了。为游戏选择了错误类型的刚体或碰撞器是一个常见的错误，因此请小心并确保使用的是“添加组件”→“2D 物理”中的选项。

提示　混合物理类型

2D 物理和 3D 物理可以同时存在于同一场景中，但它们不会相互影响。此外，还可以将 2D 物理放置在 3D 对象上；反之，也可以将 3D 物理放置在 2D 对象上。

12.5.2　2D碰撞器

就像 3D 碰撞器一样，2D 碰撞器允许游戏对象在接触时彼此交互。Unity 附带了一系列 2D 碰撞器（见表 12.1）。

表12.1　2D碰撞器

2D碰撞器	描　述
2D 圆形碰撞器	具有固定半径和偏移量的圆形
2D 盒状碰撞器	宽度、高度和偏移量可调的矩形
2D 区域碰撞器	不需要闭合的分段线
2D 胶囊碰撞器	具有偏移、大小和方向的胶囊形状
复合碰撞器 2D	一种特殊的碰撞器，由几个基本碰撞器组合而成，将几个基本碰撞器转换为一个碰撞器
2D 多边形碰撞器	有 3 条或更多条边的闭合多边形

▼ 自己上手

让两个精灵碰撞

按照以下步骤，通过一些 2D 方块的试验来查看 2D 碰撞器的效果。

1. 创建一个新的 2D 场景，并确保 Sprites.unitypackage 已导入。
2. 在 Assets\Sprites 文件夹中找到精灵 RobotBoyCrouch00，并将其拖动到层级视图中。确保精灵位于 (0, 0, 0) 处。
3. 添加一个 Polygon Collider 2D（2D 多边形碰撞器）组件（选择“添加组件”→“2D 物理”→“2D 多边形碰撞器”）。请注意，此碰撞器大致符合精灵的轮廓。
4. 复制此精灵，并将副本向下和向右移动到 (0.3, −1, 0) 处。这样上面的精灵掉下来可以碰到它。
5. 为了使上面的精灵有重力，选中该精灵并添加 Rigidbody 2D（2D 刚体）组件（选择“添加组件”→“2D 物理”→“2D 刚体”），最终设置见图 12.12。
6. 播放场景并注意其表现。这个过程和结果就和使用 3D 物理是一样的。

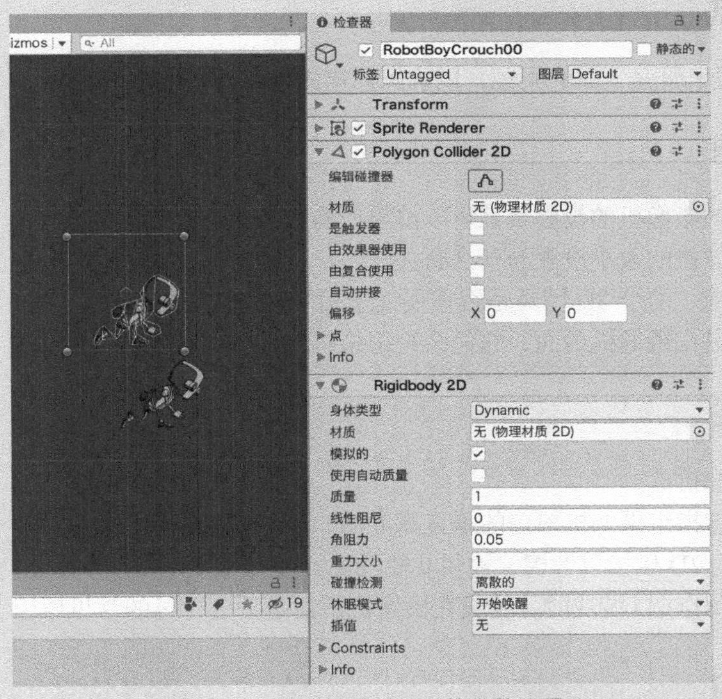

图 12.12 选中上面精灵后的完整设置

小记 2D 碰撞器和深度

如果在 3D 场景视图中查看 2D 碰撞器，你可能会发现 2D 碰撞器有一点奇怪，它们不需要处于相同的 z 轴深度就能进行碰撞，它们的碰撞只在 x 轴和 y 轴位置起作用。

12.6 总结

在本章中，你已经了解了 Unity 中 2D 游戏的基础知识。你首先加深了对正交摄像机的理解，以及了解了在 2D 游戏中深度是如何工作的。接着，你制作了一个简单的 2D 对象对其进行移动和碰撞，这是许多 2D 游戏的基础。

12.7 问答

问 Unity 对制作 2D 游戏来说是合适的选择吗？

答 是的，Unity 有一套很棒的 2D 游戏制作工具。

问 Unity 能否将 2D 游戏部署和移动到其他平台？

答 当然，Unity 的核心优势之一是能够相对轻松地部署到多个平台。2D 游戏也不例外，许多非常成功的 2D 游戏都是通过 Unity 制作的。

12.8 测试

花一些时间来研究下面的问题，以确保你牢固地掌握了所学内容。

12.8.1 试题

1. 什么样的摄像机的投影属性可以渲染所有对象而不产生透视失真？
2. 正交摄像机的大小设置与什么有关？
3. 为了碰撞，两个 2D 精灵是否需要处于相同的 z 轴深度？
4. 如果精灵在摄像机后面，它们会被渲染吗？

12.8.2 答案

1. 正交摄像机。
2. 大小设置指定摄像机覆盖的垂直高度的一半，以世界单位指定。
3. 不需要。2D 碰撞只考虑 x 轴和 y 轴位置。
4. 不会。制作 2D 游戏时，精灵在摄像机后面是丢失精灵的常见原因。

12.9 练习

在本练习中，你将使用一些 Unity 标准资源，可以查看将精灵与一些动画、一些角色控制脚本和一些碰撞器结合时可以实现的效果。

1. 在现有项目中创建新的 2D 项目或新场景。
2. 从随书资源 Hour 12 Files 中导入 2DAssets.unitypackage 文件。
3. 在 Assets\2D Assets\prefabs 中找到 CharacterRobotBoy，并将其拖动到层级视图中。将其位置设置为 (3, 1.8, 0)。请注意，此预制件在检查器视图中会包含许多组件。

4. 在 Assets\2D Assets\Sprites 中找到 PlatformWhitePrite，并将其拖动到层级视图中。将其位置设置为 (0, 0, 0)，并将缩放设置为 (3, 1, 1)。添加一个 Box Collider 2D 组件，让游戏角色不会从地板上摔下来。

5. 复制此平台游戏对象。将副本放置在 (7.5, 0, 0) 处，将其旋转到 (0, 0, 30) 处以生成小坡，然后将其缩放到 (3, 1, 1) 处。

6. 将 Main Camera 移至 (11, 4, −10) 处，并将其大小调整为 7。最终设置见图 12.13。

7. 播放场景。使用箭头键移动、Space 键跳跃。

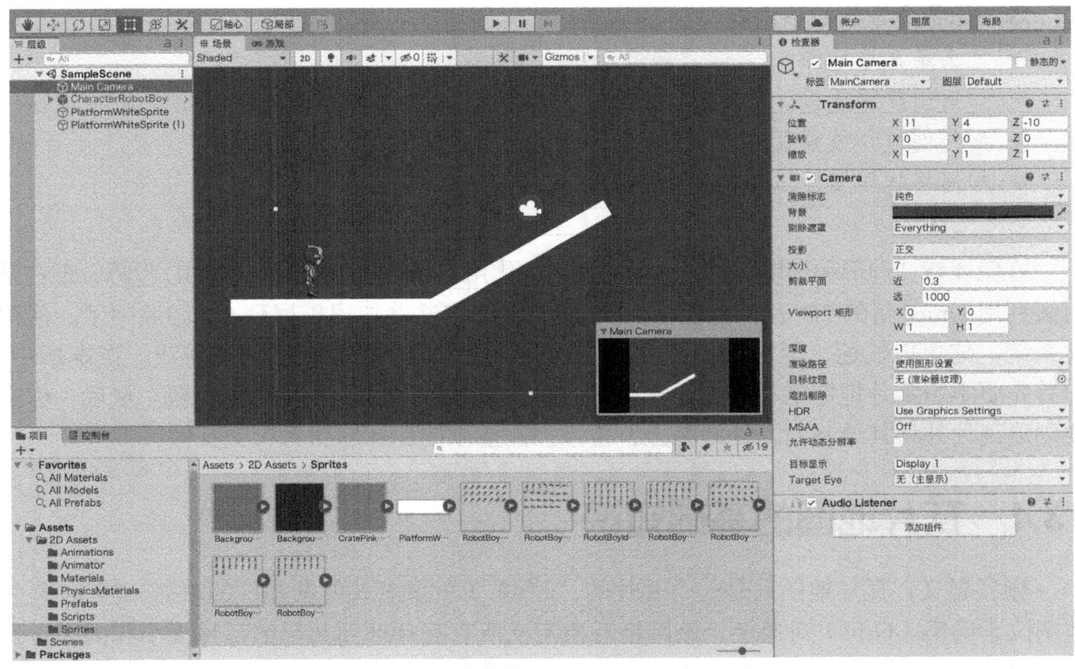

图 12.13 练习的设置

第13章　2D瓦片地图

本章你将会学到如下内容。

- 什么是瓦片地图。
- 如何创建调色板。
- 如何创建和放置瓦片。
- 如何将物理属性添加到瓦片地图。

在第4章“地形和环境”中，你学习了如何使用Unity的地形系统创建3D世界，现在是时候利用Unity新的2D瓦片地图（Tilemap）系统将这些知识扩展到2D游戏中了。使用此系统，你可以快速、轻松地创建世界，以获得更有趣、更有吸引力的游戏。在本章中，你首先要学习瓦片地图的相关知识。接着，你会试验用于放置瓦片的调色板。最后，你需要创建瓦片并将其绘制到瓦片地图上，再添加碰撞以使瓦片地图具有交互性。

13.1　瓦片地图的基础知识

顾名思义，瓦片地图只是一个瓦片的“映射”（就像老式位图是位的映射一样）。瓦片地图位于网格（Grid）对象上，该网格对象定义所有瓦片地图共用的瓦片大小和间距。瓦片是用于绘制世界的单一精灵元素。瓦片会放置在调色板上，调色板用于将瓦片绘制到瓦片地图上。这看起来可能步骤很多，但它基本上是一种“绘制、调色板、画笔、画布”类型的设置，使用过程是非常自然的。

瓦片地图用于2D游戏。虽然它们在技术上可以用于3D游戏，但以这种方式使用它们不会非常有效。将精灵表单与瓦片地图结合使用也是一个好主意。你可以创建一张包含各种环境部件的图纸，然后轻松地将其转换为瓦片。

13.1.1　创建一个瓦片地图

在场景中可以有任意多个瓦片地图，你经常会发现自己创建了几个瓦片地图并将它们分层。此方法允许你为视差效果等设置背景、中景和前景瓦片地图。（视差是指在左右移动时，背景的移动速度似乎比前景的移动速度慢，给人一种3D的感觉。）要在场景中创建瓦片地图，可以选择“游戏对象”→“2D对象”→“瓦片地图”，然后选择所需的类型。当前支持矩形、六角形和等距瓦片地图。Unity向场景中添加了两个名为Grid和Tilemap的游戏对象（见图13.1）。

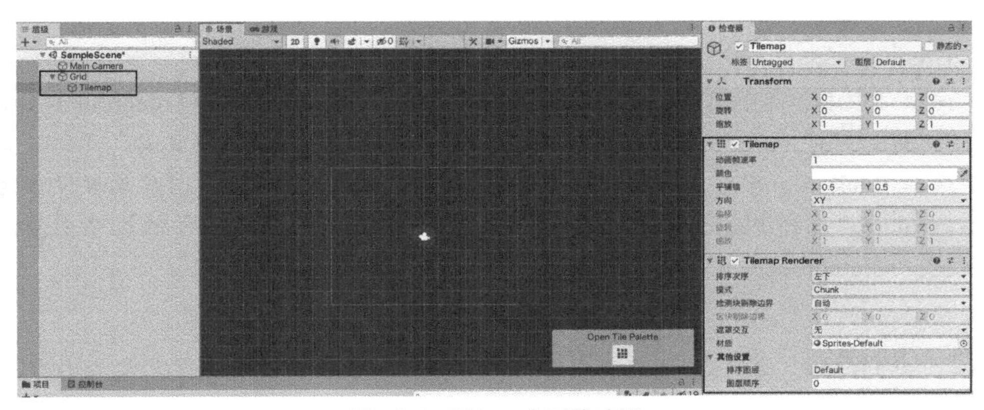

图 13.1　添加一个瓦片地图

Tilemap 对象有两个值得注意的组件：Tilemap 和 Tilemap Renderer（瓦片地图渲染器）。Tilemap 组件涉及瓦片放置、定位位置和整体着色。Tilemap Renderer 组件允许你指定排序图层，以便确保瓦片地图以正确的顺序绘制。

▼ 自己上手

向场景添加一个瓦片地图

在本练习中，将向场景添加一个瓦片地图。请保存此场景，因为稍后你将更多地使用它。遵循以下步骤。

1. 新建一个 2D 项目。创建一个名为 Scenes 的新文件夹，并将场景保存到其中。
2. 选择“游戏对象”→“2D 对象”→“瓦片地图”→“矩形”，将瓦片地图添加到场景中。
3. 将 Tilemap 重命名为 Background（因为最终该瓦片地图将成为场景的背景）。
4. 要创建另一个瓦片地图而不创建另一个网格，请右键单击层级视图中的 Grid 对象，然后选择“2D 对象”→“瓦片地图”→“矩形”（见图 13.2）。将该瓦片地图重命名为 Platforms（平台）。

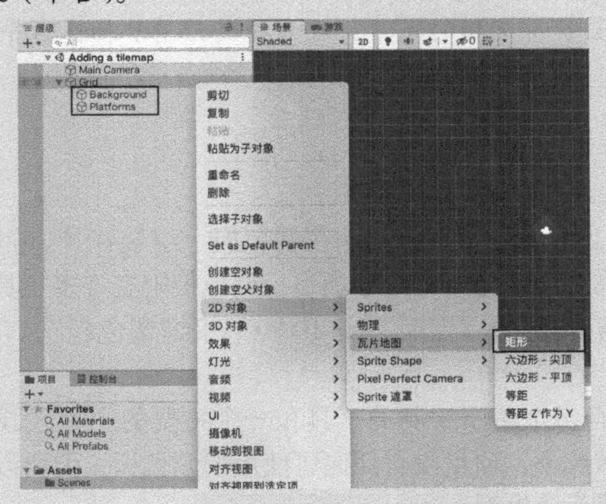

图 13.2　从层级视图添加一个瓦片地图

5. 向项目中添加两个新的排序图层，并将其命名为 Background 和 Foreground。（如果不记得如何将排序图层添加到项目中，请查看第 12 章“2D 游戏工具”。）

6. 选择 Background 瓦片地图并将 Tilemap Renderer 组件的排序图层属性设置为 Background。选择 Platforms 瓦片地图，并将 Tilemap Renderer 组件的排序图层属性设置为 Foreground。

13.1.2　网格

正如你在本章前面部分所看到的，向场景添加瓦片地图时，也会得到一个 Grid 对象（见图 13.3）。其包含的 Grid 组件管理所有类似的瓦片地图中常见的设置。具体而言，Grid 组件管理瓦片地图的单元格大小和单元格间隙。因此，如果所有瓦片地图都需要相同的大小，那么只需要一个网格，所有瓦片地图都可以放在下面。否则，需要使用多个网格来管理多个瓦片地图大小。请注意，默认单元格大小为 1。（这些信息以后会变得很重要，所以一定要记住。）最后，可以在 Grid 组件中设置单元格布局属性，以指定子瓦片地图是矩形、六角形还是等距的。尝试更改该设置以查看结果。

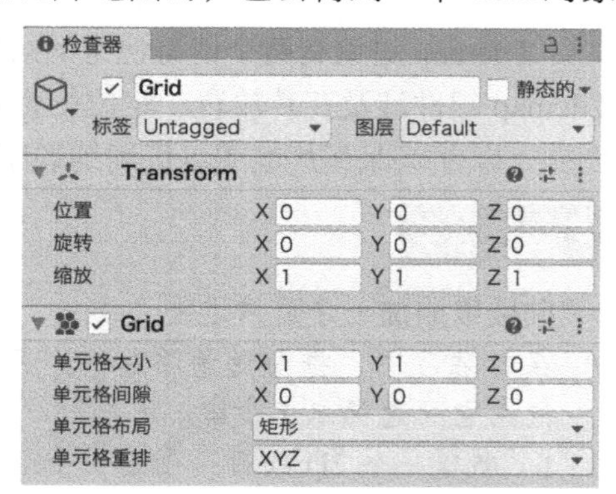

图 13.3　Grid 对象

提示　有角度的瓦片地图

通常，瓦片地图是相互对齐的。然而它们不必如此。如果希望其中一个瓦片地图具有一定角度，只需在场景视图中旋转该瓦片地图即可。你甚至可以移动瓦片地图以偏移其位置获得交错的瓦片，或者将其沿着 z 轴往后平移以获得内置的视差效果。

13.2　调色板

为了在瓦片地图上绘制瓦片，需要先在调色板上组装瓦片。你可以将调色板视为画家的调色板，在这里你可以进行所有绘画项目。调色板附有许多工具，它们可帮助你精确塑造你认为合适的世界。选择“窗口”→ 2D →“平铺调色板”，可以访问平铺调色板，如图 13.4 所示。

平铺调色板视图有多个用于绘制的工具和一个主要的中间区域，所有瓦片都在该区域中进行布局。默认情况下，项目没有任何可使用的调色板，但可以通过单击“创建新调色板”下拉列表来创建新调色板。

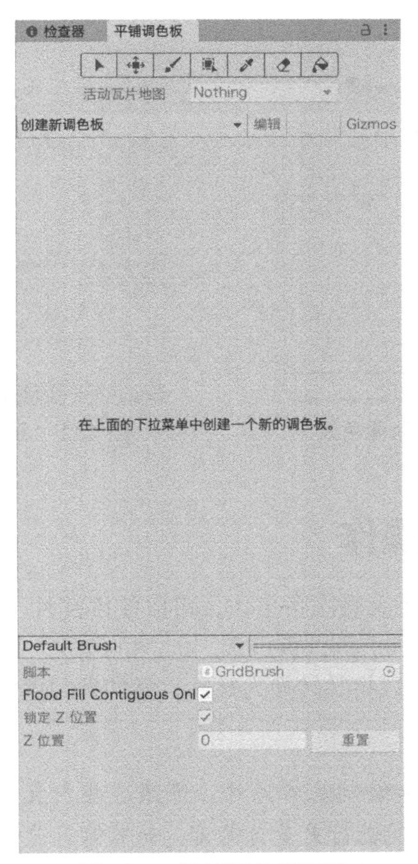

图 13.4 平铺调色板视图

▼自己上手

创建调色板

现在可以向项目添加几个调色板了。你将使用“向场景添加一个瓦片地图”练习中的项目，因此，如果你还没有完成该项目，请立即继续并完成它。请保存场景，因为稍后你将更多地使用它。准备创建调色板时，请执行以下步骤。

1. 打开“向场景添加一个瓦片地图”练习中的场景，并打开平铺调色板视图（选择“窗口”→2D→“平铺调色板”），并将其放置在检查器视图旁边（参见图 13.4）。
2. 通过“创建新调色板”下拉列表添加调色板，并将调色板命名为 Jungle Tiles（雨林瓦片）。其余调色板属性保持默认设置（见图 13.5）。单击“创建”按钮。
3. 在出现的 Create Palette into Folder 对话框中，创建一个新文件夹，将其命名为 Palettes，然后单击 Choose（选择）按钮。
4. 重复步骤 2 和步骤 3，创建另一个名为 Grass Tiles（草瓦片）的调色板。完成后，在“调色板”下拉列表中应该有两个调色板，在“活动瓦片地图”下拉列表中应该有两个瓦片地图（见图 13.6）。

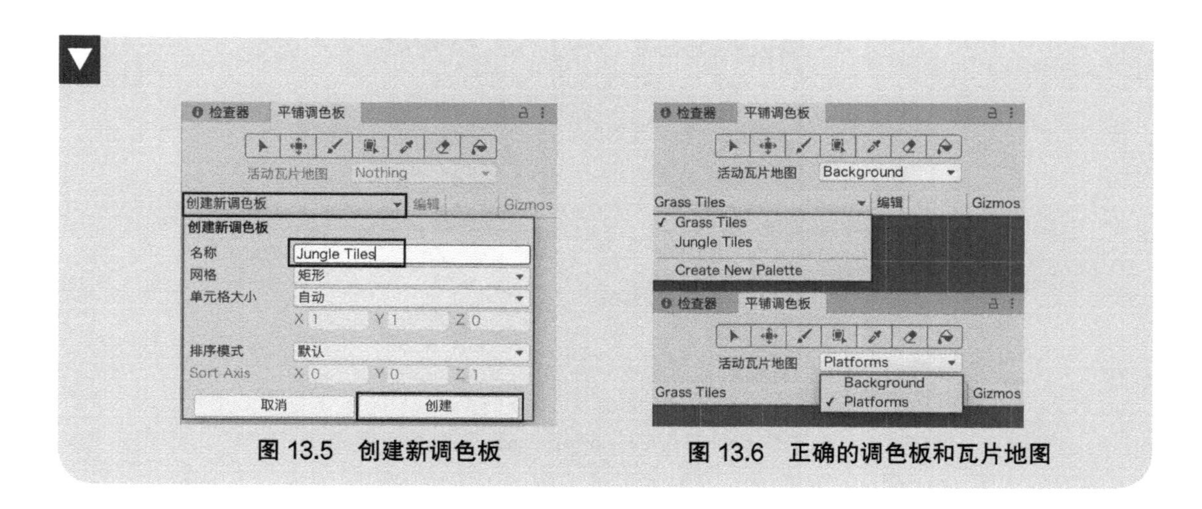

图 13.5　创建新调色板

图 13.6　正确的调色板和瓦片地图

13.3　瓦片的相关操作

到目前为止，你已经做了大量准备工作，可以使用瓦片了。现在是时候开始制作用来绘制的瓦片了。其实，瓦片是专门配置用于瓦片地图的精灵。瓦片精灵同样也可以用作常规精灵。导入并配置精灵后，可以将其转换为瓦片，添加到调色板，然后绘制到瓦片地图上。

小记　自定义瓦片

在本章里，你将使用和绘制基本瓦片。虽然这些内置瓦片选项中已经有大量功能，但可以使用 2D 瓦片功能进行更多自定义。如果你想进一步利用你的专业知识创建动画瓦片、智能瓦片，甚至是带有内置游戏对象逻辑的自定义瓦片，你可以看看 Unity 的 2D Tilemap Extras 资源包。可以通过包管理器访问它，但首先需要启用预览包［选择“编辑”→“项目设置”→“包管理器”→Enable Preview Packages（允许预览资源包）］。然后，在包管理器中，选择新的 2D Tilemap Extras 包并单击 Install 按钮（见图 13.7）。

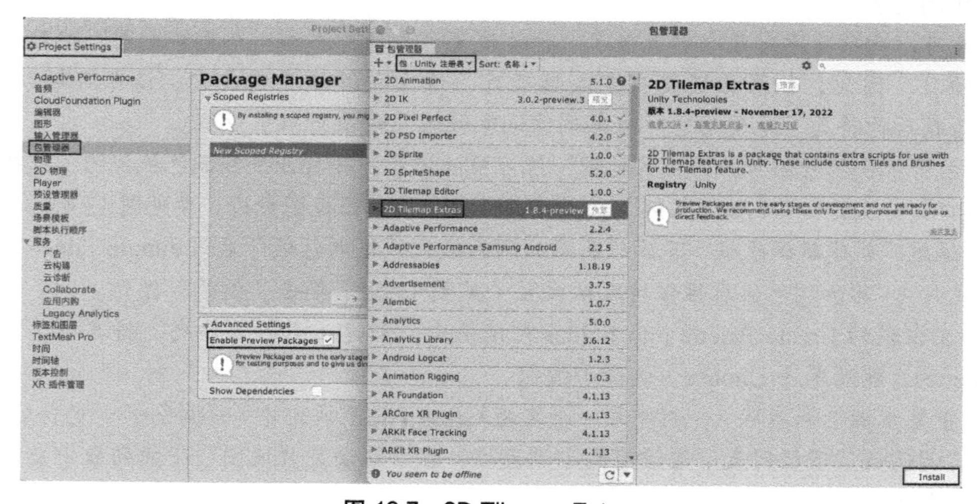

图 13.7　2D Tilemap Extras

13.3.1 配置精灵

要准备用作瓦片的精灵，你不需要做很多事情。有如下两个主要步骤。

1. 确保精灵的每单位像素数属性配置与网格的单元大小属性完全相同。(稍后你将了解更多信息。)

2. 将精灵切片（假设它们在精灵表单中），以便周围有尽可能少的额外空间。在可能的情况下，最好使瓦片周围没有空白的空间。

准备用作瓦片的精灵的第一步可能看起来很复杂，但实际上相当简单。例如，在本章中，你将使用具有多个瓦片的精灵表单，这些瓦片是 64 像素乘以 64 像素（因为美术师就是这样制作的）。由于网格的单元大小属性是 1 个单位乘以 1 个单位，因此需要将每单位像素数属性设置为 64。这样，精灵中的每 64 个像素将等于 1 个单位，即单元大小。

13.3.2 创建瓦片

一旦你的精灵准备好了，就可以创建瓦片了。只需要将精灵拖动到平铺调色板视图中的正确调色板上，然后选择要保存生成瓦片的位置。原始精灵保持不变。将创建引用原始精灵的新瓦片资源。

▼自己上手

配置精灵并创建瓦片

本练习将演示如何配置精灵并使用它们制作瓦片。你将使用本章前面部分创建的项目，因此，如果你还没有完成“创建调色板”练习，请继续并跟上进度。如果你忘记了如何完成这些步骤中的任何一步，你可以倒回去复习第 12 章。请保存此场景，因为稍后你将经常使用它。遵循以下步骤。

1. 打开“创建调色板”练习中创建的场景，创建一个新文件夹并将其命名为 Sprites。在随书资源 Hour 13 Files 中找到两个精灵 GrassPlatform_TileSet 和 Jungle_Tileset，并将它们拖动到新创建的 Sprites 文件夹中。

2. 在项目视图中选择 GrassPlatform_Tileset 精灵，并在检查器视图中查看其属性。将 Sprite 模式设置为多个，并将每单位像素数设置为 64。单击“应用”按钮。

3. 打开 Sprite 编辑器，单击以打开左上角的“切片”下拉列表。将类型设置为 Grid By Cell Size，并将像素大小的 X、Y 都设置为 64（见图 13.8）。

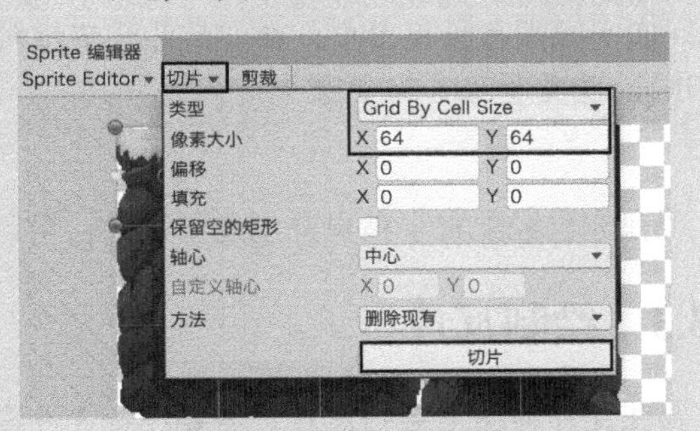

图 13.8 将精灵表单切片

4. 单击“切片”按钮，然后单击“应用”按钮。最后关闭 Sprite 编辑器。
5. 对 Jungle_Tileset 精灵重复步骤 2 ~ 4。不过，这个精灵比草瓦片大一点，所以请将每单位像素数和像素大小属性的 X、Y 都设置为 128。
6. 确保平铺调色板视图已打开并放置在检查器视图旁边。另外，请确保“瓦片”下拉列表中选中了 Grass Tile。将 GrassPlatform_Tileset 精灵拖动到平铺调色板视图的中心区域（见图 13.9）。

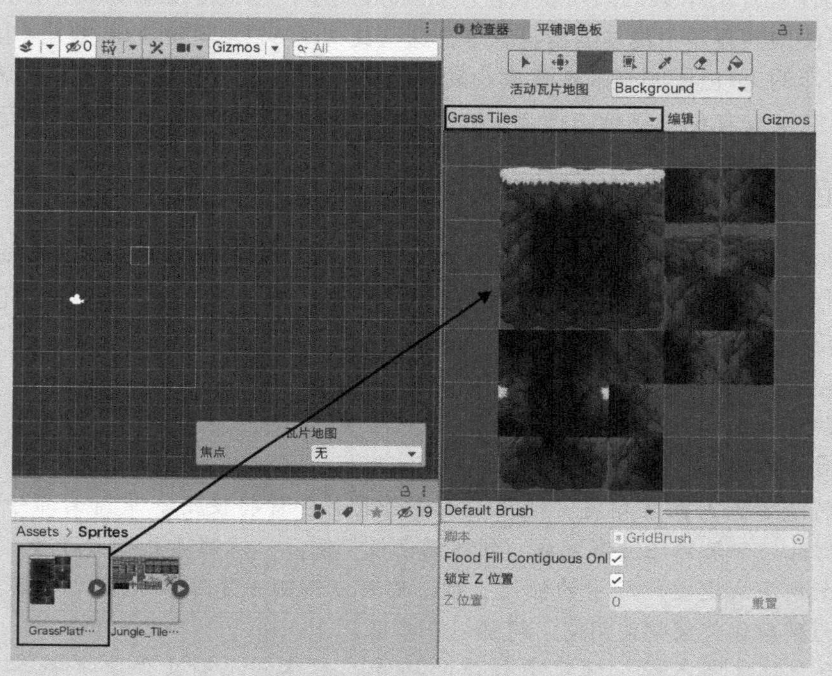

图 13.9 将精灵应用为瓦片

7. 在出现的 Generate tiles into folder（在文件夹中生成瓦片）对话框中，创建一个新文件夹，将其命名为 Tiles，然后单击 Choose 按钮。
8. 在平铺调色板视图中，在“瓦片”下拉列表中选择 Jungle Tiles，然后对 Jungle_Tileset 重复步骤 6 和步骤 7。

现在你已经配置了精灵并创建了瓦片，可以开始绘制了！

13.3.3 绘制瓦片

要在瓦片地图上绘制瓦片，需要注意 3 件事：选择的瓦片、活动瓦片地图和选择的工具（见图 13.10）。选择要绘制的瓦片时，可以单击单个瓦片，也可以拖动以选取多个瓦片，如果要绘制一组组合在一起的瓦片（例如复杂的屋顶），此方法非常有用。

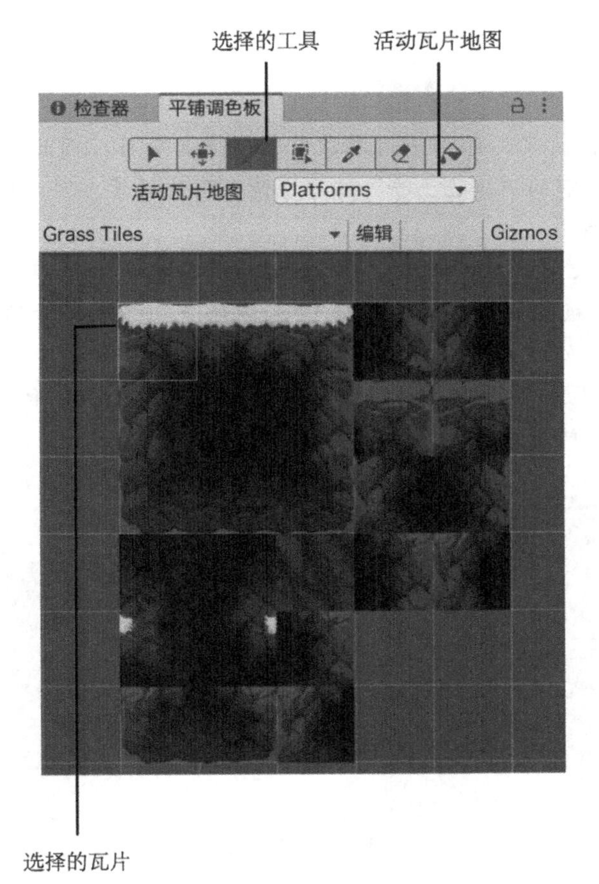

图 13.10　准备绘制

准备好后，在场景视图中单击以开始在瓦片地图上绘制。表 13.1 列出了平铺调色板视图中显示的工具（从左到右）。

表13.1　平铺调色板工具

工　具	描　述
选择（Select）	在瓦片地图上选择一个瓦片或一组瓦片
移动（Move）	将瓦片地图上的选定内容从一个位置移动到另一个位置
绘制（Paint）	将当前高亮显示的瓦片（在调色板上）绘制到活动瓦片地图上。单击并拖动以一次绘制多个瓦片。绘制时按住 Shift 键可将此工具与擦除工具切换。绘制时按住 Ctrl 键（Mac 上为 Command 键）可将此工具与选择器工具切换
矩形（Rectangle）	在瓦片地图上绘制矩形，并用当前高亮显示的瓦片填充它
选择器（Picker）	从瓦片地图中选择要绘制的瓦片（而不是在调色板上高亮显示）。此工具可加快绘制重复的复杂瓦片组的速度
擦除（Eraser）	从活动瓦片地图中删除一个或一组瓦片
填充（Fill）	使用当前高亮显示的瓦片填充区域

▼自己上手

绘制瓦片

是时候开始绘制瓦片了。你将使用本章前面创建的项目，因此，如果你还没有完成，请继续进行所有的“自己上手”练习。请保存此场景，因为稍后你将经常使用它。遵循以下步骤。

1. 打开之前在“配置精灵并创建瓦片”练习中创建的场景。
2. 打开平铺调色板视图，选择 Jungle Tiles 调色板，并确保活动瓦片地图设置为 Background。
3. 选择瓦片并在场景视图中绘制它们（见图 13.11）。继续选择瓦片并绘制，直到创建出你喜欢的丛林背景。

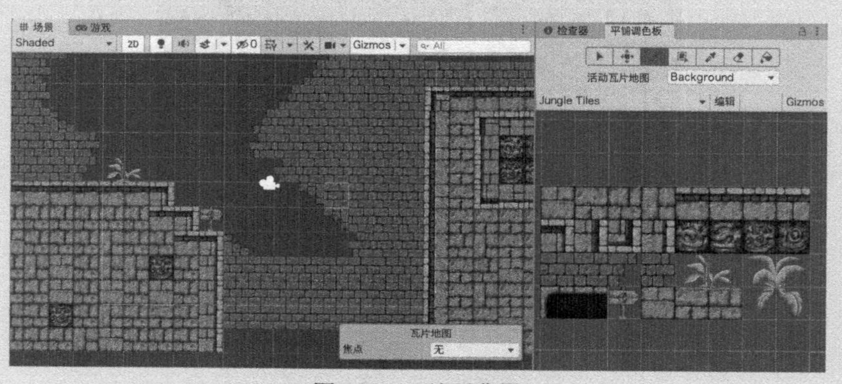

图 13.11 绘制背景

4. 切换到 Grass Tiles 调色板，并将活动瓦片地图更改为 Platforms。
5. 给平台绘制一些草地。你很快就会将这些平台与角色控制器一起使用，因此请确保游戏角色可以在其上跳跃（见图 13.12）。

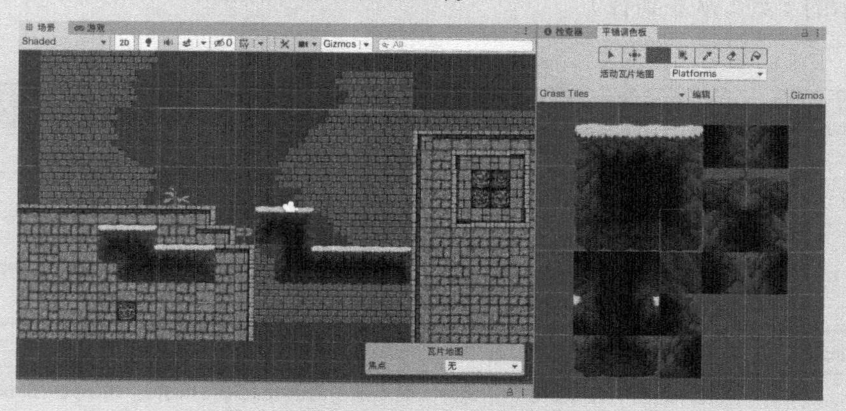

图 13.12 完成的关卡

提示 增强控制

有几个快捷键可以帮助你查找和绘制正确的瓦片。首先，平铺调色板视图使用与

2D 场景视图相同的导航控件。这意味着你可以使用鼠标滚轮进行缩放，也可以按住鼠标右键并拖动鼠标进行平移。绘制瓦片时，可以旋转和翻转瓦片以生成新的有趣设计。在绘制瓦片之前，可使用 [和]（中括号）键旋转瓦片。还可以使用 Shift+[键水平翻转瓦片，使用 Shift+] 键垂直翻转瓦片。你可以在 Unity 用户手册网站上搜索“在瓦片地图上绘制”，以找到有关瓦片绘制的快捷键的更多信息。

13.3.4 自定义调色板

你可能已经注意到，调色板并没有以最方便的方式进行精确的布局。当你通过将精灵拖动到调色板上来创建瓦片时，Unity 以一种简单但不一定直观的方式放置它们。幸运的是，你可以自定义调色板以满足你的需要。只需单击平铺调色板视图中的“编辑”按钮（见图 13.13），然后使用调色板工具绘制、移动或修改你认为合适的瓦片。你甚至可以创建同一瓦片的多个副本，旋转或翻转它们以方便绘制。

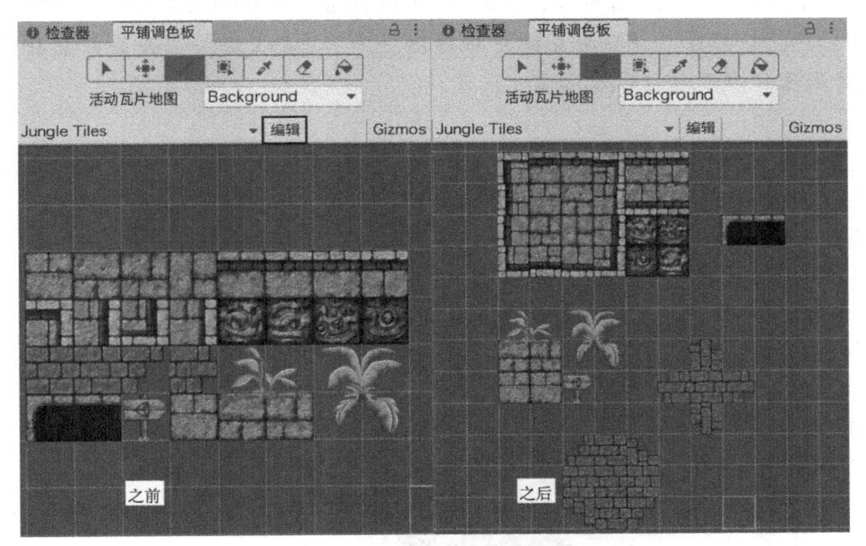

图 13.13 编辑平铺调色板

13.4 瓦片地图和物理属性

现在，你已经学会了在瓦片地图上绘制以创建全新的 2D 关卡。然而，如果你真的尝试玩这些关卡，你会发现你的游戏角色会从地板上掉下来。下面将学习如何将碰撞器与这些新的瓦片地图结合使用。

13.4.1 瓦片地图碰撞器

你可以通过在瓦片地图周围手动放置盒状碰撞器来向关卡添加碰撞，但这过于麻烦。实际上，可以通过 Tilemap Collider 2D（瓦片地图碰撞器 2D）组件自动处理碰撞。除了专门为瓦片地图工作外，这些碰撞器的功能与你在前几章使用的任何其他碰撞器一样。只需选择要进行碰撞的瓦片地图，然后选择“添加组件”→“瓦片地图”→“瓦片地图碰撞器 2D”，将碰撞器添加为组件。

▼ 自己上手

添加一个 Tilemap Collider 2D 组件

现在，你可以通过向平台添加碰撞器来完成本章一直在处理的场景。你将使用之前创建的项目，因此，如果你还没有完成，请继续并赶上进度。然后执行以下步骤。

1. 打开“绘制瓦片”练习中创建的场景，导入随书资源 Hour 13 Files 中的 2DAssets.unitypackage。
2. 找到 CharacterRobotboy 预制件（位于文件夹 Assets\2D Assets\prefabs 中）并将其拖动到场景中，放置在平台上方。你可能需要将预制件的缩放更改为 (1, 1, 1)。
3. 运行你的场景，注意机器人正好从地上掉下来。退出播放模式。
4. 选择 Platforms 瓦片地图对象，然后添加 Tilemap Collider 2D 组件（选择“添加组件”→“瓦片地图”→“瓦片地图碰撞器 2D”）。请注意，碰撞器放置在每个单独的瓦片周围（参见图 13.14）。

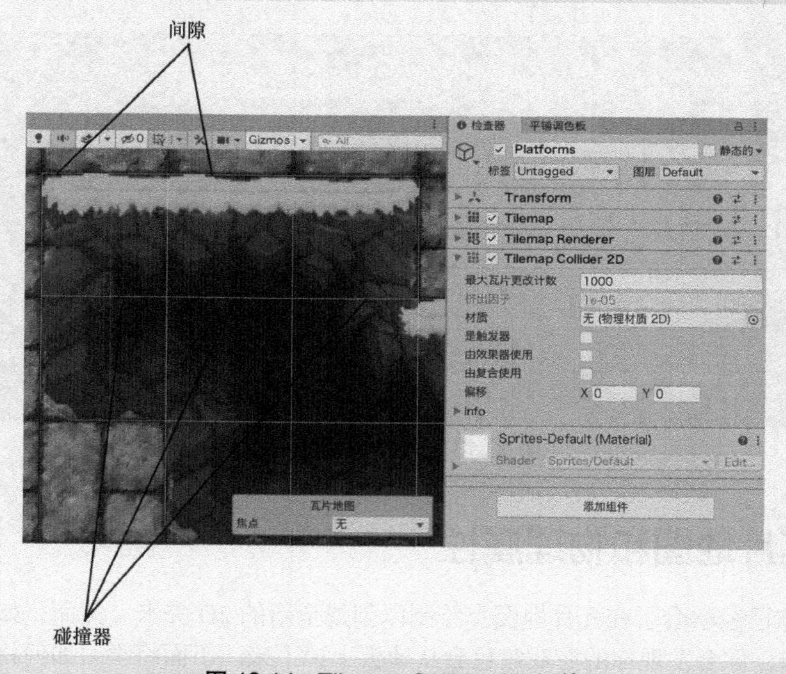

图 13.14 Tilemap Collider 2D 组件

5. 再次进入播放模式，注意机器人现在降落在平台上。但是，如果放大，你会注意到，因为碰撞器是匹配瓦片尺寸的，所以草地平台和碰撞器之间存在一点间隙（请参阅图 13.14）。
6. 在 Tilemap Collider 2D 组件中，将 Y 偏移设置为 −0.1 以稍微降低碰撞器。再次进入播放模式，注意机器人现在站在草地上。

你现在在瓦片上使用的碰撞器使关卡完整且可运行。然而，值得注意的一个问题是，在每个瓦片周围放置碰撞器效率非常低，可能会导致性能问题。可以使用 Composite Collider 2D（复合碰撞器 2D）组件解决此问题。

提示　碰撞精度

当你开始使用瓦片地图碰撞器时，可能需要对移动对象的 Rigidbody 组件进行一些更改。由于 Tilemap Collider 2D 组件甚至 Composite Collider 2D 组件的边缘都非常薄，因此你可能会注意到，具有小型碰撞器或快速移动的对象可能会卡在其上，甚至从中掉落。如果发生了这种情况，则应将该刚体的碰撞检测属性设置为持续，这样做可以防止瓦片地图出现任何碰撞器问题。

13.4.2　使用Composite Collider 2D组件

复合碰撞器（Composite Collider）是由许多其他碰撞器组成的碰撞器。在某种程度上，它允许你将所有单个瓦片碰撞器合并成一个更大的碰撞器。这样做最酷的地方是，无论何时添加或更改瓦片，碰撞器都会自动更新。选择“添加组件”→“物理 2D”→“复合碰撞器 2D”，就可以添加 Composite Collider 2D 组件。执行此操作时，还会添加 Rigidbody 2D 组件，Composite Collider 2D 组件需要此组件才能工作（见图 13.15）。显然，如果不希望所有瓦片都因重力而掉落，则需要将 Rigidbody 2D 组件的身体类型属性更改为静态的。

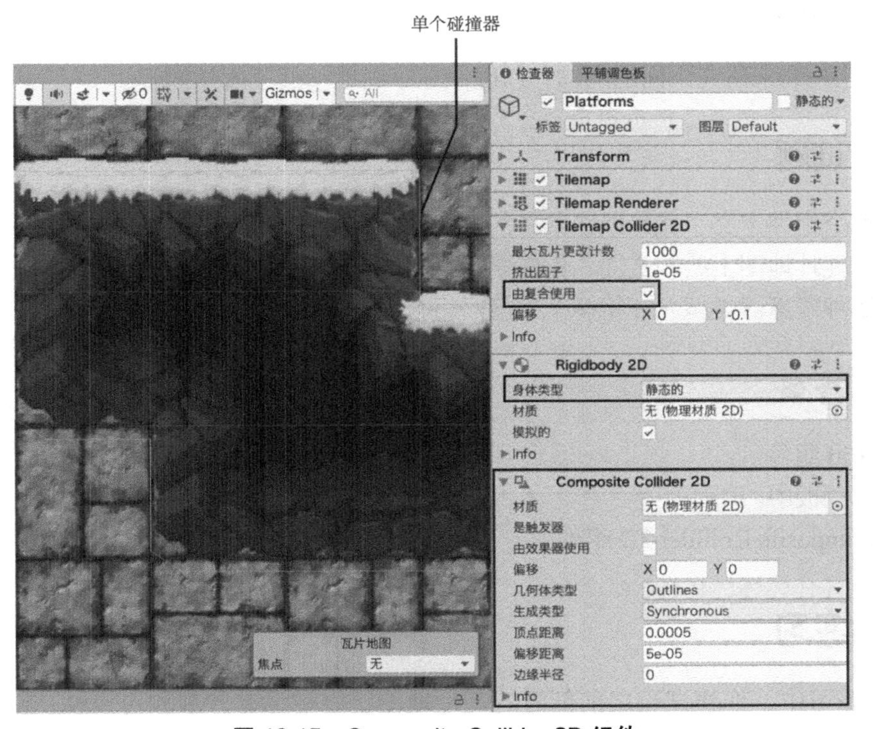

图 13.15　Composite Collider 2D 组件

添加 Composite Collider 2D 组件后，瓦片实际上没有任何变化。每个瓦片仍有其各自的碰撞器，因为你还没有将碰撞器应用于复合碰撞器中。为此，只需选中“由复合使用”复选框。完成此操作后，所有碰撞器将组合成一个大型（且效率更高）的碰撞器。

13.5　总结

在本章中，你已经学习了如何使用 Unity 的 2D 瓦片地图系统创建 2D 世界。最开始你了解了瓦片地图的基本信息，然后创建了调色板，配置精灵并添加为瓦片。瓦片准备好后，你绘制了几个瓦片地图并构建出一个关卡。最后，你学习了如何向瓦片地图添加碰撞以使其具有可玩性。

13.6　问答

问　在构建 2D 世界时，瓦片地图可以与常规精灵组合吗？

答　当然，瓦片其实就是一种特殊的精灵。

问　有什么瓦片地图不适合的关卡类型吗？

答　瓦片地图非常适合重复和模块化的关卡。使用瓦片地图很难创建包含大量不同形状或非常独特且不重复的精灵的场景。

13.7　测试

花一些时间来研究下面的问题，以确保你牢固地掌握了所学内容。

13.7.1　试题

1. 哪个组件定义了瓦片地图共有的属性（如单元格大小）？
2. 在瓦片地图上绘制之前，你需要将瓦片放置在何处？
3. 哪种碰撞器类型允许将多个碰撞器组合成一个碰撞器？

13.7.2　答案

1. Grid 组件。
2. 调色板中。
3. Composite Collider 2D 组件。

13.8　练习

在本练习中，你将试验之前创建的瓦片地图，以增强其外观和可用性。以下是一些可以尝试的事情。

1. 尝试绘制和修改这两个瓦片地图，直到你满意为止。

2. 尝试添加 Foreground 瓦片地图，以向场景中添加更多植物或岩石元素。

3. 尝试通过添加 2D 角色并让摄像机跟随角色来测试你的完整关卡。随书资源中有一个名为 CameraFollow.cs 的脚本可以让摄像机跟随你添加的角色。

4. 尝试在 *z* 轴上将背景瓦片地图推离摄像机。通过这种方式，可以创建自然视差效果。请记住，只有使用透视摄像机才能看到效果。

5. 尝试修改背景的 Tilemap 组件的颜色属性，使背景图像看起来有些褪色且有距离感。

第14章　用户界面

本章你将会学到如下内容。

- 画布。
- UI 元素的概览。
- UI 渲染的不同模式。
- 如何构建一个简单的菜单系统。

用户界面（User Interface，UI）是一组特殊的组件，负责向用户发送信息并从中读取信息。在本章中，你将学习如何使用 Unity 的内置 UI 系统。首先将了解 UI 的基础知识。之后，你将尝试各种 UI 元素，如文本、图像、按钮等。最后，你将为游戏创建一个简单但完整的菜单系统。

14.1　UI的基本原则

UI 是一个特殊的图层，用于向用户提供信息并接收用户的简单输入。这些信息和输入可以采用绘制在游戏顶部的抬头显示（Heads Up Display，HUD）或实际位于 3D 世界中的某些对象的形式。

Unity UI 基于画布，所有 UI 元素都绘制在画布上。这个画布必须是所有 UI 对象的父对象，才能使它们工作，并且它是驱动整个游戏 UI 的主要对象。

提示　UI 设计

一般来说，你应该提前绘制 UI。需要仔细考虑在屏幕上显示什么、在哪里显示以及如何显示。信息过多会使屏幕看起来凌乱，信息太少会让玩家感到困惑或不确定。寻找压缩信息的方法，使信息更有意义，你的玩家会感谢你的。

14.2　画布

画布（Canvas）是 UI 的基本构建块，所有 UI 元素都包含在画布中。添加到场景中的所有 UI 元素都将是层级视图中 Canvas 的子对象，并且必须保持为子对象；否则，它们将从场景中消失。

向场景添加画布非常简单：只需选择“游戏对象”→ UI →“画布”。将画布添加到场景后，就可以开始构建 UI 的其余部分了。

▼ 自己上手

添加一个画布

按照以下步骤将画布添加到场景并探索其独特功能。

1. 创建一个新项目（2D 或 3D）。
2. 将 UI 画布添加到场景中（选择“游戏对象”→UI→“画布”），会自动被命名为 Canvas。
3. 缩小视图以便看到整个 Canvas（在层级视图中双击）。注意画布有多大！
4. 在检查器视图中注意 Canvas 对象具有的独特 Transform 组件。这是一个 Rect Transform 组件，我们很快将讨论它。

小记　事件系统

你可能已经注意到，将画布添加到场景中时，还得到了 EventSystem（事件系统）对象。添加画布时，一定会添加此对象。EventSystem 允许用户通过按按钮或拖动元素来与 UI 交互。如果没有它，UI 永远不会知道自己是否正在被使用，所以不能删除此游戏对象。

注意　性能问题

画布非常有效，因为它将嵌套在其上的 UI 元素转换为单个静态对象，这样可以非常快速地处理 UI。缺点是，当 UI 的一部分发生更改时，整个 UI 都需要重建。这可能是一个非常缓慢和低效的过程，并可能导致游戏出现明显的卡顿。因此，最好单独给频繁移动的对象添加自己的 Canvas 组件。这样，它们的移动只需要你重建更小的 UI 集，最终提供更快的体验。

14.2.1 矩形变换

你会注意到，Canvas 对象（以及其他所有 UI 元素）都具有 Rect Transform（矩形变换）组件，而不是你熟悉的普通 3D 变换。Rect 是 Rectangle 的缩写，它可以在保持非常灵活的同时，对 UI 元素的定位和重缩放进行出色的控制。这允许你创建用户界面，并确保它在各种设备上都能正常工作。

对于本章前面创建的 Canvas 对象，Rect Transform 组件完全变灰（见图 14.1）。这是因为，在当前的形式中，Canvas 对象的值完全来自游戏视图（以及运行游戏的设备的分辨率和纵横比）。这意味着 Canvas 对象将始终占据整个屏幕。一个好的工作流是确保在构建 UI 时首先做的事情是选择要使用的目标纵横比。你可以从游戏视图中的“纵横比”下拉列表中执行此操作（见图 14.2）。

矩形变换的工作方式与传统变换略有不同。对于普通 2D 和 3D 对象，变换涉及确定对象与世界原点的距离（以及对齐方式）。然而，UI 并不关心世界原点，而是需要知道它是如何与其锚点对齐的。（稍后，当你有一个可以实际使用的 UI 元素时，将了解有关矩形变换与锚点的更多信息。）

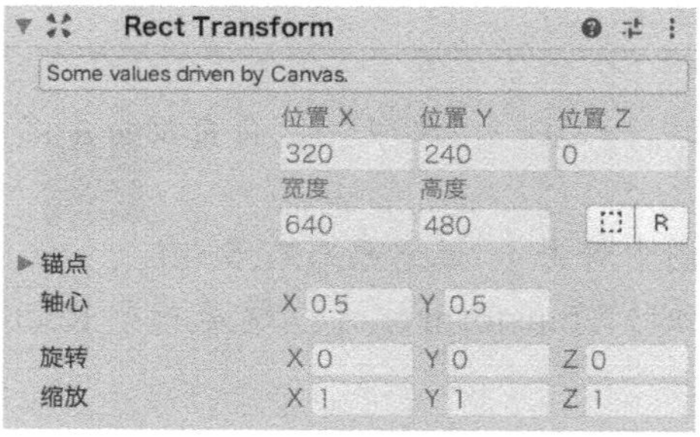

图 14.1 Canvas 对象的 Rect Transform 组件

图 14.2 设置游戏的纵横比

14.2.2 锚点

UI 元素正常工作的一个关键概念是锚点。每个 UI 元素都有一个锚点，并使用该锚点来查找其在世界中相对于其父对象的 Transform 组件的位置。锚点用于确定当游戏窗口改变大小和形状时，如何调整元素的大小和位置。此外，锚点有两种模式：组合和拆分。当锚点作为单个点连接在一起时，对象通过确定其轴心与锚点的距离（以像素为单位）来知道其所在位置。但是，当锚点被拆分时，UI 元素基于其每个角点与拆分锚点的每个角点之间的距离（同样以像素为单位）来调整其边框。感到困惑了吧，现在让我们上手试试。

▼自己上手

使用矩形变换

矩形变换和锚点可能会令人困惑，因此请按照以下步骤来操作以更好地理解它们。

1. 创建一个新场景或项目。
2. 添加 UI 图像（选择“游戏对象”→ UI →“图像”）。请注意，如果将图像添加到没有画布的场景中，Unity 会自动在场景中放置画布，然后将图像放置在其上。
3. 缩小视图以便看到整个图像和画布。请注意，当场景处于 2D 模式（单击场景视图顶部的 2D 按钮进入）并且使用矩形工具（快捷键：T）时，使用 UI 会容易得多。
4. 尝试在画布上拖动图像。还可以尝试在画布上拖动锚点（4 个小三角）。请注意，这些线显示了图像的轴心（蓝色小圆圈）与锚点的距离。注意观察检查器视图中 Rect Transform 组件的属性以及它们是如何变化的（见图 14.3）。
5. 现在试着分开你的锚点。可以将锚点的任何一个角拖离其余角来完成此操作。锚点拆分后，再次移动图像。注意 Rect Transform 组件的属性是如何变化的（见图 14.4）。（提示：位置 X、位置 Y、宽度和高度到哪里去了？）

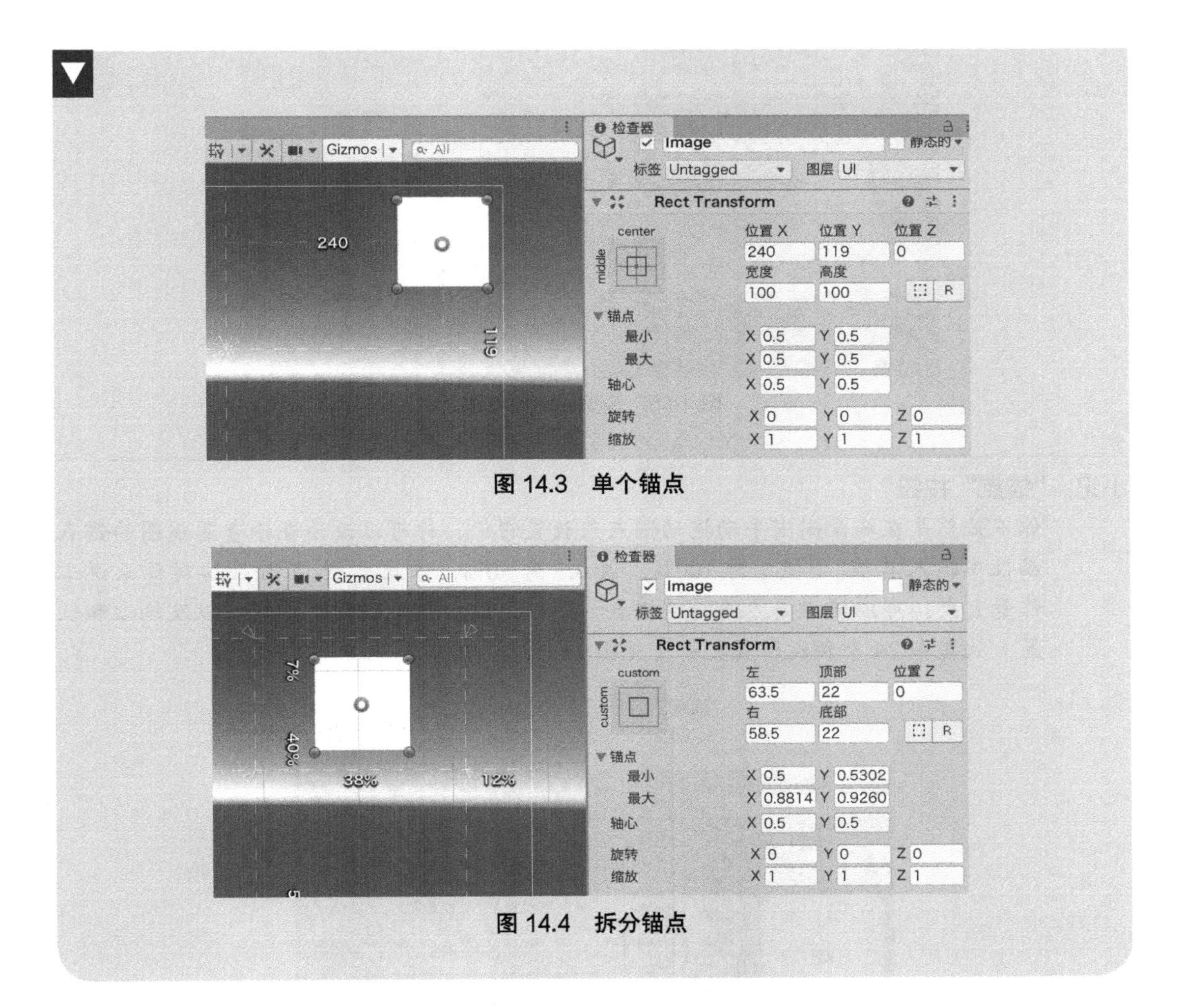

图 14.3 单个锚点

图 14.4 拆分锚点

那么，拆分锚点（或将锚点固定在一起）到底有什么作用呢？简单地说，作为单点的锚点会将 UI 元素相对于该点固定位置。因此，如果画布更改大小，元素也会更改。拆分锚点会导致元素相对于锚点角的角来固定位置。如果画布调整大小，元素也会调整大小。你可以在 Unity 编辑器中预览此情况。使用前面的示例，选中图像，然后单击并拖动画布的边界（或任何其他父对象，如果你有更多元素），则会出现“Preview”一词，你可以看到使用不同分辨率时会发生什么情况（见图 14.5）。尝试使用单个锚点和拆分锚点，并注意它们的行为有多么不同。

提示　正确理解锚点

锚点可能看起来有点奇怪，但理解它们是理解 UI 的关键。如果理解了锚点，其他一切都会到位。在使用 UI 元素时，最好养成先放置锚点然后放置对象的习惯，因为对象会捕捉到它们的锚点，顺序反过来是行不通的。

当你养成了这个习惯（先放置锚点，再放置对象），一切都会变得容易多了。花点时间试验锚点，直到你理解它们。

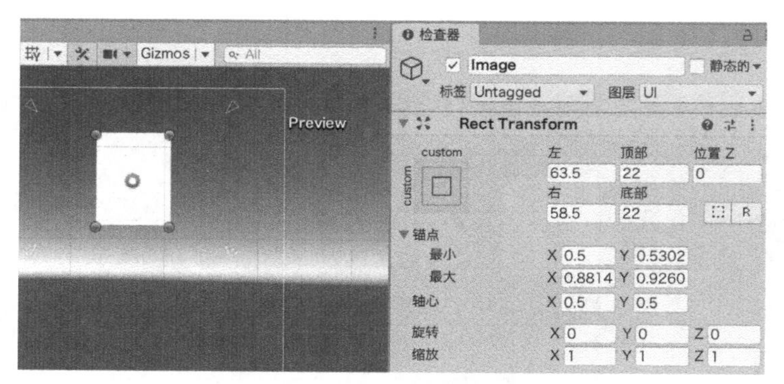

图 14.5　预览画布的修改

小记　“锚点”按钮

你不必总是在场景周围手动拖动锚点来放置它们，你可以改为在检查器视图的锚点属性中输入其值。（值 1 为 100%，值 0.5 为 50%，依此类推。）如果这对你来说工作量太大，可以使用更方便的“锚点”按钮，该按钮允许你将锚点（以及轴心和位置）放置在 24 个预设位置之一（见图 14.6）。

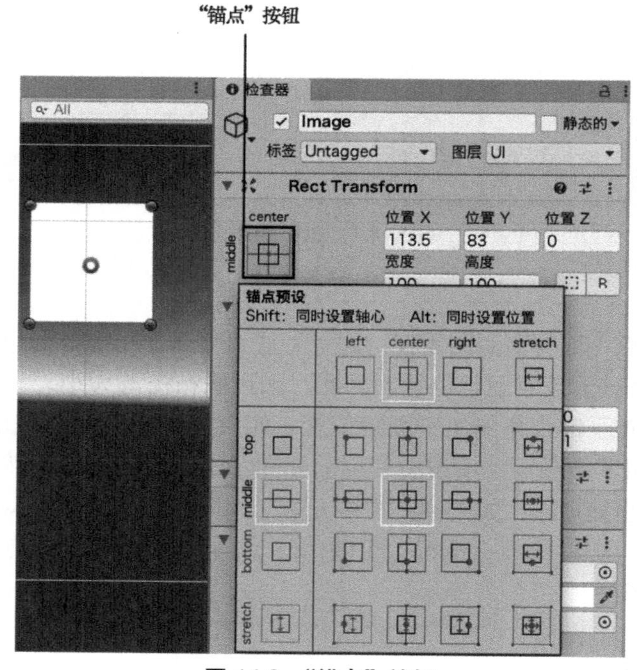

图 14.6　“锚点”按钮

14.2.3　其他Canvas组件

到目前为止，我们稍微讨论了一下画布，但仍然没有正式提到 Canvas 组件。Canvas 组件没有太多你需要关注的地方，你需要了解的是渲染模式，我们将在本章后面详细介绍这些模式。

根据你使用的 Unity 版本，可能会有几个额外的组件。同样，这些工具都非常简单易用，所以这里不详细介绍（还有很多其他好用的东西）。Canvas Scaler（画布缩放器）组件允许你指定当目标设备的屏幕更改时，你希望 UI 元素的大小如何调整（例如，在网页及 DPI（Dots Per Inch，每英寸点数）高的 Retina iPad 设备上观看相同的 UI）。Graphical Raycaster（图形射线发射器）组件与 EventSystem 对象配合使用，允许 UI 接收按钮单击和屏幕触摸事件。它允许你使用光线投射，而无须拖动整个物理引擎。

14.3 UI元素

现在，你可能已经厌倦了画布，所以让我们开始使用一些 UI 元素（也称为 UI 控件）。Unity 有几个内置控件供你在开始时使用。不过，如果看不到所需的控件，请不要担心。Unity 的 UI 库是开源的，社区成员一直在创建大量自定义控件。事实上，如果你准备迎接挑战，你甚至可以创建自己的控件并与其他人共享。

Unity 有许多可以添加到场景中的控件，其中大多数是由图像（Image）和文本（Text）这两个基本元素简单组合和变化而成的。如果你仔细想想，这是有道理的：一个面板（Panel）只是一个全尺寸的图像，一个按钮（Button）只是一个带有一些文本的图像，一个滑块（Slider）实际上是 3 个图像叠加在一起的。事实上，UI 构建了一个基本构建块系统，你可以通过堆叠来获得所需的功能。

14.3.1 图像

图像（Image）是 UI 的基本构建部分。它们可以是背景图像、按钮、标志、生命条，以及介于两者之间的所有内容。如果你在本章前面部分完成了“自己上手”练习，那么你已经对图像有了一些认识，现在你将更细致地了解它。如前所述，你可以选择“游戏对象”→ UI →“图像”来将图像添加到画布。表 14.1 列出了 Image 组件的重要属性，图像只是一个带有 Image 组件的游戏对象。请注意，除非指定源图像，否则其中一些属性不会显示。如果没有可用的精灵，可以单击源图像属性旁边的圆圈图标并选择内置的 UI 精灵来使用默认 UI 精灵。

表14.1 Image组件属性

属性	描述
源图像	指定要显示的图像，这里必须是精灵（有关精灵的更多信息，请参阅第 12 章“2D 游戏工具”）
颜色	指定要应用于图像的任何颜色和不透明度
材质	指定要应用于图像的材质（如果有）
光线投射目标	确定图像是否可点击
图像类型	指定要用于图像的精灵类型，此属性影响图像缩放和平铺的方式
保持纵横比	确定图像是否无论缩放比例如何，都将保持其原始纵横比

除了基本属性之外，关于使用图像，你不需要了解更多。完成以下步骤，自己试试看使用图像有多容易。

▼ 自己上手

使用图像

你已准备好尝试创建一个背景图像。本练习使用 Hour 14 Files 随书资源中的 BackgroundSpace.png。请遵循以下步骤。

1. 创建一个新场景或项目。
2. 将 BackgroundSpace.png 作为精灵添加到项目中。（如果不记得如何操作，请参阅第 12 章。）
3. 将图像添加到场景中（选择“游戏对象”→ UI →“图像”）。
4. 将图像对象的源图像设置为 BackgroundSpace。
5. 调整图像大小，使其填充整个画布。切换到游戏视图，看看如果更改纵横比会发生什么。请注意，图像可能会被切断或无法填充屏幕。
6. 拆分图像的锚点，使锚点的 4 个角位于画布的 4 个角（见图 14.7）。现在切换回游戏视图，看看更改纵横比会发生什么。请注意，图像始终填充屏幕，并且永远不会被切断，尽管它可能会是歪的。

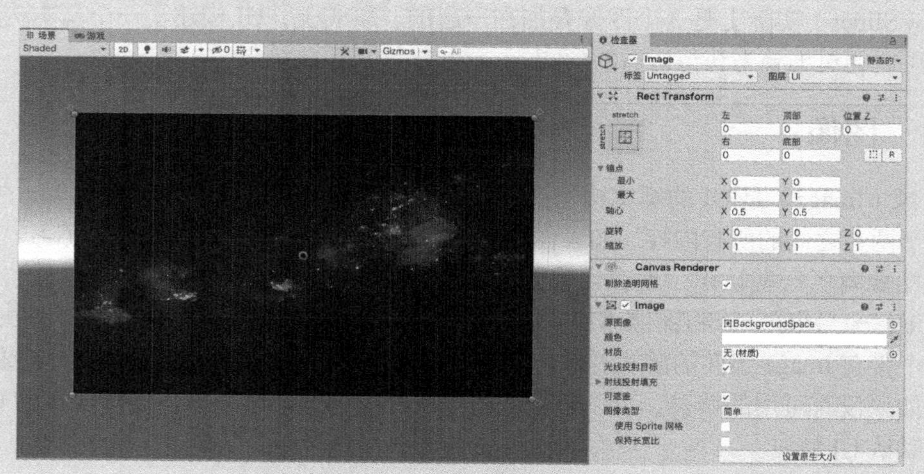

图 14.7　拆分图像的锚点

▼ 自己上手

UI 材质

如图 14.7 所示，你可以自己尝试使用图像，其中值得注意的是，Image 组件的材质属性是可选的，这个属性对于此 UI 来说不是必需的。此外，在当前的画布渲染模式下（本章稍后将详细解释），材质属性并不能完成很多工作。但是，在其他模式中，材质属性允许你将灯光和着色器效果应用于 UI 元素。

14.3.2 文本

文本（Text）对象（实际上只是 Text 组件）是用于向用户显示文本的元素。如果你以前使用过文本格式控件（想想博客软件、Word 或 WordPad 之类的文字处理软件，或者任何你会使用和设置文本样式的地方），那么将非常熟悉 Text 组件。选择“游戏对象”→ UI →“文本”向画布添加文本。表 14.2 列出了 Text 组件的属性。因为大多数文本属性都是清晰易懂的，所以只列出新的和唯一的属性。

表14.2 Text组件属性

属　性	描　述
文本	指定要显示的文本
富文本	指定是否支持文本中的富文本标签
水平溢出及垂直溢出	指定文本不适应包含它的 UI 元素的边界框时如何处理。贴图间拼接表示文本将换行到下一行，截断意味着不适应的文本将被删除，溢出（Overflow）意味着文本可能溢出框。如果文本超出了框并且未设置溢出，则文本可能会消失
最佳适应	作为溢出的替代方法，可以调整文本大小以适应对象的边界框。使用本属性（如果使用溢出，则不会起效），你可以选择最小大小和最大大小。字体会在这两个值之间展开或收缩，以始终适应文本框

你应该花点时间尝试这些属性的不同设置，尤其是溢出和最佳适应。如果你不知道如何使用这些属性，你可能会惊讶地发现自己的文本神秘地消失了（因为它已被截断），并且可能需要一些时间来找出原因。

14.3.3 按钮

按钮（Button）是允许用户单击输入的元素。它们可能看起来很复杂，但请记住，如前所述，按钮实际上只是一个带有文本子对象和更多功能的图像。选择“游戏对象”→ UI →“按钮”，可以将按钮添加到场景中。

按钮与其他控件的不同之处在于它是可交互的。因此，它有一些有趣的属性和特性。例如，按钮可以过渡、可以导航，还可以有鼠标单击 () 事件处理程序。表 14.3 列出了 Button 组件属性。

表14.3 Button组件属性

属　性	描　述
Intractable（可交互的）	指定用户是否可以单击按钮
过渡	指定按钮应如何响应用户交互（见图 14.8）。响应的可用事件包括正常（无任何事件发生）、高亮（鼠标指针悬停）、按下和禁用。默认情况下，该按钮仅更改颜色（色调）。你还可以删除任何过渡（选择“无”）或使按钮更改图像（选择“Sprite 交换”）。另外，你还可以选择“动画”来使用完整的动画，这可以使你的按钮令人印象深刻

续表

属　性	描　述
导航	指定如果用户使用控制器或操纵杆等设备（即没有鼠标或触摸屏），将如何在按钮之间导航。单击“可视化”按钮可以查看按钮的导航方式，仅当画布上有多个按钮时，此操作才有效
鼠标单击 ()	指定单击按钮时发生的情况（稍后将详细讨论）

鼠标单击()

当用户对你的各种按钮的过渡效果惊叹不已时，他们可能最终会单击一些按钮。你可以使用检查器视图底部的鼠标单击 ()（On Click()）属性调用来自脚本的方法，用于访问许多其他组件。可以将参数传递给你调用的任何方法，这意味着你可以在不输入代码的情况下控制行为。此功能的高级用途可能是调用游戏对象的方法，或使摄像机直接看向目标。

图 14.8　过渡类型选择

▼ 自己上手

使用按钮

按照以下步骤将你目前了解的内容付诸实践。创建一个按钮，为其提供一些颜色转换，并使其在单击时更改文本。

1. 创建一个新场景或项目。
2. 在场景中添加一个按钮（选择“游戏对象”→ UI →“按钮”）。
3. 在检查器视图中的 Button 组件下，将高亮颜色设置为红色，按下颜色设置为绿色（完成的设置见图 14.9）。
4. 单击检查器视图底部的“+”符号，添加一个新的鼠标单击 () 处理程序（参见图 14.9）。现在处理程序正在寻找要控制的对象，它显示“无（对象）”。
5. 在层级视图中展开 Button 对象，可以看到 Text 子对象。将 Text 拖动到事件处理程序的对象属性上。
6. 在“方法”下拉列表（现在显示 No Function）中，指定你希望按钮对所选对象执行的操作。为此，请单击下拉列表（请参见图 14.10 中的 #1），然后选择 Text（#2）→ string text（#3）。
7. 在出现的文本框中，输入 Released（已松开）。
8. 试玩游戏，试着将鼠标指针悬停在按钮上方，按下然后松开。请注意，单击按钮时颜色会更改，文本也会更改。

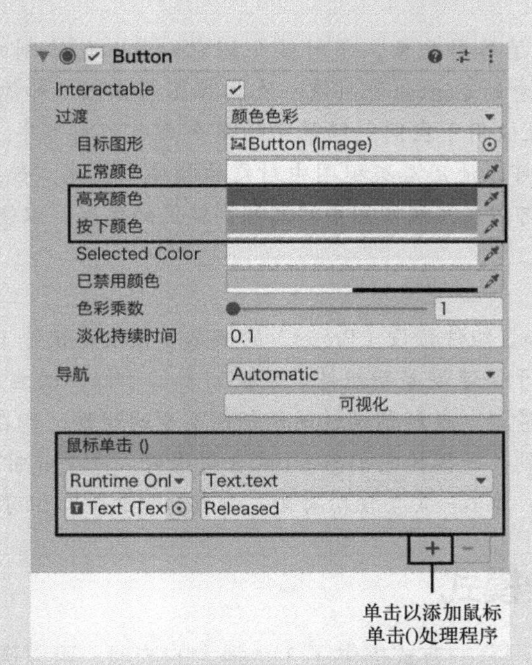

图 14.9 完成的 Button 组件设置

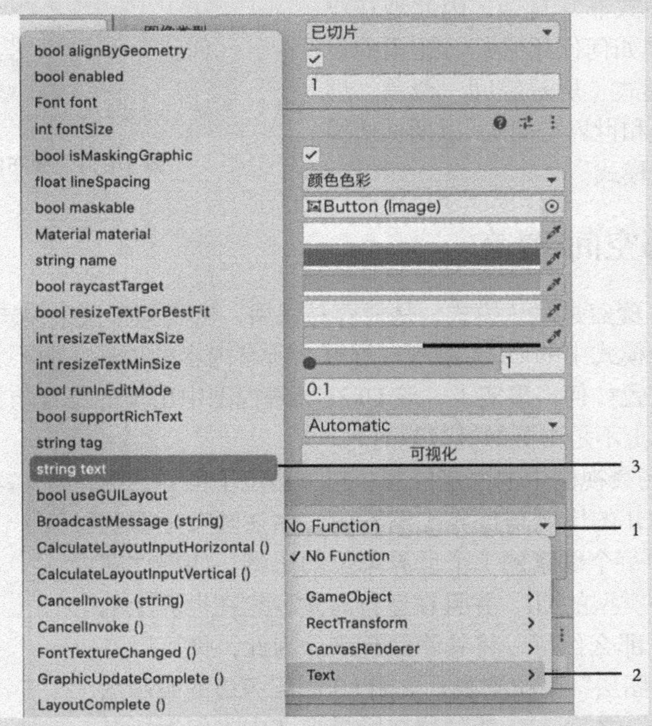

图 14.10 设置单击事件：修改 Button 对象上的文本

提示　元素排序

现在你已经熟悉了各种元素，是时候介绍它们是如何绘制的了。你可能已经注意到，本章前面查看的 Canvas 组件有一个排序图层属性（和你在其他章看到的 2D 图像一样）。此属性仅用于在同一场景中的多个画布之间排序。要在同一画布上对 UI 元素进行排序，可以使用层级视图中对象的顺序。因此，如果希望在另一个对象的顶部绘制对象，可以在层级视图中将其移到较低的位置，以便其绘制顺序更靠后。

提示　预设

Unity 2018.1 增加了组件预设（Preset）的概念。预设是组件（如 UI Text 组件）的已保存属性，可用于快速设置新组件。预设列表位于组件的右上角，在检查器视图中的设置齿轮图标旁边。虽然预设适用于任何类型的组件，但在这里特别提到了它们，而不是在前面提到，是因为它们与 UI 配合得很好。一个非常常见的用例是让游戏中的所有文本匹配。你不一定要使所有文本都成为预制件，但可以快速应用文本预设。

14.4　画布渲染模式

Unity 为 UI 呈现到屏幕的方式提供了 3 个强大的选项。可以选中 Canvas 对象并在检查器视图中选择渲染模式，如图 14.11 所示。画布渲染模式非常复杂，因此现在没有必要尝试掌握如何使用它们。这里的目的是了解 3 种模式（屏幕空间 - 覆盖、屏幕空间 - 摄像机和世界空间），以便你选择最适合你的游戏模式。

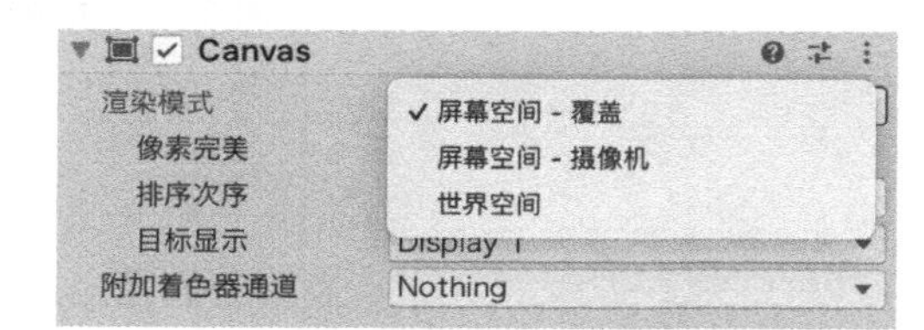

图 14.11　画布的 3 种渲染模式

14.4.1　屏幕空间-覆盖

屏幕空间 - 覆盖是默认模式，是最容易使用，也是画布渲染模式中性能最差的一个。屏幕空间 – 覆盖模式中的 UI 会绘制在屏幕上所有内容的顶部，而不管摄像机设置或摄像机在世界上的位置如何。事实上，该 UI 在场景视图中出现的位置与世界上的对象没有关系，因为它实际上不是由摄像机渲染的。

UI 显示在场景视图中的固定位置，左下角位于世界坐标的 (0, 0, 0) 处。UI 的比例与世界比例不同，你在画布上看到的是游戏视图中每个像素的 1 个世界单位的比例。如果你在游戏中使用这种类型的 UI，并且在运行时发现它在世界上的位置很不方便，那么你可以将其隐藏起来。为此，你可以打开编辑器中的“图层”下拉列表，关闭 UI 图层旁边的眼睛图标（见图 14.12）。之后，UI 就隐藏在场景视图中（但运行游戏时，它仍然存在）。请不要忘记重新打开它，否则你可能会

图 14.12　隐藏 UI

对 UI 为什么不显示感到困惑。

14.4.2 屏幕空间-摄像机

屏幕空间 – 摄像机模式类似于屏幕空间 – 覆盖，但 UI 由你选择的摄像机渲染。你可以旋转和缩放 UI 元素，以创建更具动态的 3D 界面。

与屏幕空间 – 覆盖模式不同，此模式使用摄像机渲染 UI。这意味着灯光等效果会影响 UI，对象甚至可以在摄像机和 UI 之间传递。这可能需要一些额外的工作，但结果是你的界面会更像世界的一部分。

请注意，在此模式下，UI 保持在相对于你选择渲染它的摄像机的固定位置。移动摄像机也会移动画布。最好使用第二台摄像机来渲染画布（不会影响场景的其余部分）。

14.4.3 世界空间

最后要考虑的 UI 模式是世界空间模式。想象一个虚拟博物馆，在那里你看到的每件物品旁边都有它的详细信息。此外，此弹出信息可能包括按钮，允许你阅读更多内容或前往博物馆的其他地方。如果想象出来了，那么你对使用世界空间模式画布所能做的事情就有了初步的了解。

请注意，世界空间模式下画布的 Rect Transform 组件不再显示为灰色，画布本身可以编辑和调整大小（见图 14.13）。因为在这种模式下，画布实际上是世界上的一个游戏对象，它不再像抬头显示那样绘制在游戏之上。相反，它在世界中是固定的，可以是场景对象的一部分，也可以与其他场景对象融合。

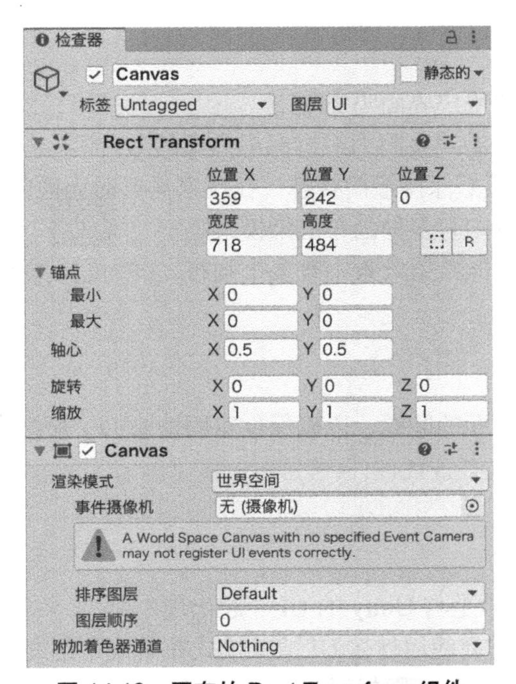

图 14.13 画布的 Rect Transform 组件

▼ 自己上手

探索渲染模式

按照以下步骤查看 3 种不同的 UI 渲染模式。

1. 创建新的 3D 场景或项目。
2. 将 UI 画布添加到场景中（选择“游戏对象”→UI→“画布”）。
3. 请注意，已禁用 Rect Transform 组件。尝试放大场景视图以查看画布的位置。
4. 将渲染模式切换到屏幕空间 - 摄像机。将 Main Camera 作为渲染摄像机。请注意，执行此操作时，画布会更改大小和位置。
5. 注意移动摄像机时发生的情况。留意当你将摄像机的投影属性从透视更改为正交时，会发生什么情况。
6. 切换到世界空间模式。请注意，现在可以更改画布的 Rect Transform 组件，可以移动、旋转和缩放它。

14.5 总结

本章你首先查看了 UI 的基础构建块：Canvas 和 EventSystem。然后了解了 Rect Transform 组件及锚点如何帮助你制作可以在许多设备上工作的多功能 UI。之后，你探索了各种可用的 UI 元素。最后，你简单理解了不同的 UI 渲染模式：屏幕空间 - 覆盖、屏幕空间 - 摄像机和世界空间。

14.6 问答

问 每个游戏都需要用户界面吗？

答 一般来说，一个游戏会因为经过深思熟虑的 UI 而获益。游戏很少没有 UI。也可以这么说，UI 最好保持最简状态，在玩家需要时为他们提供所需的信息。

问 可以在一个场景中有多种画布渲染模式吗？

答 是可以的。你可能希望场景中有多个画布，并为它们提供不同的渲染模式。

14.7 测试

花一些时间来研究下面的问题，以确保你牢固地掌握了所学内容。

14.7.1 试题

1. UI 代表什么？
2. 哪两个游戏对象总是与 Unity 的 UI 一起出现？
3. 在 3D 游戏中，你会使用什么 UI 渲染模式在游戏角色的头上打问号？
4. 对于简单的抬头显示，哪种渲染模式最适合？

14.7.2 答案

1. 用户界面。
2. Canvas 和 EventSystem。
3. 使用世界空间模式，因为界面元素位于世界空间内，而不是相对于玩家的视野。
4. 屏幕空间 - 覆盖。

14.8 练习

在本练习中，你将构建一个简单但完整的菜单系统，可以在所有游戏中使用。你将使用启动屏幕、淡入、背景音乐等元素。遵循以下步骤。

1. 新建一个 2D 项目。添加 UI 面板（选择“游戏对象”→ UI →“面板”）。请注意，Unity 还为你将所需的 Canvas 和 EventSystem 对象添加到层级结构视图中。

2. 导入随书资源 Hour 14 Files 中的 Hour14Package.unitypackage 文件。单击 clouds.jpg，并确保纹理类型设置为 Sprite（2D and UI）。

3. 将图像 clouds 设置为 Panel 对象检查器视图中的源图像。请注意，默认情况下，图像有点透明，Main Camera 的背景色会显示出来。打开颜色对话框并调整 A 滑块（其中 A 代表 alpha），随意调整它的透明度。

4. 添加标题和副标题（选择“游戏对象”→ UI →“文本”）。移动它们，使它们处于面板上合理的位置（见图 14.14）。

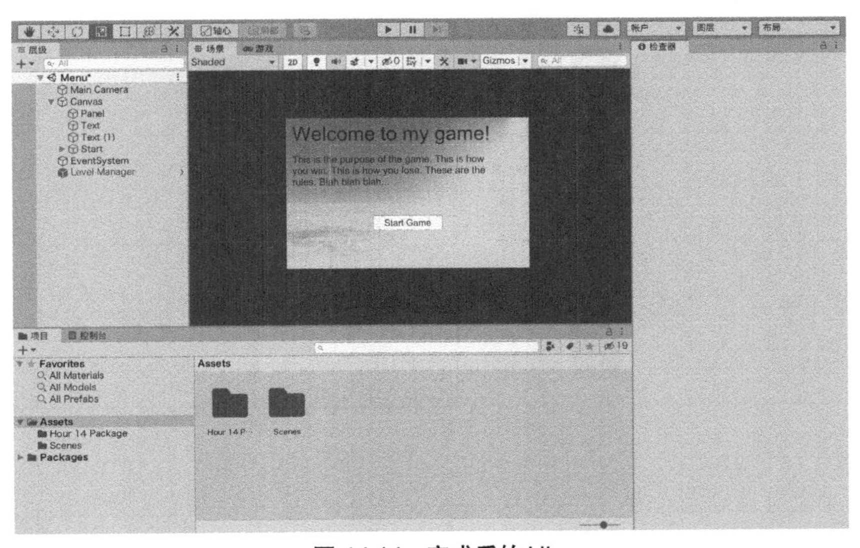

图 14.14 完成后的 UI

5. 添加一个按钮（选择“游戏对象”→ UI →“按钮”）。将按钮命名为 Start，并将其子对象 Text 的文本内容设置为 Start Game。将按钮放置在你希望的位置，记住在拖动之前选中按钮（而不是子对象 Text）。

6. 将场景另存为 Menu（选择“文件”→“保存场景”）。现在创建一个新场景作为游戏的占位符，并将其另存为 Game。最后，打开 Build Settings（生成设置）窗口（选择“文件”→“生成设置”）并将两个场景拖动到“Build 中的场景”部分，将这两个场景添加到构建顺序中，确保 Menu 场景位于顶部（见图 14.15）。

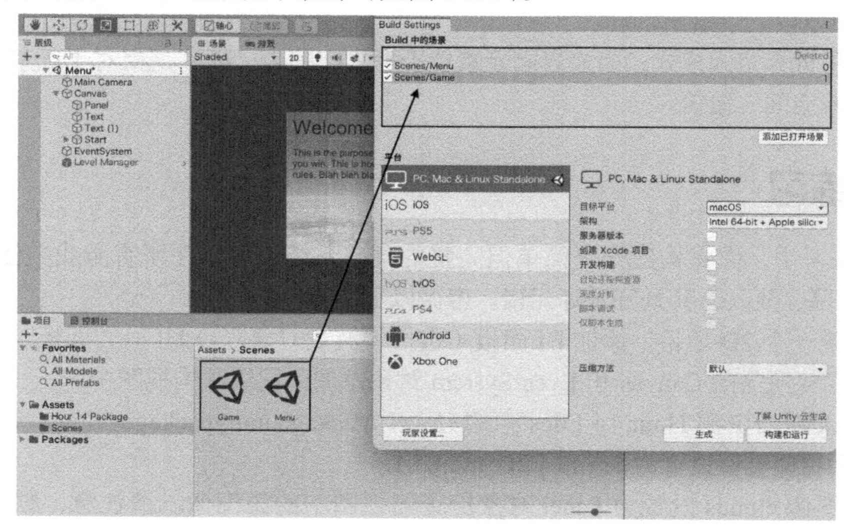

图 14.15　将场景添加到 Build Settings 中

7. 切换回 Menu 场景。将从资源文件夹导入的 LevelManager 预制件拖动到层级视图中。

8. 找到 Start 按钮并将其鼠标单击 () 属性设置为 LevelManager（关卡控制器）的 LoadGame()（见图 14.16）。

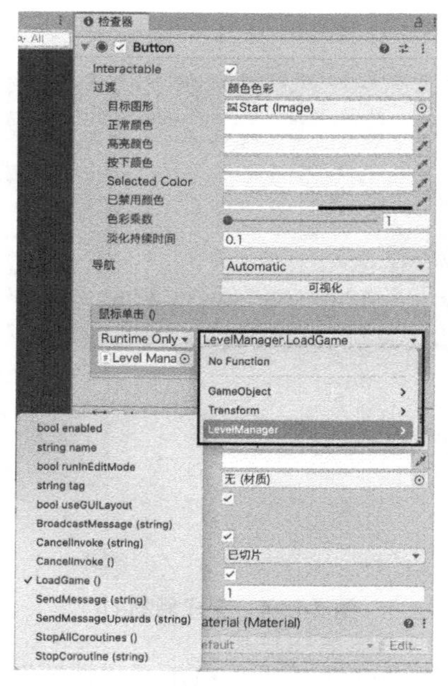

图 14.16　设置 Start 对象的鼠标单击 () 属性

9. 运行场景。单击 Start Game 按钮，游戏应切换到空游戏场景。恭喜你完成了一个菜单系统，它可以在未来的游戏中使用。

第 15 章　游戏案例3：Captain Blaster

本章你将会学到如下内容。

- 如何设计 Captain Blaster 游戏。
- 如何构建 Captain Blaster 游戏世界。
- 如何构建 Captain Blaster 实体。
- 如何构建 Captain Blaster 控制。
- 如何进一步改进 Captain Blaster 游戏。

一起来制作一款游戏吧。在本章中，你将制作一个名为 Captain Blaster 的 2D 滚动射击游戏。你将从设计游戏的各种元素开始。之后，你将开始构建滚动的背景。一旦建立了动态的概念，你将开始构建各种游戏实体。完成实体后，你将构建控件并将项目游戏化。最后，你将分析游戏并确定改进方法。

提示　完整的项目

确保在本章内完成整个游戏项目。如果感觉陷入了困境，请在随书资源 Hour 15 Files 中查找游戏的完整项目。如果你需要帮助或灵感，请随时查看它。

15.1　设计

你在第 6 章“游戏案例 1：Amazing Racer”中已经了解了设计的要素，在本章中，你将直接运用它们。

15.1.1　概念

如前所述，Captain Blaster 是一款 2D 滚动射击游戏。假定游戏角色需要在一个关卡中飞行，摧毁流星并试图成功存活下来。2D 滚动游戏最妙的一点是，游戏角色自己根本不需要移动，只需滚动背景模拟游戏角色前进的状态。这减少了游戏角色所需的技能，并允许你用敌人创造更多的挑战。

15.1.2　规则

游戏规则将说明如何玩游戏，同时还会提及对象的一些属性。用于 Captain Blaster 的规则如下。

- 玩家一直玩到游戏角色被流星击中为止。没有获胜的条件。
- 游戏角色可以发射子弹来摧毁流星。玩家每摧毁一颗流星可获得一分。
- 游戏角色每秒内可以发射两颗子弹。
- 游戏角色受屏幕两侧限制。
- 流星将持续不断地出现，直到玩家输掉游戏。

15.1.3　需求

本游戏的需求很简单，如下所示。

- 外太空背景精灵。
- 飞船精灵。
- 流星精灵。
- 游戏控制器，将在 Unity 中构建。
- 交互式脚本，将在类似 Visual Studio 的代码编辑器中编写。

15.2　画布

因为这个游戏是在太空中进行的，所以实现起来相当简单。游戏将是 2D 的，背景将在游戏角色后面垂直移动，使游戏角色看起来好像在向前移动，但实际上游戏角色是静止不动的。不过，在设置移动之前，需要先设置项目。遵循以下步骤。

1. 创建一个名为 Captain Blaster 的新 2D 项目。
2. 创建一个名为 Scenes 的文件夹，并将场景另存为 Main。
3. 在游戏视图中，打开“纵横比”下拉列表，单击“+”图标，并创建一个新的 5∶4 纵横比（见图 15.1）。

图 15.1　设置游戏的纵横比

15.2.1　摄像机

现在场景已正确设置，可以使用摄像机了。因为这是一个 2D 项目，所以你有一个正交摄像机，它没有深度透视，非常适合制作 2D 游戏。只需将 Main Camera 的大小属性设置为 6 即可。（图 15.2 所示为摄像机属性列表。）

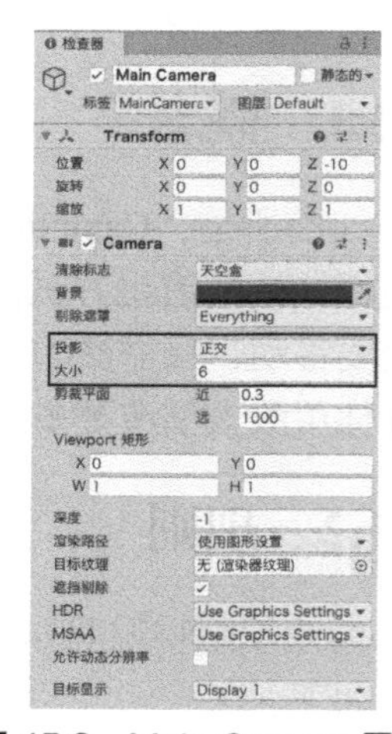

图 15.2　Main Camera 属性

15.2.2　背景

要正确设置滚动背景可能有点困难。实际上，你需要有两个背景对象在屏幕上向下移动。一旦底部对象脱离屏幕，就将其置于屏幕上方。两个背景一直在来回滚动，而玩家不知道这是怎么回事。要创建滚动背景，请执行以下步骤。

1. 创建一个名为 Background 的新文件夹。从随书资源中找到 Star_Sky.png 图像，并将其拖动到刚刚创建的 Background 文件夹中，将其导入 Unity。请记住，因为你创建了 2D 项目，所以此图像会自动作为精灵导入。

2. 在项目视图中选择新导入的精灵，并在检查器视图中将其每单位像素数属性更改为 50。将 Star_Sky 精灵拖动到场景中，并确保其位于 (0, 0, 0) 处。

3. 在 Background 文件夹中创建一个名为 ScrollBackground（滚动背景）的新脚本，并将其拖动到场景中的背景精灵上。将以下代码加入脚本中。

```
public float speed = -2f;
public float lowerYValue = -20f;
public float upperYValue = 40;

void Update()
{
    transform.Translate(0f, speed * Time.deltaTime, 0f);
    if (transform.position.y <= lowerYValue)
    {
          transform.Translate(0f, upperYValue, 0f);
    }
}
```

4. 复制背景精灵并将其放置在 (0, 20, 0) 处。运行场景，你应该可以看到背景无缝衔接地滚动。

小记　可选的管理方式

到目前为止，你使用了一个相当简单的管理系统，资源进入相应的文件夹，如精灵文件夹中的精灵、脚本文件夹中的脚本等。然而，在本章中，你将做一些新的事情。这一次，你将根据资源的“实体”对资源进行分组：将所有背景文件放在一起，将飞船的资源放在一起，等等。该系统可以快速查找所有相关资源。不过，如果你喜欢其他管理系统，你也可以使用位于项目视图顶部的搜索栏和过滤器属性来按照资源的名称和类型进行搜索。

15.2.3　游戏实体

在这个游戏中，你需要创建 3 个主要实体：游戏角色、流星和子弹。这些实体之间的交互非常简单。游戏角色发射子弹，子弹摧毁流星，流星摧毁游戏角色。因为游戏角色在技术上可以发射大量子弹，又因为会生成大量流星，所以你需要一种清理它们的方法。因此，你还需要制作触发器，以销毁进入触发器边界的子弹和流星。

15.2.4　游戏角色

你的游戏角色将显示为一艘飞船。飞船（Spaceship）和流星（Meteor）的精灵可以在 Hour 15 Files 中找到。（感谢 Krasi Wasilev 的 Free Game Assets 网站提供的资源。）要创建游戏角色，请执行以下步骤。

1. 在项目视图中创建一个名为 Spaceship 的新文件夹，然后将 Spaceship.png 从 Hour 15 Files 导入此文件夹。请注意，飞船精灵目前是朝下的，但这没有关系。

2. 选择 Spaceship 精灵，并在检查器视图中将 Sprite 模式设置为多个，然后单击“应用”按钮。单击 Sprite Editor 按钮开始精灵表单切片。（如果你忘了如何切片，请回顾第 12 章“2D 游戏工具”。）

3. 打开 Sprite 编辑器窗口左上角的“切片”下拉列表，并将类型设置为 Grid By Cell Size。将像素大小的 X 设置为 116，Y 设置为 140（见图 15.3）。单击“切片”按钮，注意飞船周围的轮廓。单击“应用”按钮并关闭 Sprite 编辑器窗口。

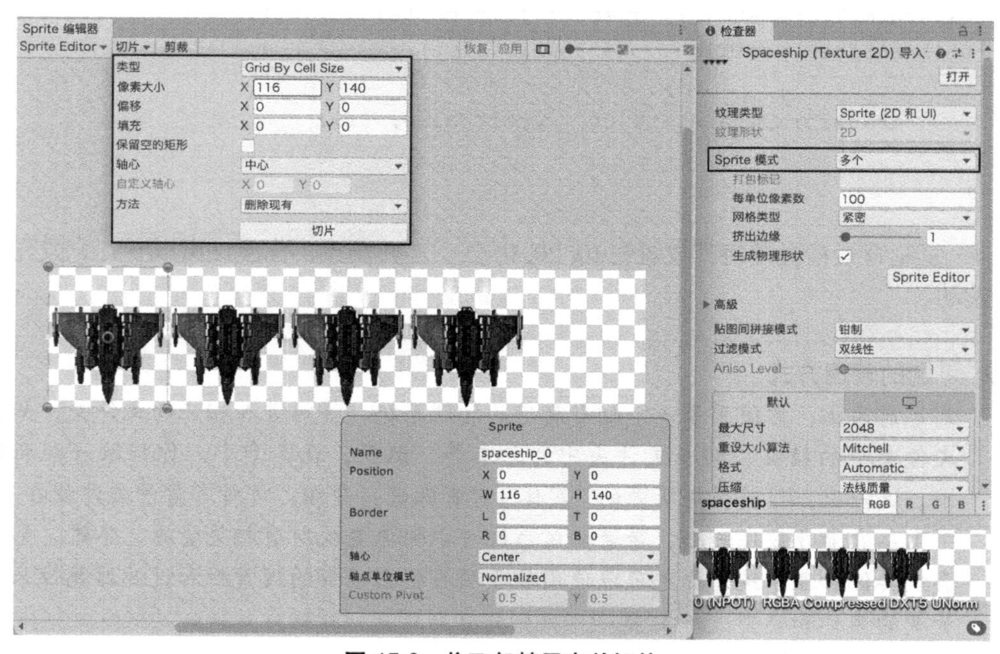

图 15.3　将飞船精灵表单切片

4. 打开飞船托盘，选择所有帧。可以通过单击第一帧并按住 Shift 键，然后单击最后一帧来完成此操作。

5. 将精灵帧拖动到层级视图或场景视图中，将出现“为游戏对象‘spaceship_0’创建一个新动画”对话框，该对话框将新动画另存为 .anim 文件。将此动画命名为 Ship。完成后，动画精灵将自动添加到场景中，动画器控制器和动画片段资源将被添加到项目视图中，如图 15.4 所示。（你将在第 17 章和第 18 章中了解有关动画的更多信息。）

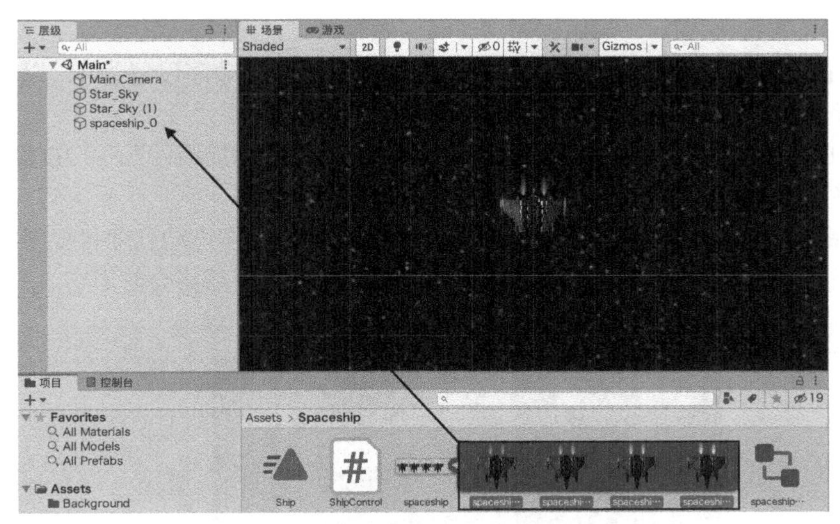

图 15.4 完成的飞船精灵

6. 将飞船位置设置为 (0, −5, 0)，并将其缩放到 (1, −1, 1)。请注意，y 轴坐标缩放到 −1 会使飞船朝上显示。

7. 在飞船的 Sprite Renderer 组件中，将图层顺序设置为 1。这样可以确保飞船始终出现在背景前面。

8. 将 Polygon Collider 2D 组件添加到飞船上（选择“添加组件”→“物理 2D”→“2D 多边形碰撞器”）。该碰撞器将自动包围飞船，以获得良好的碰撞检测精度。请确保选中“是触发器”复选框，以确保它是触发碰撞器。

9. 运行游戏，注意飞船发动机细节的动画。

你现在有一艘漂亮的、有动画效果的朝上的飞船了，准备好去摧毁一些流星吧。

15.2.5 流星

制作流星的步骤与制作飞船的步骤相似，唯一的区别是流星最终将被放置在一个预制件中，以备之后使用。遵循以下步骤。

1. 创建一个名为 Meteor 的新文件夹并将 Meteor.png 导入。这是一个包含 19 帧动画的精灵表单。

2. 将 Sprite 模式设置为多个，然后像之前一样进入 Sprite 编辑器窗口。

3. 将切片类型设置为自动，其余设置保持默认。单击“切片”按钮保存更改并关闭 Sprite 编辑器窗口。

4. 展开 meteor 精灵托盘，选择 meteor 精灵表单的 19 个帧。将这些帧拖动到层级视图中，并在提示时将动画命名为 Meteor。Unity 将为你创建另一个具有必要动画组件的动画精灵，这十分方便。

5. 在层级视图中选择 meteor_0 对象并为其添加 Circle Collider 2D 组件（选择“添加组件”→“2D 物理”→“2D 圆形碰撞器”）。请注意，绿色轮廓大致符合精灵的轮廓，圆形碰撞器足以在 Captain Blaster 游戏中发挥作用。多边形碰撞器的效率较低，并且不会显著提高精度。

6. 在 meteor_0 对象的 Sprite Renderer 组件上，将图层顺序设置为 1，以确保流星始终出现在背景前面。

7. 将 Rigidbody 2D 组件添加给 meteor_0 对象（选择“添加组件”→“2D 物理”→“2D 刚体”）。将重力大小属性设置为 0。

8. 重命名 meteor_0 对象为 Meteor，然后将其从层级视图拖动到项目视图中的 Meteor 文件夹中（见图 15.5）。这样就创建了一个流星的预制件，稍后将会使用它。

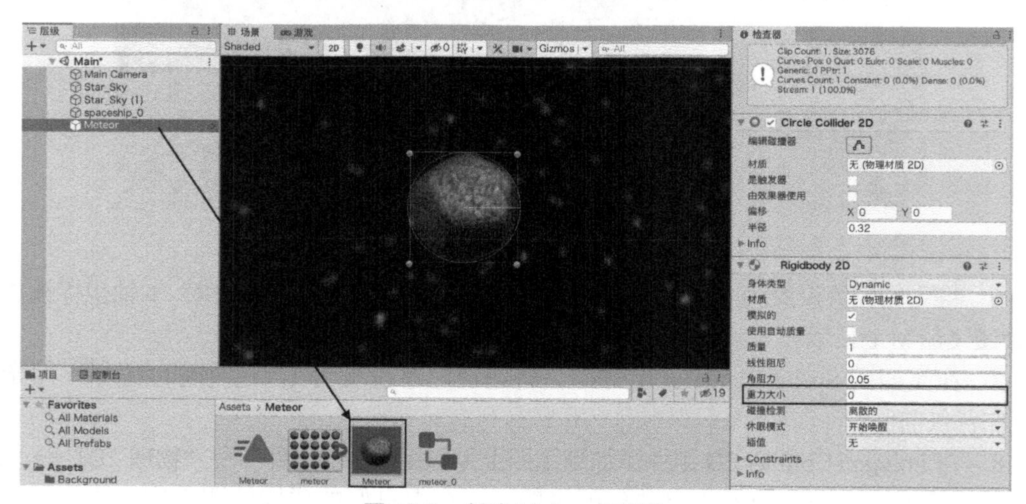

图 15.5　创建 Meteor 预制件

9. 现在你已经在预制件中保存了流星的设置，可以在层级视图中删除该实例。你现在有一个可重复使用的流星，正等着造成大破坏。

15.2.6　子弹

在这个游戏中设置子弹（Bullet）很简单。因为它们的行动非常迅速，所以不需要任何细节。要创建子弹，请遵循以下步骤。

1. 创建一个名为 Bullet 的文件夹并导入 bullet.png。在项目视图中选择 bullet 精灵后，将检查器视图中的每单位像素数属性设置为 400。

2. 将 bullet 精灵拖动到场景中。使用 Sprite Renderer 组件的颜色属性为 bullet 对象赋予强烈的绿色。

3. 在 bullet 对象的 Sprite Renderer 组件上，将图层顺序属性设置为 1，以确保子弹始终显示在背景的前面。

4. 将 Circle Collider 2D 组件添加给 bullet 对象。再为其添加 Rigidbody 2D 组件（选择“添加组件”→“2D 物理”→“2D 刚体”），并将重力大小属性设置为 0。

5. 延续惯例，将 bullet 对象重命名为 Bullet。将子弹从层级视图拖动到 Bullet 文件夹中，以将其转换为预制件。从场景中删除 Bullet 对象。

这是最后一个主要实体。之后只需要设置触发器以防止子弹和流星一直移动即可。

15.2.7　触发器

触发器［在这个游戏中称为粉碎机（Shredder）］由两个碰撞器组成，其中一个位于屏幕上方，另一个位于屏幕下方。它们的工作是捕捉任何错误的子弹和流星并将其“粉碎”。按照以下步骤创建粉碎机。

1. 将一个空的游戏对象添加到场景中（选择“游戏对象”→“创建空对象”），并将其命名为 Shredder。将其放置在 (0, −10, 0) 处。

2. 将 Box Collider 2D 组件添加给 Shredder 对象（选择“添加组件”→“2D 物理”→“2D 盒状碰撞器”）。在检查器视图中，确保选中 Box Collider 2D 组件的“是触发器”复选框，并将其大小设置为 (16, 1)。

3. 复制 Shredder 对象并将新粉碎机放置在 (0, 10, 0) 处。

稍后，这些触发器将用于摧毁任何击中它们的物体，如偏航的流星或子弹。

15.2.8　用户界面

最后，你需要添加一个简单的用户界面来显示玩家的当前分数，并在游戏角色死亡时宣布“游戏结束”。遵循以下步骤。

1. 将 UI 文本元素添加到场景中（选择“游戏对象”→ UI →“文本”），并将其重命名为 Score（分数）。

2. 将分数文本的锚点定位在画布的左上角，并将其位置设置为 (100, −30, 0)（见图 15.6）。

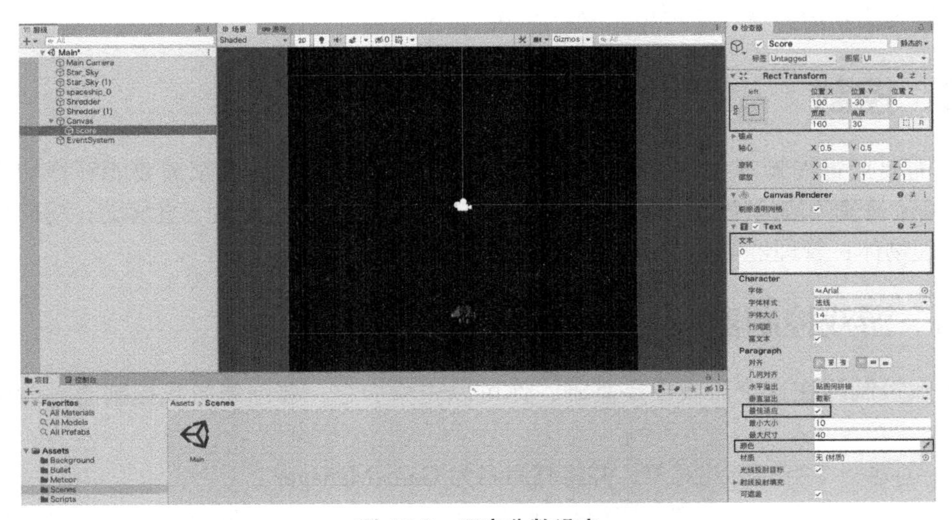

图 15.6　玩家分数设定

3. 将 Score 对象的文本属性设置为 0（初始分数），检查“最佳适应”复选框是否选中，并将颜色设置为白色。

现在，你可以添加在玩家输掉游戏时显示的文本，步骤如下。

1. 向场景中添加另一个 UI 文本元素，并将其重命名为 Game Over。将锚点保持在中心，并将其位置设置为 (0, 0, 0)。

2. 将该文本对象的宽度设置为 200，将高度设置为 100。

3. 将文本更改为 Game Over！，检查“最佳适应”复选框是否选中，将对齐设置为居中，并将颜色更改为红色。

4. 最后，取消选中 Text 组件名称左边的复选框以禁用文本，直到需要为止（见图 15.7）。请注意，图 15.7 演示了被禁用之前的文本，以便你看到它的外观。

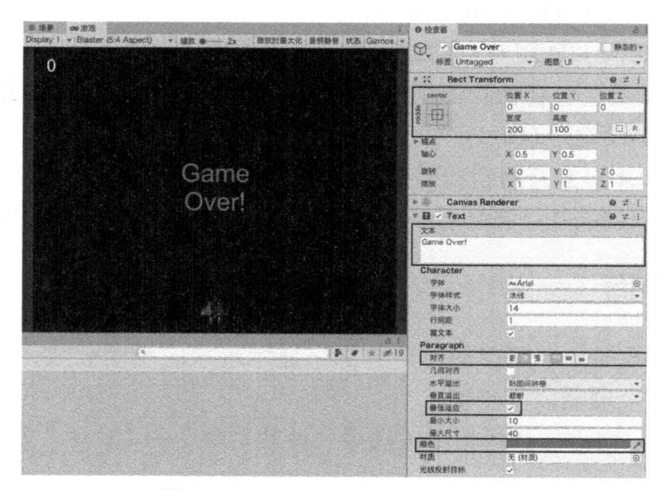

图 15.7 Game Over！文本设置

稍后，你会将此分数显示连接到 GameManager 脚本，使分数可以更新。现在所有的实体都就位了，是时候开始把这个场景变成一个游戏了。

15.3 控制

你需要把各种脚本组件组装起来才能使该游戏正常运行。玩家需要能够移动飞船并发射子弹；子弹和流星需要能够自动移动；流星生成器必须让流星一直移动；粉碎机需要能够清理物体；管理器需要跟踪所有动作。

15.3.1 游戏控制器

游戏控制器在这个游戏中是基础，你可以先添加它。要创建游戏控制器，请执行以下步骤。

1. 创建一个空的游戏对象，并将其命名为 GameManager。

2. 游戏控制器所需的唯一资源是脚本，需要创建一个名为 Scripts 的文件夹，为创建的所有简单脚本提供存储的位置。

3. 在 Scripts 文件夹中创建一个名为 GameManager 的新脚本，并将其附加到 GameManager 对象上。用以下代码覆盖脚本的内容。

```
using UnityEngine;
using UnityEngine.UI; // UI需要该引用
```

```
public class GameManager : MonoBehaviour
{
    public Text scoreText;
    public Text gameOverText;

   int playerScore = 0;

   public void AddScore()
   {
       playerScore++;
       // 将分数（数字）转化为字符
       scoreText.text = playerScore.ToString();
    }

     public void PlayerDied()
     {
          gameOverText.enabled = true;
          // 暂停游戏
          Time.timeScale = 0;
     }
}
```

在这段代码中，可以看到管理器负责保存分数并知道游戏何时运行。管理器有两个公有方法：PlayerDied 和 AddScore。PlayerDied 在被流星击中时由玩家调用。AddScore 在摧毁流星时由子弹调用。

记住将 Score 和 Game Over 对象拖动到 Game Manager（脚本）组件上（见图 15.8）。

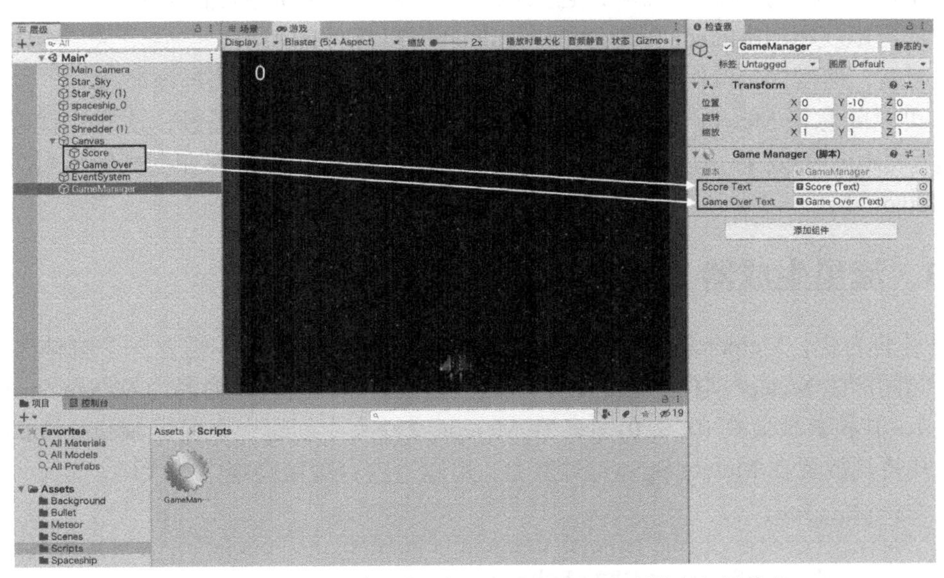

图 15.8　将文本对象附加到 Game Manager（脚本）组件上

15.3.2　流星的脚本

图 15.9　向 Meteor 预制件添加 Meteor Mover 脚本

流星会从屏幕顶部落下，挡住游戏角色的路。按照以下步骤创建流星脚本。

1. 在 Meteor 文件夹中创建一个新脚本，并将其命名为 MeteorMover（流星移动）。

2. 选择你的 Meteor 预制件。在检查器视图中，选择“添加组件”→“脚本”→Meteor Mover（见图 15.9）。

3. 用以下代码覆盖脚本的内容。

```
using UnityEngine;

public class MeteorMover : MonoBehaviour
{
    public float speed = -2f;

    Rigidbody2D rigidBody;

    void Start()
    {
        rigidBody = GetComponent<Rigidbody2D>();
        // 给流星一个初始朝下的重力
        rigidBody.velocity = new Vector2(0, speed);
    }
}
```

Meteor 预制件现在还很简单，它只包含一个表示其下降速度的公有变量。在 `Start` 方法中，可以获得对 Meteor 预制件的 Rigidbody 2D 组件的引用。然后用这个刚体来设定流星的速度，速度为负值时，它将向下移动。请注意，流星不负责检测碰撞。

你可以随意将 Meteor 预制件拖动到层级视图中，然后运行场景，这样你就可以看到刚才编写的代码的效果了。流星应该向下移动并轻微旋转。请确保在完成后从层级视图中删除 Meteor 实例。

15.3.3　流星生成器

到目前为止，Meteor 只是预制件，没有办法进入场景中。你需要一个物体来负责每隔一段时间产生 Meteor 实例。创建一个新的空游戏对象，将其重命名为 Meteor Spawn（流星生成），并将其放置在 (0, 8, 0) 处。在 Meteor 文件夹中创建一个名为 MeteorSpawn 的新脚本，并将其放置在 Meteor Spawn 对象上。用以下内容覆盖脚本中的代码。

```
using UnityEngine;

public class MeteorSpawn : MonoBehaviour
{
```

```
    public GameObject meteorPrefab;
    public float minSpawnDelay = 1f;
    public float maxSpawnDelay = 3f;
    public float spawnXLimit = 6f;

    void Start()
    {
        Spawn();
    }

    void Spawn()
    {
        // 在随机的x轴位置生成流星
        float random = Random.Range(-spawnXLimit, spawnXLimit);
        Vector3 spawnPos = transform.position + new Vector3(random, 0f, 0f);
        Instantiate(meteorPrefab, spawnPos, Quaternion.identity);

        Invoke("Spawn", Random.Range(minSpawnDelay, maxSpawnDelay));
    }
}
```

这个脚本做了一些有趣的事情。首先，它创建了两个变量来管理 Meteor 实例的生成时间。它还声明了一个 `GameObject` 变量，该变量用来存储 Meteor 预制件。在 `Start` 方法中，它调用了 `Spawn` 方法，该方法负责创建和放置流星。可以看到流星在与生成点相同的 y 轴和 z 轴坐标上生成，但 x 轴坐标在 -6 和 6 之间偏移。这样流星就不会总是在同一个地点生成。当新流星的位置确定后，`Spawn` 方法在该位置实例化（创建）Meteor 预制件，并使用默认旋转（`Quaternion.identity`）。最后一行再次调用 `Spawn` 方法。`Invoke` 方法在一段随机时间后调用指定方法（在本例中为 `Spawn`），该随机量由两个定时变量控制。

在 Unity 编辑器中，从项目视图中单击 Meteor 预制件并将其拖动到 Meteor Spawn 对象的 Meteor Spawn（脚本）组件的 Meteor Prefab 属性上。运行场景，你会看到流星在屏幕上生成。

15.3.4 DestroyOnTrigger脚本

现在到处都有流星在生成，需要开始清理它们了。在 Scripts 文件夹中创建一个名为 DestroyOnTrigger（触发时销毁）的新脚本（因为它是一个不相关的资源），并将其附加到先前创建的放在屏幕上下的 Shredder 对象。将以下代码添加到脚本中，确保此代码在方法外部、类内部。

```
void OnTriggerEnter2D(Collider2D other)
{
    Destroy(other.gameObject);
}
```

这个基础脚本会销毁进入它的任何对象。因为游戏角色不能上下移动，所以你不需要担心其被摧毁。只有子弹和流星才能进入触发器。

15.3.5 ShipControl脚本

现在，流星正在坠落，游戏角色无法躲开。接下来你需要创建一个脚本来控制游戏角色。在Spaceship文件夹中创建一个名为ShipControl（飞船控制）的新脚本，并将其附加到场景中的Spaceship对象上。将脚本中的代码替换为以下代码。

```
using UnityEngine;

public class ShipControl : MonoBehaviour
{
    public GameManager gameManager;
    public GameObject bulletPrefab;
    public float speed = 10f;
    public float xLimit = 7f;
    public float reloadTime = 0.5f;
    float elapsedTime = 0f;

    void Update()
    {
        // 跟踪子弹发射的时间
        elapsedTime += Time.deltaTime;

        // 左右移动游戏角色
        float xInput = Input.GetAxis("Horizontal"
        transform.Translate(xInput * speed * Time.deltaTime, 0f, 0f);

        // 限制飞船的x轴定位
        Vector3 position = transform.position;
        position.x = Mathf.Clamp(position.x, -xLimit, xLimit);
        transform.position = position;

        // 按Space键发射，默认的输入管理器设置将该键称为Jump
        // 上一次子弹发射后经过一定时间后才可再次发射
    if (Input.GetButtonDown("Jump") && elapsedTime > reloadTime)
    {
        // 在游戏角色前方1.2个单位的地方将子弹实例化
        Vector3 spawnPos = transform.position;
        spawnPos += new Vector3(0, 1.2f, 0);
        Instantiate(bulletPrefab, spawnPos, Quaternion.identity);

        elapsedTime = 0f; // 子弹发射计时器归零
    }
 }

 // 如果流星击中游戏角色
 void OnTriggerEnter2D(Collider2D other)
 {
```

```
        gameManager.PlayerDied();
    }
}
```

这个脚本做了很多工作。最开始它为游戏控制器、Bullet 预制件、速度、移动限制和子弹计时创建了变量。

在 Update 方法中，脚本获取经过的时间，用于确定是否经过了足够的时间来发射子弹。记住，根据规则，游戏角色只能每半秒发射一颗子弹，然后根据输入沿 x 轴移动。游戏角色的 x 轴位置被限制，因此飞船不能向左或向右离开屏幕。之后，脚本检测玩家是否正在按 Space 键。通常在 Unity 中，Space 键用于跳跃动作。（这可以在输入管理器中重新设置，但还是建议保留原样以避免任何混淆。）如果确定玩家正在按 Space 键，则脚本将用 reloadTime（目前是半秒）与发射后经过的时间做对比，如果大于半秒，脚本将新生成一个 Bullet 实例。可以注意到脚本在飞船的正上方创建了子弹，这可以防止子弹与飞船相撞。最后，经过的时间重置为 0，以便开始下一次子弹射击的计数。

脚本的最后一部分包含 OnTriggerEnter2D 方法。每当流星击中游戏角色时，就会调用此方法。当这种情况发生时，GameManager 脚本会被告知游戏角色已死亡。

回到 Unity 编辑器中，单击并将 Bullet 预制件拖动到 spaceship_0 上 Ship Control（脚本）组件的 Bullet 属性上。同样，单击并将 GameManager 对象拖动到 Ship Control（脚本）组件上，以使其能够访问 GameManager 脚本（见图 15.10）。运行场景，注意现在可以移动飞船了。游戏角色应该能够发射子弹（尽管它们还不会移动）。还请注意，游戏角色现在可以死亡并结束游戏。

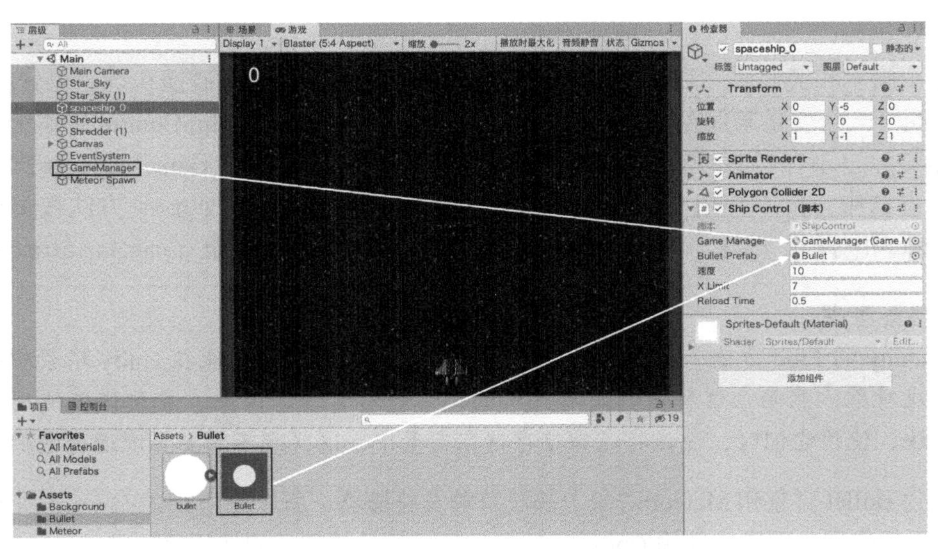

图 15.10 连接 Ship Control（脚本）组件

15.3.6 Bullet脚本

最后需要添加子弹的移动和碰撞。在 Bullet 文件夹中创建一个名为 Bullet 的新脚本，并将其添加到 Bullet 预制件中。用以下代码替换脚本中的代码。

```
using UnityEngine;

public class Bullet : MonoBehaviour
{
    public float speed = 10f;
    GameManager gameManager; //注意这次是私有的了

    void Start()
    {
        // 由于子弹在游戏运行之前都不存在
        // 我们需要用其他的方法找到Game Manager
        gameManager = GameObject.FindObjectOfType<GameManager>();

        Rigidbody2D rigidBody = GetComponent<Rigidbody2D>();
        rigidBody.velocity = new Vector2(0f, speed);
    }

    void OnCollisionEnter2D(Collision2D other)
    {
        Destroy(other.gameObject); // 销毁流星
        gameManager.AddScore(); // 增加分数
        Destroy(gameObject); // 销毁子弹
    }
}
```

这个脚本和流星脚本之间的主要区别是，这个脚本需要考虑碰撞和玩家得分。Bullet 脚本声明了一个变量来保存对 GameManager 脚本的引用，就像 ShipControl 脚本一样。因为子弹实际上不在场景视图中，它需要以稍微不同的方式定位 GameManager 脚本。在 `Start` 方法中，脚本使用 `GameObject.FindObjectOfType<Type>` 方法按类型搜索 GameControl 对象。然后，对 GameManager 脚本的引用存储在变量 `gameManager` 中。

提示 性能考虑

Unity 的 Find 方法（例如上面使用的方法）可以非常简单地在 Unity 场景中查找游戏对象。然而，这种便利是有代价的，它会非常慢。因此，应该谨慎使用这些方法，使用它们时，应该将返回值存储在变量中，这样就不需要再次运行它们。

因为 Bullet 对象和 Meteor 对象上都没有触发碰撞器，所以使用 `OnTriggerEnter2D` 方法将不起作用。而脚本使用 `OnCollisionEnter2D` 方法。此方法不读取 `Collider2D` 变量，而是读取一个 `Collision2D` 变量。在本案例中，这两种方法之间的差异无关紧要，所做的唯一工作只是销毁这两个对象，并告诉 GameManager 脚本玩家的得分情况。

运行 Captain Blaster，你会发现游戏现在完全可以玩了。虽然你无法获胜（这是故意的），但你是可以输掉游戏的。继续玩玩，看看你能得到什么样的分数。

作为一个有趣的挑战，考虑使 `minSpawnDelay` 和 `maxSpawnDelay` 的值随着时间的推移变得更小，从而使流星在游戏中更快地生成。

15.4 优化

是时候优化游戏了。和之前创建的游戏一样，Captain Blaster 的几个部分特意保留了基本内容。一定要把游戏玩上几次，看看你注意到了什么。什么事情有趣？什么事情不有趣？有什么明显的方法可以打破游戏规则吗？注意，游戏中留下了一个非常显眼的漏洞，让玩家获得高分。你能找到它吗？

以下是一些你可以考虑改变的方面。

- 尝试修改子弹速度、发射子弹的延迟时间或者子弹的飞行路径。
- 尝试允许游戏角色并排发射两颗子弹。
- 让流星发射速度随时间递增。
- 尝试添加不同类型的流星。
- 给游戏角色提供额外的保护，甚至是防护罩。
- 允许游戏角色垂直和水平移动。

有很多方法可以让 2D 滚动射击游戏与众不同。试试看你可以如何自定义 Captain Blaster。还值得注意的是，你将在第 16 章中学习粒子系统，这个游戏是试用粒子系统的主要候选。

15.5 总结

在本章中，你制作了 Captain Blaster 游戏。你首先设计了游戏元素，接着构建了游戏世界。你构造了垂直滚动的背景，并使之运动起来。接下来，你构建了多个游戏实体，并通过编写脚本和控制对象添加了交互性。最后，你检查了游戏，并且探索了一些优化的方法。

15.6 问答

问 为什么把子弹发射的时间延迟半秒？

答 这主要是一个平衡的问题。如果游戏角色可以很快地射击，游戏将没有挑战性。

问 为什么在飞船上使用多边形碰撞器？

答 因为飞船的尺寸很奇怪，所以标准形状的碰撞器不会非常精确。幸运的是，你可以使用多边形碰撞器精密地映射飞船的几何形状。

15.7 测试

花一些时间来研究下面的问题，以确保你牢固地掌握了所学内容。

15.7.1 试题

1. 游戏的获胜条件是什么？
2. Captain Blaster 中的滚动背景是怎样工作的？
3. 哪些对象具有刚体？哪些对象具有碰撞器？
4. 判断题：流星负责检测与游戏角色之间的碰撞。

15.7.2 答案

1. 玩家不能赢得游戏。不过，玩家在游戏之外可以以分数排名来“获胜”。
2. 两个相同的精灵位于 y 轴上，一个在另一个之上。然后，它们轮流经过摄像机，看起来就像在不停滚动。
3. Bullet 和 Meteor 具有刚体。Bullet、Meteor、spaceship_0 和 Shredder 具有碰撞器。
4. 错误。ShipControl 脚本负责检测碰撞。

15.8 练习

这个练习与你到目前为止所做的练习有点不同。游戏优化过程的一个常见部分是让不参与开发过程的人对游戏进行测试。完全不熟悉游戏的人能够提供真实的第一体验反馈，这非常有用。在这个练习中，让其他人玩这个游戏。试着找一个多样化的群体：一些狂热的玩家和一些不玩游戏的人，一些喜欢这类游戏的人和一些不喜欢这类游戏的人。把他们的反馈汇编成组，分为良好的特性、糟糕的特性以及可以改进的方面。此外，试着看看是否有任何通常标配的但目前此游戏并不提供的功能。最后，看看你是否可以根据收到的反馈实现或改进游戏。

第16章　粒子系统

本章你将会学到如下内容。

- 粒子系统的基础知识。
- 如何处理模块。
- 如何使用曲线编辑器。

在本章中，你将学习如何使用 Unity 的粒子系统（Particle System）。首先将从总体上了解粒子系统以及它们是如何工作的。你将使用许多不同的粒子系统模块进行试验。最后会通过试验 Unity 曲线编辑器（Curves Editor）来结束这一章。

16.1　粒子系统的基础知识

粒子系统是发射其他对象（通常称为粒子）的对象或组件。这些粒子可以是快的、慢的、平的、成形的、小的、大的等。该定义非常通用，因为这个系统可以通过适当的设置实现各种效果。它们可以喷射出火焰，可以是滚滚浓烟，可以是萤火虫、雨、雾或任何你能想到的东西。这些效果通常称为粒子效果。

16.1.1　粒子

粒子是由粒子系统发射的单个实体。由于许多粒子通常发射速度很快，使粒子尽可能高效就很重要。这就是为什么大多数粒子都是 2D 广告牌（Billboard）。广告牌是一个始终面向摄像机的平面图像。这给人一种错觉，即广告牌是 3D 的，同时它还提供出色的性能。

16.1.2　Unity粒子系统

要在场景中创建粒子系统，可以创建粒子系统对象或将 Particle System 组件添加到现有对象。要创建粒子系统对象，请选择“游戏对象”→“效果”→“粒子系统”。要将 Particle System 组件添加到现有对象，请选择该对象，然后选择“添加组件”→“效果”→“粒子系统”。

▼自己上手

创建一个粒子系统

遵循以下步骤，在场景中创建一个粒子系统。

1. 创建一个新场景或项目。
2. 选择“游戏对象”→“效果”→“粒子系统”，添加一个粒子系统。
3. 请注意粒子系统如何在场景视图中发射白色粒子（参见图 16.1）。这是基本的粒子系统。尝试旋转并缩放粒子系统，看看其反馈如何。

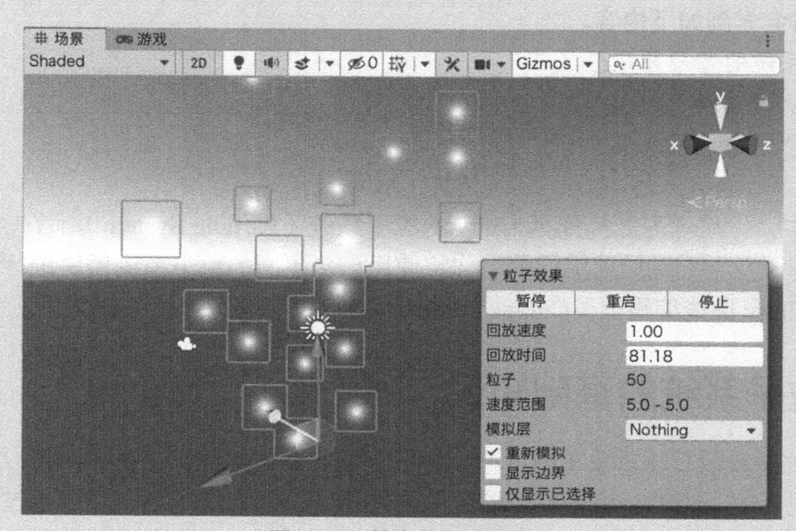

图 16.1　基本的粒子系统

小记　自定义粒子

默认情况下，Unity 中的粒子是白色小球，并且逐渐变透明。这是一个非常有用的通用粒子，但它也只能有这样的效果。有时你想要更具体的东西（比如生火），可以用任意 2D 图像生成自己的粒子，以创建完全符合你需要的效果。

16.1.3　粒子系统的控制

你可能已经注意到，将粒子系统添加到场景中时，它开始在场景视图中发射粒子。你可能还注意到出现了“粒子效果”控制面板（见图 16.2）。其中的这些控件允许你暂停、停止和重新启动场景中的粒子动画。这在调整粒子系统的行为组件时非常有用。

这些控件还允许你加快播放速度，并告诉你粒子效果播放了多长时间，这在测试持续时间效果时非常有用。请注意，控件仅在游戏停止时显示播放速度和播放时间。

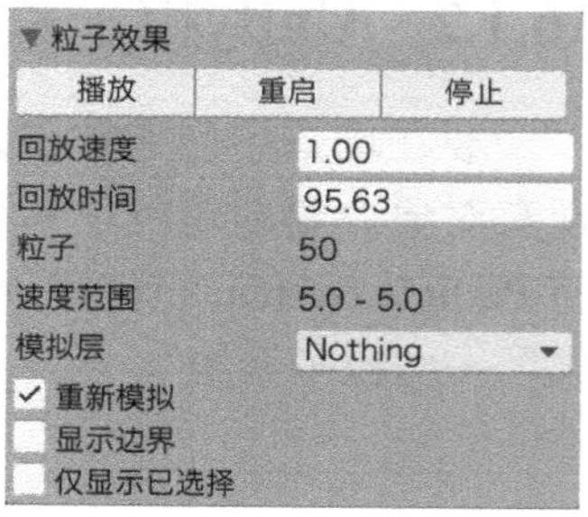

图 16.2　“粒子效果”控制面板

小记 粒子效果

要创建复杂且具有视觉吸引力的效果，可以让多个粒子系统一起工作（例如烟和火系统）。当多个粒子系统协同工作时，称之为粒子效果（Particle Effect）。在 Unity 中，创建粒子效果是通过把粒子系统嵌套在一起实现的。一个粒子系统可以是另一个粒子系统的子对象，或者它们可以是不同对象的子对象。Unity 中的粒子效果最终都会被视作一个系统，并且“粒子效果”控制面板将把整个效果作为一个单元进行控制。

16.2 粒子系统模块

实际上，粒子系统只是空间中发射粒子对象的点。粒子的外观和行为以及它们造成的影响都由模块决定。模块是定义某种行为形式的各种属性。在 Unity 的粒子系统中，模块是一个集成的基础组件。本节列出了这些模块，并简要解释每个模块的功能。

请注意，除了默认模块（将最先介绍）外，所有模块都可以启用和关闭。要启用模块，请在模块名称旁选中其复选框；要关闭它，请取消选中。要隐藏或显示模块，请单击 Particle System 右边的加号（见图 16.3）。也可以单击列表中粒子系统的名称切换其可见性。默认情况下，所有模块均可见，并且只启用了发射、形状、渲染器这些模块。要展开一个模块，只需单击其名称即可。

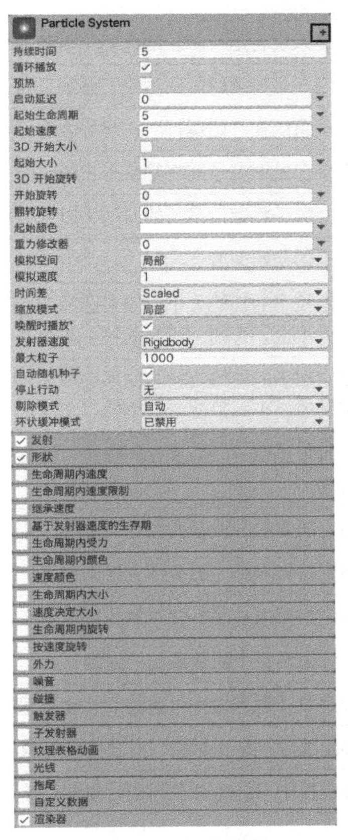

图 16.3 各种模块

小记　简要说明

多个模块的一些属性要么是自解释的（比如矩形的长度和宽度属性），要么已经在前面介绍过。为了简单起见，将省略这些属性。你可能会在屏幕上看到比本书中所介绍的更多的属性。

小记　常量、曲线、随机

通过一条带值的曲线，可以在粒子系统或单个粒子的生命周期内更改属性的值。通过值旁边的下指箭头，可以知道哪些属性能够使用曲线。所提供的选项是常数、曲线、双常数间随机、双曲线间随机。出于本节的目的，把所有的值都视作常量。在本章后面，你将有机会详细地探索曲线编辑器。

16.2.1　默认模块

默认模块被简单地标记为 Particle System。这个模块包含每个粒子系统都需要的所有特定的信息。表 16.1 描述了默认模块的属性。

表16.1　默认模块属性

属　　性	描　　述
持续时间	粒子系统将运行多长的时间（以秒为单位）
循环播放	确定一旦持续时间到达粒子系统是否会重新开始运行
预热	粒子系统在开始运行时，就好像它已经从前一个周期中发射了粒子一样
启动延迟	系统在发射粒子前将等待多长的时间（以秒为单位）
起始生命周期	每个粒子将存活多长的时间（以秒为单位）
起始速度	粒子的初始速度
起始大小	指定粒子的初始大小。如果选择 3D 开始大小属性，则可以沿 3 根轴提供不同的大小值。否则，所有的粒子都会是一个大小
开始旋转	指定粒子的初始旋转。如果选择 3D 开始旋转属性，则可以指定围绕 3 根轴的旋转值，否则只使用一个值
翻转旋转	导致某些粒子以相反方向旋转。值的范围在 0 到 1，以导致更多或更少的粒子翻转
起始颜色	指定所发射的粒子的颜色
重力修改器	指定将世界重力的多少应用于粒子
模拟空间	确定坐标值是基于父对象的世界坐标系还是局部坐标系
模拟速度	允许微调整个粒子系统的速度
时间差	确定粒子系统的计时是基于缩放时间还是基于未缩放时间
缩放模式	确定缩放是基于对象、对象的父对象还是发射器的形状
唤醒时播放	确定粒子系统是否在创建时立即开始发射粒子
发射器速度	允许选择是从对象的变换计算速度还是从其刚体（如果有）计算速度

续表

属　性	描　述
最大粒子	指定系统一次可以存在的粒子总数。如果达到该数值，系统将停止发射，直到一些粒子死亡
自动随机种子	确定粒子系统在每次播放时是否看起来不同
停止行动	允许指定粒子系统完成时发生的情况。例如，你可以禁用或销毁游戏对象，或请求脚本回调
剔除模式	确定粒子在屏幕外时是否更新。暂停和追赶模式在屏幕外暂停，然后在粒子返回时进行一次大更新，使其看起来好像从未停止过；暂停模式会在屏幕外停止粒子；始终模拟模式会始终更新粒子，即使无法看到它们
环状缓冲模式	防止粒子在其生命结束时死亡，将其保持在周围，直到达到最大粒子数

16.2.2 发射模块

发射模块用于确定粒子的发射速率。使用此模块，你可以指定粒子是以恒定速率流出、突发方式流出还是以二者之间的某种方式流出。表 16.2 描述了发射模块的属性。

表16.2 发射模块属性

属　性	描　述
随单位时间产生的粒子数	确定在一段时间内发射的粒子数
随移动距离产生的粒子数	确定在一段距离内发射的粒子数
突发	指定特定时间间隔的粒子突发。可以通过单击加号（+）创建突发，单击减号（-）删除突发（见图 16.4）

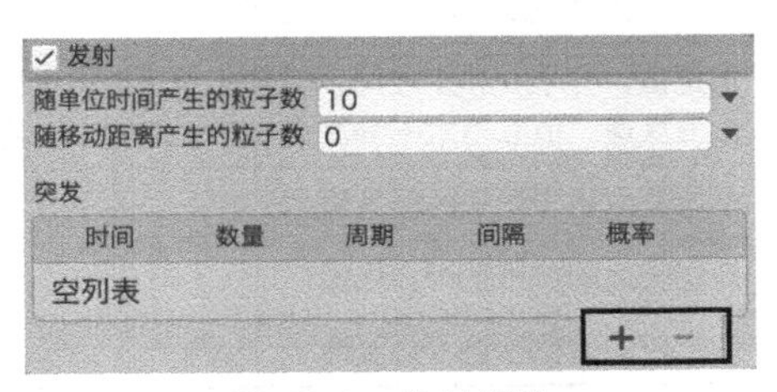

图 16.4 发射模块

16.2.3 形状模块

顾名思义，形状模块决定发射粒子形成的形状。形状选项包括球体、半球、锥体、甜甜圈、盒、网格、网格渲染器、蒙皮网格渲染器、圆形、边缘、矩形。此外，每个形状都有一组用于定义它的属性，例如锥体和球体的半径，这些属性是自解释的，所以这里不讨论它们。

16.2.4 生命周期内速度模块

生命周期内速度模块通过对每个粒子应用 x、y 和 z 轴速度来直接为其设置动画。请注意，这是每个粒子在粒子生命周期的速度变化，而不是粒子系统的生命周期。表 16.3 描述了生命周期内速度模块的属性。

表16.3 生命周期内速度模块属性

属 性	描 述
XYZ	指定应用于每个粒子的速度。可以是常数、曲线、常数或曲线之间的随机数
空间	指定是基于局部空间还是基于世界空间来添加速度
轨道 XYZ	将速度应用于粒子，围绕发射器的中心旋转粒子，并按指定的偏移进行修改
射线	指定将粒子投射出中心的径向速度
速度修改器	允许一次性修改各个速度

16.2.5 生命周期内速度限制模块

这个名称很长的模块可以用来抑制或固定粒子的速度。实质上，它将阻止粒子超过某根轴或所有轴上的速度阈值，或者降低它们的速度。表 16.4 描述了生命周期内速度限制模块的属性。

表16.4 生命周期内速度限制模块属性

属 性	描 述
分离轴	如果未选中，则对每根轴使用相同的值。如果选中，则使用每根轴的速度属性以及局部或世界空间的属性
速度	指定每根轴或所有轴的阈值速度
抑制	指定值，介于 0 和 1 之间，如果粒子超过由速度属性确定的阈值，则粒子将通过该值减速。值 0 根本不会减慢粒子，但值 1 会将粒子减慢 100%
阻力	指定要应用于粒子的线性阻力
乘以大小	确定较大的粒子是否会更慢
乘以速度	确定较快的粒子是否会更慢

16.2.6 继承速度模块

继承速度模块非常简单，它决定了发射器的速度中有多少应用于粒子。第一个属性模式指定粒子是仅应用初始速度，还是继续接收发射器的速度。另外，乘数属性决定了要应用的速度比例。

16.2.7 基于发射器速度的生命周期模块

基于发射器速度的生命周期模块根据粒子生成时发射器的移动速度控制每个粒子的

生命。第一个属性乘数根据第二个属性速度范围确定默认生命周期乘以的值。

16.2.8　生命周期内受力模块

生命周期内受力模块类似于生命周期内速度模块。不同之处在于，该模块对每个粒子施加的是力，而不是速度。这意味着粒子将继续沿指定方向加速。该模块还允许你随机化每帧的受力，从而导致湍流或不稳定的运动。

16.2.9　生命周期内颜色模块

生命周期内颜色模块允许你随着时间推移更改粒子的颜色。这对于创建火花之类的效果很有用，火花以亮橙色开始，以暗红色结束。要使用此模块，必须指定颜色的渐变。你还可以指定两个渐变，并让 Unity 在它们之间随机选择一种颜色。可以使用 Unity 的 Gradient Editor（渐变编辑器）编辑渐变（见图 16.5）。

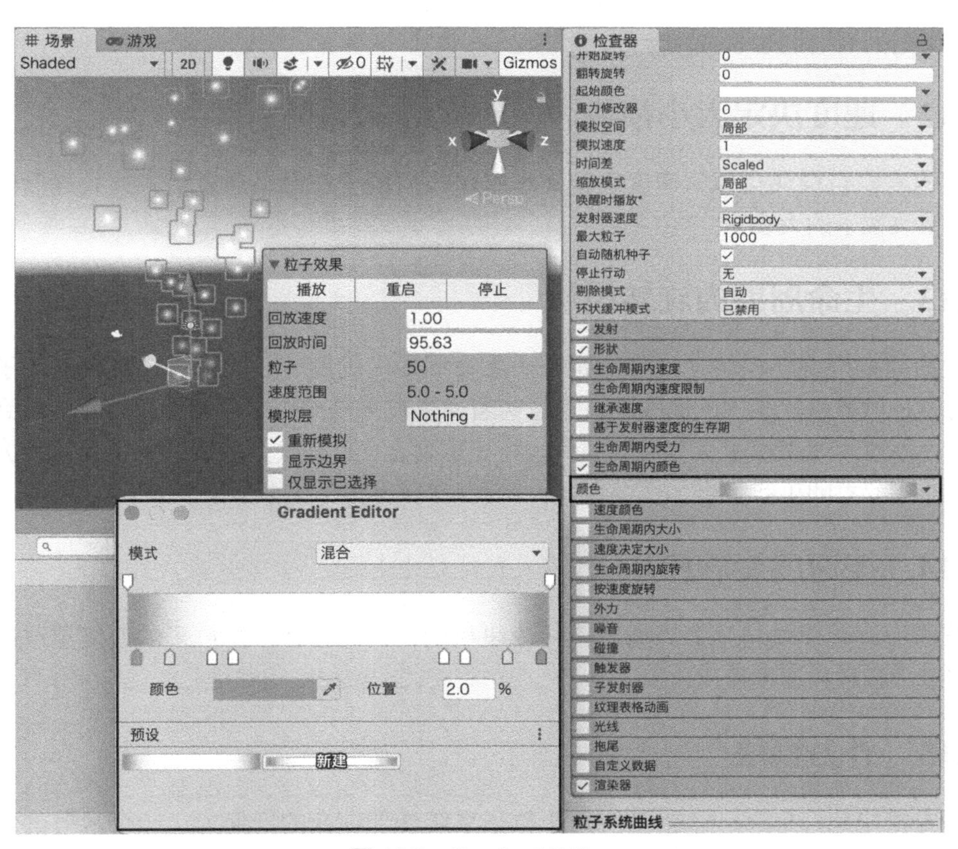

图 16.5　Gradient Editor

请注意，渐变的颜色会乘以默认模块的起始颜色属性。因此，如果起始颜色为黑色，则生命周期内颜色模块将不起作用。

16.2.10 速度颜色模块

速度颜色模块允许你根据粒子的速度更改其颜色。表 16.5 描述了速度颜色模块的属性。

表16.5 速度颜色模块属性

属性	描述
颜色	指定用于指定粒子颜色的渐变（或随机颜色的两个渐变）
速度范围	指定映射到颜色渐变的最小和最大速度值。以最小速度运动的粒子映射到渐变的左侧，以最大速度（或更高速度）运动的粒子映射到渐变的右侧

16.2.11 生命周期内大小模块

生命周期内大小模块允许你指定粒子大小的变化。大小属性值必须是一条曲线，它指示粒子是随着时间推移而增长还是收缩。

16.2.12 速度决定大小模块

与速度颜色模块类似，速度决定大小模块根据粒子在最小速度值和最大速度值之间的速度更改粒子的大小。

16.2.13 生命周期内旋转模块

生命周期内旋转模块允许你指定粒子生命周期内的旋转。请注意，旋转是粒子本身的，而不是世界坐标系中的曲线的。这意味着如果粒子是一个平面圆形，将不能看到旋转的效果。不过，如果粒子具有一些细节，将注意到它在旋转。用于旋转的值可以作为一个常量、曲线或者随机数给出。

16.2.14 按速度旋转模块

按速度旋转模块与生命周期内旋转模块相同，只是它会根据粒子的速度更改值。旋转根据最小和最大速度值变化。

16.2.15 外力模块

外力模块允许你将一个乘数应用于粒子系统外部存在的任何力。一个很好的例子是场景中存在的任何风力。乘数属性将依赖于力的值增大或减小。

16.2.16 噪音模块

噪音模块是 Unity 粒子系统的一个相对较新的模块。此模块允许你对粒子的运动应用一些随机化效果（例如闪电）。它通过生成柏林噪音图像作为查找表来实现这一点。你可以在模块的预览窗口中看到使用的噪音。表 16.6 列出了噪音模块的属性。

表16.6 噪音模块属性

属 性	描 述
分离轴	指示是否将噪音平均应用于所有轴，或是否为每根轴导出不同的值
强度	定义粒子在其生命周期内的噪音影响有多强。值越高，粒子移动得越快越远
频率	指定粒子更改其移动方向的频率。低值创建柔和平滑的噪音，高值创建快速变化的噪音
滚动速度	让噪音图随时间滚动，形成不可预测、不稳定的粒子运动
阻尼	确定强度是否与频率成比例
倍率	确定应用了多少重叠的噪音层。数字越大，产生的噪音越丰富、越有趣，但会以性能为代价
倍率乘数	降低每个附加噪音层的强度
倍率缩放	调整每个附加噪音层的频率
质量	允许你调整噪音质量以恢复某些性能
重新映射曲线	允许你将噪音的最终值重新映射为其他值。可以使用曲线指定哪些噪音值应转换为其他值
位置数量、旋转量、尺寸量	控制噪音对粒子的位置、旋转和尺寸的影响程度

16.2.17 碰撞模块

碰撞模块允许你为粒子设置碰撞。这可用于各类碰撞效果，比如火滚过墙壁或者雨击中地面。可以把碰撞设置为与预定的平面协同工作（平面模式：最高效），或者与场景中的对象协同工作（世界模式：较低的效率）。碰撞模块具有一些公共属性和一些独特的属性，这依赖于所选的碰撞类型。表 16.7 描述了碰撞模块的公共属性；表 16.8 和表 16.9 分别描述了属于平面模式和世界模式的属性。

表16.7 通用碰撞模块属性

属 性	描 述
平面和世界	指定使用的碰撞类型。平面模式将与预定平面发生碰撞，世界模式将与场景中任何对象发生碰撞
抑制	确定粒子碰撞时的速度。值的范围为 0 到 1
反弹	确定碰撞后保持的速度分数。与抑制模式不同，这只影响粒子在其上反弹的轴。值范围在 0 到 1 之间
生存期损失	确定碰撞时粒子的生命损失。值的范围为 0 到 1
最小消亡速度	指定粒子被碰撞死亡之前的最小速度
最大消亡速度	指定碰撞粒子从系统中被移除的速度
半径缩放	调整粒子碰撞球体的半径，使其更接近粒子图形的视觉边缘

续表

属　性	描　述
发送碰撞消息	确定是否将碰撞消息发送到与粒子碰撞的对象
可视化边界	在场景视图中将每个粒子的碰撞边界渲染为线框形状

表16.8　平面模式的属性

属　性	描　述
平面	确定粒子可以碰撞的位置。提供的变换的 y 轴确定平面的旋转
可视化	确定如何在场景视图中绘制平面。它们可以是实体或网格
缩放平面	调整平面的可视化大小

表16.9　世界模式的属性

属　性	描　述
模式	指定是使用 2D 还是 3D
碰撞质量	指示世界碰撞的质量。值为高、中、低。显然，高是 CPU 最密集和最准确的，低是最不密集和最不准确的
碰撞对象	确定粒子与哪些层碰撞。默认情况下，设置为 Everything（所有）
最大碰撞形状	指定可以考虑碰撞的形状数。多余的形状将被忽略，地形会优先
启用动态碰撞器	确定粒子是否可以与非静态（非运动学）碰撞器碰撞
碰撞器力度和多项选择	允许粒子对与其碰撞的对象施加力。这允许粒子推动对象。其他复选框允许根据碰撞角度、粒子速度和粒子大小施加更多力

▼自己上手

制造粒子碰撞

在本练习中，将设置与粒子系统的碰撞，并使用平面模式和世界模式碰撞。遵循以下步骤。

1. 创建一个新项目或场景。将球体添加到场景中，并将其放置在 (0, 5, 0) 处，设置其缩放为 (3, 3, 3)。给球体一个 Rigidbody 组件。
2. 将粒子系统添加到场景中，并将其放置在 (0, 0, 0) 处。在检查器视图中的发射模块下，将随单位时间产生的粒子数设置为 100。
3. 选中其名称旁边的复选框启用碰撞模块。将类型设置为世界，将碰撞器力度设置为 20（见图 16.6）。注意粒子是如何从球体上反弹的。
4. 进入播放模式并注意球体是如何由粒子托起上浮的。
5. 使用各种发射、形状和碰撞设置进行试验。看看你能使这个球体在空中保持多久。

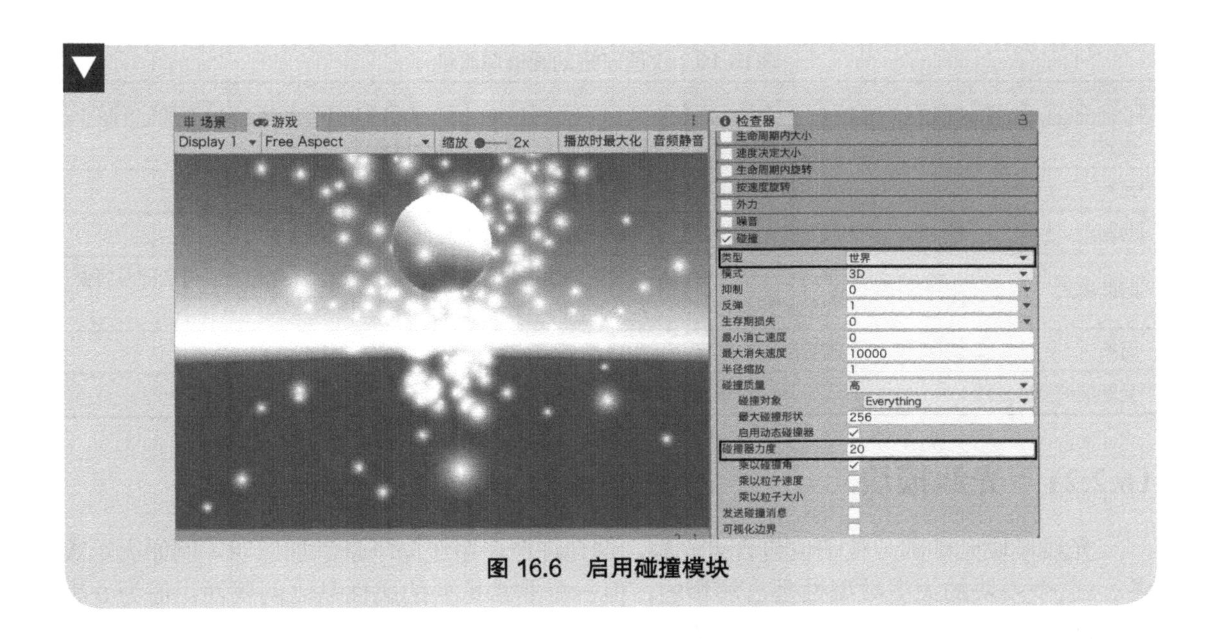

图 16.6 启用碰撞模块

提示 发射器与粒子设置

一些模块修改发射器，另一些模块修改粒子。你可能想知道为什么会有颜色属性和生命周期内颜色属性。它们一个控制发射器生命周期的颜色，另一个使粒子在其生命周期更改颜色。

16.2.18 触发器模块

触发器模块触发对进入碰撞器体积的粒子的响应。可以响应粒子在体积内、体积外，进入体积和退出体积的事件。当这些情况发生时，你可以忽略事件、销毁粒子或在某些代码中调用方法并自定义行为。

16.2.19 子发射器模块

子发射器模块是一个功能强大的模块，它使你能够在某些事件中为当前系统的每个粒子生成一个新的粒子系统。每次创建、消亡或碰撞粒子时，都可以创建新的粒子系统。通过这样做，你可以生成复杂的效果，例如烟花。该模块有 3 个属性：出生、死亡和碰撞。这些属性中的每一个都包含在各自事件上创建的零个或多个粒子系统。

16.2.20 纹理表格动画模块

纹理表格动画模块允许你在粒子的生命周期内更改用于粒子的纹理坐标。本质上，这意味着你可以在单个图像中放置一个粒子的多个纹理，然后在粒子的生命周期内在它们之间切换（正如你在第 15 章中对精灵动画所做的那样）。表 16.10 描述了纹理表格动画模块的属性。

表16.10 纹理表格动画模块属性

属 性	描 述
模式	确定是使用传统的纹理网格方法还是提供单一精灵进行循环
瓦片	指定纹理在 x（水平）和 y（垂直）方向上划分的瓦片数量
动画	确定整个图像是否包含粒子的纹理，或者是否只有一行包含纹理
时间模式	根据粒子的生命周期、粒子的速度或每秒固定帧数播放帧。你还可以指定随时间变化的帧和起始帧
周期	指定动画的频度
受影响的 UV 通道	确定某些粒子是水平翻转还是垂直翻转

16.2.21 光线模块

光线模块允许部分粒子也包含点光源。这允许粒子系统向场景添加照明（例如火炬效果）。这个模块的大多数属性是自解释的，但一个非常重要的属性是比例属性，值为 0 表示没有粒子具有灯光，值为 1 表示所有粒子都具有灯光。需要注意的是，向过多的粒子添加灯光会大大降低场景的速度，因此你应该谨慎使用此模块。

16.2.22 拖尾模块

拖尾模块允许粒子在其后面留下轨迹。使用此模块是创建条状效果的好方法，例如烟花或闪电。本章前面部分已经介绍了本模块的几乎所有属性，还有一些属性是自解释的。这里需要讨论的唯一属性是最小顶点距离属性。该属性用于确定粒子在其轨迹获得新顶点之前需要移动多远。数字越小，轨迹越平滑，但效率也越低。

16.2.23 自定义数据模块

自定义数据模块超出了本书的范围，因为它执行了非常有技术性和非常强大的功能。本质上，此模块允许你将数据从粒子系统传递到你编写的自定义着色器中，以利用该数据。

16.2.24 渲染器模块

渲染器模块指示粒子的实际绘制方式。在这里，你可以指定用于粒子的纹理及其他绘图属性。表 16.11 描述了渲染器模块的一些属性。

表16.11 渲染器模块属性

属 性	描 述
渲染模式	确定粒子的实际绘制方式。模式有 Billboard、伸展 Billboard、水平 Billboard、垂直 Billboard、网格。所有广告牌模式都会使粒子与摄像机或 3 根轴中的两根轴对齐。网格模式使粒子在 3D 中绘制，由网格决定粒子绘制成的 3D 形状
法线方向	指示粒子面对摄像机的程度。值为 1 会使粒子直接朝向摄像机

续表

属 性	描 述
材质和拖尾材质	分别指定用于绘制粒子和粒子轨迹的材质
排序模式	指定粒子的绘制顺序。可以是无、通过距离、最久的放在最前面、最新的放在最前面
排序矫正	确定粒子系统的绘制顺序。该值越低，系统在其他粒子上绘制的可能性越大
最小和最大粒子大小	指定最小或最大粒子大小（无论其他设置如何），以视口大小的小数表示。请注意，此设置仅在渲染模式设置为 Billboard 时应用
渲染对齐	确定粒子是与摄像机、世界、它们自己的变换对齐，还是与摄像机的直接位置对齐（这对虚拟现实很有用）
翻转	允许垂直或水平翻转某些粒子
允许滚动	允许广告牌随摄像机滚动
轴心	定义粒子的自定义轴心
遮罩	确定粒子是否与 2D 遮罩交互
自定义顶点流	与自定义数据模块一起，确定哪些粒子系统特性传递到自定义顶点着色器
投射阴影	确定粒子是否投射阴影
接收阴影	确定粒子是否接收阴影
运动矢量	确定粒子是否使用运动矢量进行渲染。暂时保留默认设置
Sorting Layer ID 和图层顺序	允许使用精灵排序系统对粒子进行排序
光照和反射探测器	允许粒子使用光和反射探头（如果存在）

16.3 曲线编辑器

前面列出的各个模块中的几个值可以设置为常数或曲线。常数选项是不言自明的：你给它一个值，它就是那个值。但是，如果你希望该值在一段时间内发生变化，该怎么办？这就是曲线系统非常方便的地方。此功能可以很好地控制值的行为。你可以在检查器视图的底部看到曲线编辑器（见图 16.7）。你可能需要通过水平句柄将其向上拖动。

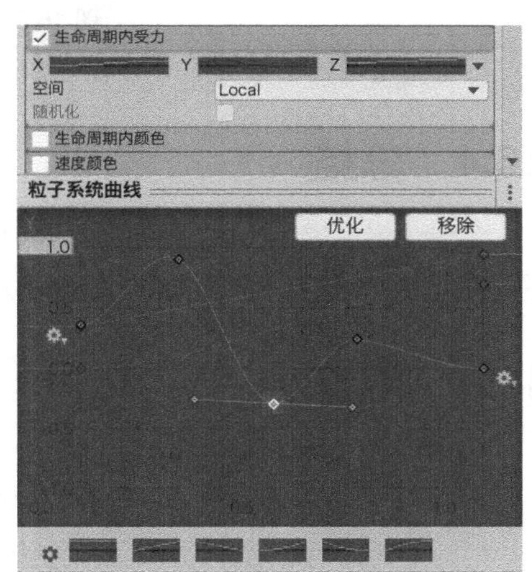

图 16.7 检查器视图中的曲线编辑器

曲线的标题是你正在确定的任何值。在图 16.7 中，该值用于在生命周期内受力模块中沿 x 轴施加的力。该范围规定了可用的最小值和最大值，这可以更改为更大或更小的范围。曲线是给定时间过程中的值本身，预设是可以赋予曲线的通用形状。

曲线可以在任何关键点上移动，这些关键

点显示为曲线上的可见点。默认情况下，只有两个关键点：一个在开始，一个在结束。右键单击曲线并选择“添加关键点”或双击曲线，可以在曲线上的任何位置添加新的关键点。

单击 Particle System 组件右上角的“打开编辑器”按钮或右键单击曲线编辑器的标题栏，可以打开更大的曲线编辑器。

▼自己上手

使用曲线编辑器

为了熟悉曲线编辑器，在本练习中，你将更改在粒子系统的一个周期内发射的粒子的大小。遵循以下步骤。

1. 创建一个新项目或场景。添加粒子系统并将其定位在 (0, 0, 0) 处。
2. 打开“开始大小”下拉列表，然后选择“曲线”。
3. 更改曲线编辑器左上角的值，将曲线范围从 1.0 更改为 2.0。
4. 在中点附近的曲线上右键单击，然后添加一个关键点。现在将曲线的起点和终点向下拖动到 0（见图 16.8）。请注意在粒子系统的 5 秒周期内，发射的粒子大小是如何变化的。

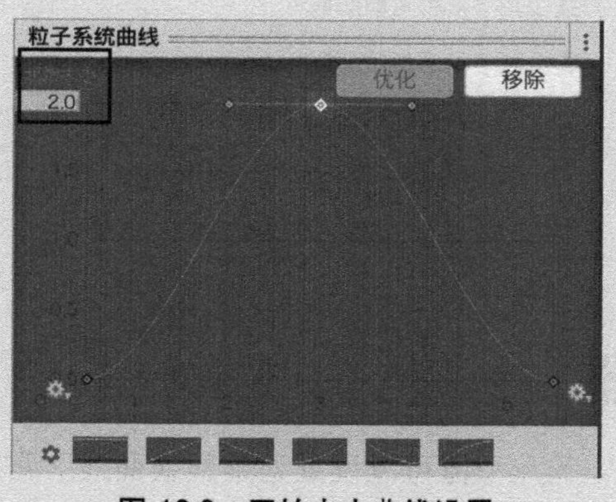

图 16.8　开始大小曲线设置

16.4　总结

在本章中，你学习了 Unity 中粒子和粒子系统的基础知识。了解了组成单位粒子系统的许多模块。最后查看了曲线编辑器的功能。

16.5　问答

问　粒子系统是效率低下的吗？

答　它们可能是这样的，这取决于你提供给它们的设置。一个很好的经验法则是：仅当粒子系统给你提供了某种价值时才使用它。粒子系统可能看上去非常美妙，但是不要过度使用它。

16.6 测试

花一些时间来研究下面的问题，以确保你牢固地掌握了所学内容。

16.6.1 试题

1. 用于总是面向摄像机的 2D 图像的术语是什么?
2. 如何打开较大的粒子效果编辑器窗口?
3. 哪个模块控制如何绘制粒子?
4. 判断题：曲线编辑器用于创建会随着时间的推移而改变值的曲线。

16.6.2 答案

1. 广告牌。
2. 单击检查器视图中 Particle System 组件顶部的“打开编辑器”按钮。
3. 渲染器模块。
4. 正确。

16.7 练习

在本练习中，你将使用 Unity 中作为标准组件提供的一些令人兴奋的粒子效果进行试验。这个练习让你有机会利用现有效果，也可以创建自己的效果。没有正确的解决方案供你查看，只需按照此处的步骤进行操作，并发挥你的想象力。

1. 从随书资源 Hour 16 Files 中导入粒子效果包 ParticleSystems.unitypackage。确保选中所有资源，然后单击 Import 按钮。

2. 导航到 Assets\ParticleSystems\Prefabs。单击 FireComplex（组合火）和 Smoke（烟）预制件并将其拖动到层级视图中。试验这些效果的定位和设置。单击“播放”按钮以查看效果。

3. 继续试验 Unity 提供的其余粒子效果。（请确保至少查看爆炸和烟花效果。）

4. 在你考虑了什么是可能的之后，看看你自己能创造什么。尝试各种模块，并创建自定义效果。

第17章 动画

本章你将会学到如下内容。

- 动画的需求。
- 不同类型的动画。
- 如何在 Unity 中创建动画。

在本章中，你将学习 Unity 中的动画。首先，你将了解什么是动画，以及它们需要什么才能工作。之后，你将看到不同类型的动画。然后你将学习如何使用 Unity 的动画工具创建自己的自定义动画。

17.1 动画的基础知识

动画是预先制作的视觉动效。在 2D 游戏中，动画涉及多个连续图像，这些图像可以快速翻动，以呈现运动的状态（很像老式的翻页书）。3D 世界中的动画是完全不同的。在 3D 游戏中，使用模型来表示游戏实体。不能简单地在模型之间切换以产生运动的错觉，你必须实际移动模型的各个部分。这样做需要绑定（Rig）和动画（稍后解释）。

动画可以被认为是“自动化”，也就是说，可以使用动画自动更改对象，例如碰撞器的大小、脚本变量的值，甚至材质的颜色。

17.1.1 绑定

在没有绑定的情况下，实现复杂的动画动作（如行走）是不可能的（或者说会很难）。没有绑定，计算机无法知道模型的哪些部分应该移动以及它们应该如何移动。那么，绑定到底是什么？它与人类骨骼非常相似（见图 17.1），绑定决定了模型中的刚性部分，通常称为骨骼（Bone）。它还规定了哪些零件可以弯曲，这些可弯曲的部

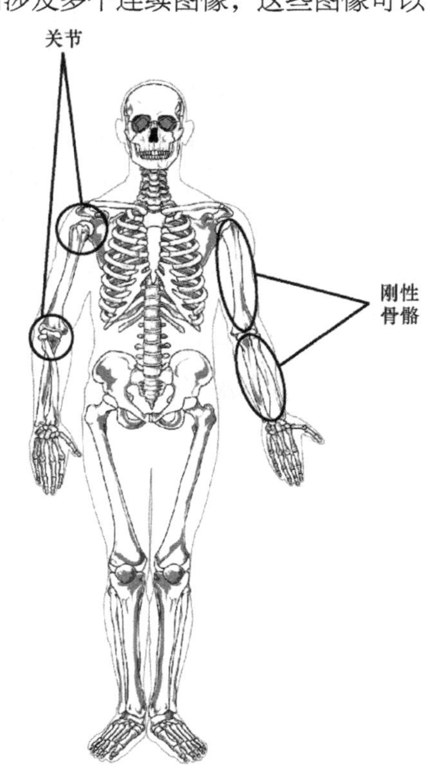

图 17.1　骨骼作为一种绑定

分称为关节（Joint）。

骨骼和关节共同定义模型的物理结构。正是这种结构用于实际设置模型的动画。

值得注意的是，2D 动画、简单动画和简单对象上的动画不需要任何特定或复杂的装备。然而，最近 Unity 中添加了一些工具，可以像处理 3D 图像一样为 2D 图像绑定和设置动画，这样的概念和你将在本章中了解的内容是相似的。

17.1.2 动画

一旦一个模型有了绑定（简单动画可以没有），就可以给它一个动画。在技术层面上，动画只是一系列用于绑定的指令。这些指令可以像电影一样播放。它们甚至可以暂停、跳过或倒放。此外，如果使用适当的绑定，更改模型的动作与更改动画一样简单。最棒的是，如果你有两个完全不同的模型，但它们具有相同的绑定（或不同但相似的绑定，你将在第 18 章中有所了解），你可以将相同的动画应用于这些模型。因此，你可以让一个兽人、一个人类、一个巨人和一个狼人表演完全相同的舞蹈。

小记 3D 美术师

关于动画的事实是：大部分工作是在 Unity 之外的软件中完成的。一般来讲，建模、纹理化、绑定和动画都是由称为 3D 美术师的专业人员在诸如 Blender、Maya、3D Studio Max 之类的软件或者其他 3D 创作软件中创建的。因此，在本书中没有介绍它们的创建。作为替代，本书将说明如何获取已经创建的资源，并在 Unity 中把它们结合起来，构建交互式体验。记住：制作游戏不仅是把各个部分组合起来。你可能会使游戏工作，但是美术师可以使它变得好看！

17.2 2D动画与创建动画

到目前为止，你已经阅读了有关动画、绑定和自动化的内容。你可能想知道它们是如何联系在一起的，以及在游戏中使用动画到底需要什么。本节将介绍各种类型的动画，并帮助你了解它们是如何工作的，以便你可以开始制作它们。

17.2.1 2D动画

在某种意义上，2D 动画是最简单的动画类型。正如本章之前所解释的，2D 动画的原理很像翻页书（或者动画片，甚至是基于胶片的电影）。2D 动画背后的概念是：图像以非常快的速度按顺序呈现，欺骗眼睛，让眼睛以为看到了运动。

在 Unity 中设置 2D 动画非常容易，但修改它们很困难，因为 2D 动画需要美术资源（被展示的图像）才能工作。对 2D 动画的任何更改都需要你（或美术师）在其他软件（如 Photoshop 或 Gimp）中对图像进行更改。在 Unity 中不可能对图像本身进行更改。

▼ 自己上手

将精灵表单切片以制作动画

在本练习中，你将为动画准备精灵表单。本练习中创建的项目将在稍后使用，因此请确保将其保存。遵循以下步骤。

1. 创建一个新的2D项目。
2. 导入随书资源Hour 17 Files中的RobotBoyRunSprite.png，在项目视图中将其选中。
3. 在检查器视图中，将每单位像素数更改为200，并将Sprite模式设置为多个。单击“应用”按钮。
4. 单击Sprite Editor按钮。在左上角打开“切片”下拉列表，然后选择Grid by Cell Size作为类型。注意像素大小，将X和Y设置为275，并查看生成的精灵切片（见图17.2）。
5. 单击“切片”按钮，然后关闭Sprite编辑器窗口。

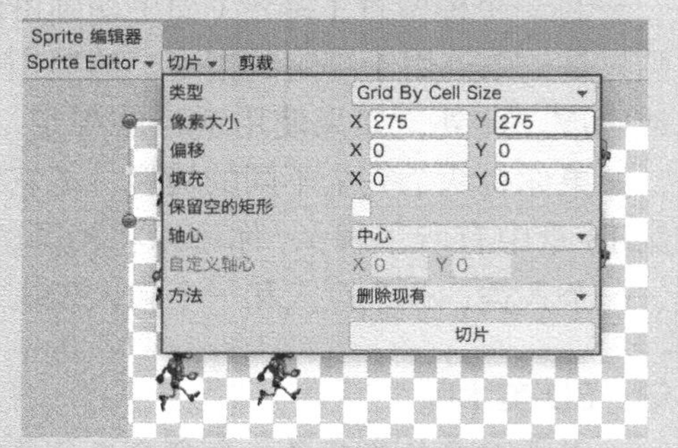

图17.2 精灵表单切片

现在你有了一系列精灵，可以将它们转化为动画了。

17.2.2 创建动画

你已经准备好了资源，现在可以将其转化为动画了。有一个简单的方法，也有一个复杂的方法。复杂的方法包括创建动画资源、指定Sprite Renderer组件属性、添加关键帧和提供值。因为你还没有学会如何做到这一切（尽管你将在下一节中学习），所以在本小节中，你将采用简单的方法。Unity有一个强大的自动化工作流，你可以利用它来创建动画。

▼ 自己上手

创建动画

使用“将精灵表单切片以制作动画”练习中创建的场景，并按照以下步骤制作动画。

1. 打开“将精灵表单切片以制作动画”练习中创建的场景。
2. 在项目视图中找到RobotBoyRunSprite资源。展开精灵托盘（单击精灵右侧的小箭头）以查看所有子精灵。
3. 选择第一个精灵，然后按住Shift键选择最后一个精灵，以从该精灵表单中选中所有精灵。然后将所有帧拖动到场景视图（或层级视图，两者都可以）中并释放（见图17.3）。

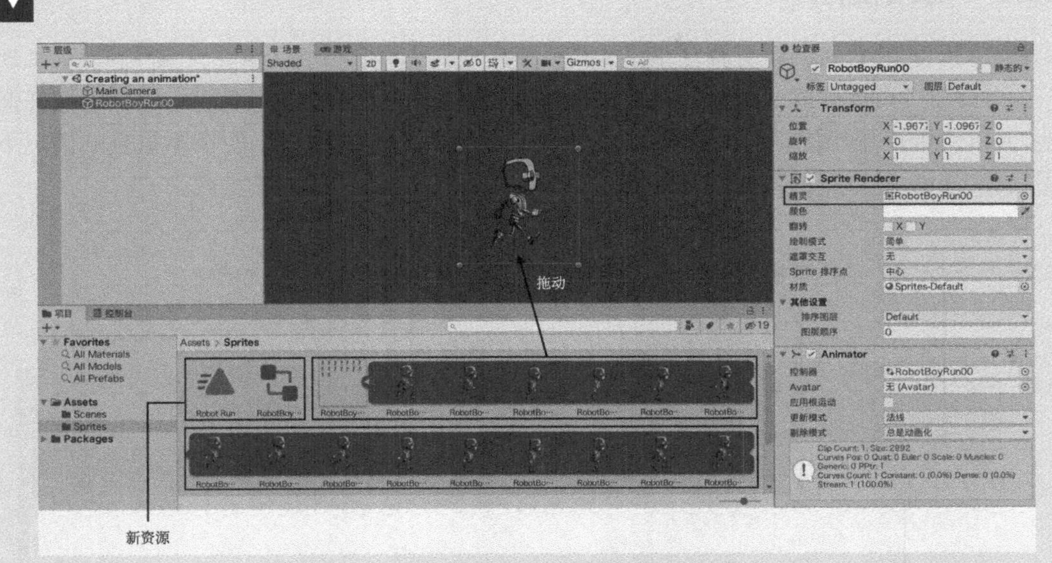

图 17.3　创建一个动画

4. 如果出现了“为游戏对象‘RobotBoyRun00’创建一个新动画”对话框提示，请为新动画选择名称和位置。如果没有提示，将在与精灵表单相同的文件夹中创建两个新资源。无论采用哪种方式，Unity 现在都可以自动在场景中创建动画精灵角色。第 18 章将更详细地介绍创建的两个资源（动画资源和另一个资源，称为动画器）。

5. 运行场景，你会看到动画机器人男孩正在播放其运行序列。在检查器视图中，可以看到 Sprite Renderer 组件的精灵属性在动画的各个帧中循环。

正如你所见，2D 动画真的很容易创建。

小记　更多动画

现在，你已经知道如何制作单个 2D 动画，但如果你希望一系列动画（例如行走、跑步、空闲、跳跃等）都可以一起工作，该怎么办？幸运的是，你刚刚学习的概念在更复杂的场景中也有效。然而，要使动画协同工作，需要对 Unity 的动画系统有更深入的了解。你将在第 18 章详细了解该系统，你将使用导入的 3D 动画。只要记住，任何可以使用 3D 动画的地方，都可以使用任何其他类型的动画。因此，你将在第 18 章学习的概念同样适用于 2D 和自定义动画。

17.3　动画工具

Unity 内置了一组动画工具，你可以使用这些工具创建和修改动画，而无须离开编辑器。在制作 2D 动画时，你已经在不知不觉中使用了它们，现在是时候深入研究并看看你可以做些什么了。

17.3.1 动画视图

要开始使用 Unity 的动画工具，需要打开动画视图。可以单击“窗口”→“动画”→“动画”（而不是动画器）来完成此操作。这将打开一个新的视图，你可以像任何其他 Unity 视图一样调整其大小和位置。通常，最好固定该视图，以便在不重叠的情况下使用它和 Unity 编辑器的其他部分。图 17.4 显示了动画视图及其各种元素。

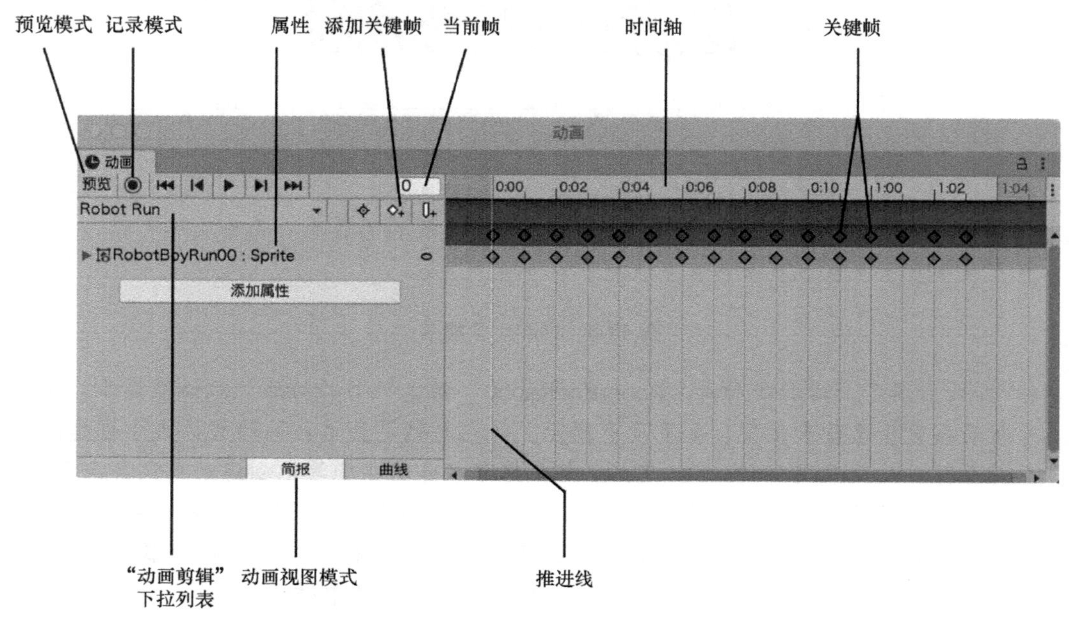

图 17.4 动画视图

注意，图 17.4 选中了上一个“自己上手”练习中的 2D 动画精灵。看看你是否可以确定 Unity 如何使用拖动到场景中的精灵制作运行项目时看到的动画。表 17.1 描述了动画视图一些重要的组件。

表17.1 动画视图的重要组件

组 件	描 述
属性	此动画修改的组件属性列表。展开属性，可以根据时间轴上推进线的值查看该属性的值
帧率	一秒动画中可用的动画帧数，也称为帧速率或FPS。在项目视图中选择“动画剪辑”时，可以在检查器视图中看到样本。虽然从技术上讲，这不是动画视图的一部分，但此信息有助于了解关键帧计时，因此在这里提到
时间轴	属性随时间变化的视觉表示。时间轴允许你指定值更改的时间
关键帧	时间轴上的特殊点。关键帧允许你在特定时间点指定所需的特性值。常规帧（未显示）也包含值，但不能直接控制它们
添加关键帧	一个按钮，用于将关键帧添加到位于推进线位置的选定属性的时间轴中

续表

组　件	描　述
推进线	红色的线，允许你选择时间轴上要编辑的点（注意：如果未处于记录模式，则推进线为白色）
当前帧	表明推进线当前处于哪一帧
预览	允许预览动画的切换按钮。如果使用动画视图中的播放控件播放动画，则会自动启用该选项
记录	一种切换，用于切换记录模式和退出记录模式。在记录模式下，对选定对象所做的任何更改都会记录到动画中（小心使用！）
“动画剪辑”下拉列表	一个菜单，允许你在与选定对象关联的各种动画之间进行切换，以及创建新的动画剪辑

查看此视图和表中的描述可以让你更深入地了解 2D 动画的工作原理。图 17.4 显示创建了一个名为 Robot Run 的动画。该动画的帧率为每秒 12 帧。动画的每一帧都包含一个关键帧，该关键帧将对象的 Sprite Renderer 组件的精灵属性设置为不同的图像，从而使角色看起来发生变化。所有这些（以及更多）都是自动完成的。

17.3.2 创建一个新的动画

现在，你已经熟悉了动画工具，可以使用它们了。创建动画涉及放置关键帧，然后为其选择值。计算所有关键帧之间的帧值，以便在它们之间平滑过渡，例如使对象上下移动。选择修改对象变换的位置并添加 3 个关键帧，可以轻松实现这一点。第一个将具有低的 y 轴值，第二个将较高，第三个将与第一个相同。因此，对象会上下反弹。这些描述都是相当抽象的，因此请通过以下示例更好地了解该过程。

▼ 自己上手

使对象旋转

在以下步骤中，将使对象旋转。你将对一个简单的立方体执行此操作，但实际上，你可以将此动画应用于你想要的任何对象，结果将是相同的。请确保保存你在此处创建的项目，以供之后使用。

1. 创建一个新的 3D 项目。
2. 将立方体添加到场景中，并确保其位于 (0, 0, 0) 处。
3. 打开动画视图（选择“窗口”→“动画”→“动画”）并将其固定在编辑器中。
4. 选中 Cube 对象后，单击动画视图中间的“创建”按钮。当系统提示你保存动画时，请将其命名为 ObjectSpinAnim。
5. 单击动画视图中的“添加属性”按钮，然后展开 Transform 组件，单击“旋转”旁边的“+”按钮（见图 17.5）。

图 17.5　添加旋转属性

现在，应该在动画中添加两个关键帧：一个在第 0 帧，另一个在第 60 帧（或“1 秒”；有关计时的更多信息，请参阅以下提示）。如果展开旋转属性，可以看到各根轴的属性。此外，选择关键帧可以查看和调整该关键帧的值。

6. 将推进线移动到结束关键帧上（单击并拖动推进线），然后设置旋转 .y 属性为 360（见图 17.6）。尽管 0 的起始值和 360 的结束值在数学意义上是相同的，但这样设置会导致立方体旋转。播放场景以查看动画。或者，可以单击动画视图中的“播放”按钮来预览动画。

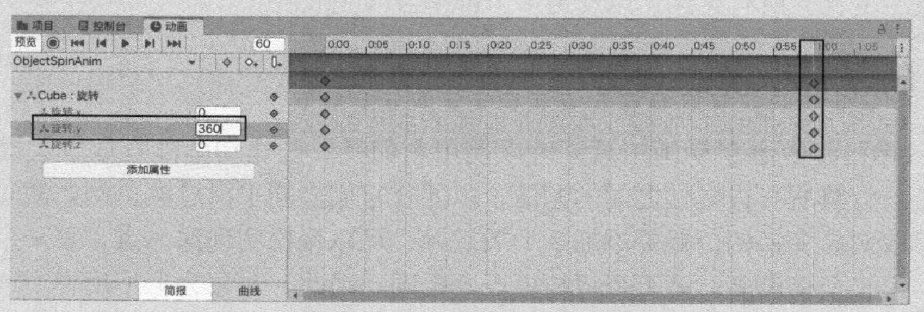

图 17.6　添加旋转 .y 属性

7. 保存场景，以供之后使用。

提示　动画的时间

时间轴上的值乍看起来可能有点奇怪。事实上，查看时间轴有助于了解给定动画剪辑的采样率。基于每秒 60 帧的默认采样率，时间轴将计算第 0 到 59 帧，而不是第 60 帧，它表示 1:00（1 秒）。因此，1:30 的时间意味着 1 秒 30 帧。当你有每秒 60 帧的动画时，这很容易，但是每秒 12 帧的动画会发生什么呢？它的计数将是“1、2、3……11、1 秒”。换句话说，你可以看到“……0:10、0:11、1:00、1:01、1:02……1:10、1:11、2:00……”。最重要的是，冒号前面的数字代表秒，冒号后面的数字代表帧。

提示　移动时间轴

如果你想缩小或平移时间轴以查看更多帧或查看不同的帧，是可以轻松做到的。该视图使用与 2D 模式下的场景视图相同的导航样式。也就是说，你可以滚动鼠标滚轮来放大和缩小时间轴，并且可以按住 Alt 键（Mac 上为 Option 键）并拖动鼠标进行平移。

17.3.3 记录模式

虽然到目前为止，你使用的工具非常容易上手，但使用动画还有更简单的方法。动画工具中的一个重要部分是记录模式（其位置见图 17.4）。在记录模式下，对对象所做的任何更改都会记录到动画中。这是一种非常强大的方法，可以快速准确地将修改添加到动画中。这也可能非常危险。考虑一下，如果忘记处于记录模式并对对象进行了大量更改，会发生什么情况。这些变化将被记录到动画中，并在播放动画时一遍又一遍地重复。因此，当你不想使用记录模式时，要确保你不处于记录模式中。

对于一个你还没有使用过的工具来说，这是一个有点严重的警告，但别担心。它真的没有那么糟糕（而且它在启用后功能非常强大）。当你练习使用并有了一套规则后，它是一个很棒的工具。在最坏的情况下，如果 Unity 录制了你不想要的内容，也可以自己手动将其从动画中删除。

▼ 自己上手

使用记录模式

按照以下步骤，让你之前在"使对象旋转"中创建的立方体在旋转时更改颜色。

1. 打开"使对象旋转"中创建的场景，新建一个名为 CubeColor 的新材质，并将其应用于立方体（以便更改颜色）。
2. 确保选中 Cube 对象，然后打开动画视图。你应该能看到之前创建的旋转动画，如果没有，请确认是否选中立方体。
3. 单击动画视图中的记录模式按钮，进入记录模式。检查器视图中的旋转属性变为红色，表示旋转值由动画驱动。沿时间轴单击并拖动以移动推进线，并将推进线放置在第 0:00 帧（见图 17.7）。

图 17.7 记录模式

4. 在检查器视图中，在 Cube 对象上找到 Cube Color 材质，并将其反射率属性更改为红色。请注意，新属性和关键帧已添加到动画视图。如果展开新属性，则会在该关键帧处看到颜色的 r、g、b、a 的值为（1,0,0,1）。

5. 将推进线沿时间轴进一步向后移动，并再次更改检查器视图中的颜色。尽可能多地重复此步骤。如果希望动画平滑循环，请确保最后一个关键帧（位于 1:00 处，它也与旋转同步）与第一个关键帧的颜色相同（见图 17.8）。

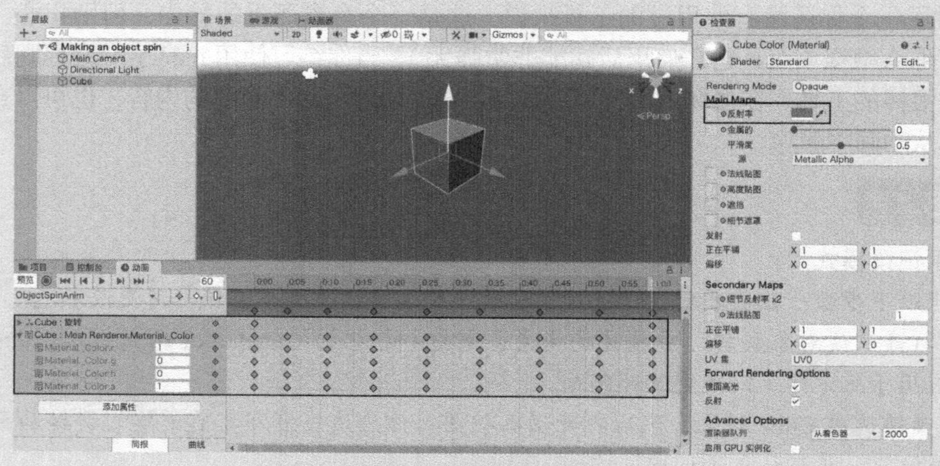

图 17.8　记录颜色的值

6. 运行场景以查看动画在游戏视图中的运行情况。请注意，运行场景会结束记录模式（这很方便，因为你已经使用完毕）。现在，场景中应该有一个旋转的彩色立方体。

17.3.4　曲线编辑器

本章最后一个工具是曲线编辑器。截至目前，你进入的是简报（Dopesheet）视图，这是一个以平面方式逐项列出关键帧的视图。你可能已经注意到，驱动关键帧的值时，你无法控制其间的值。Unity 在关键帧之间将值混合（在称为插值的过程中）以创建平滑过渡。在曲线编辑器中，你可以看到它是什么样子。要进入曲线编辑器，只需单击动画视图底部的“曲线”按钮（见图 17.9）

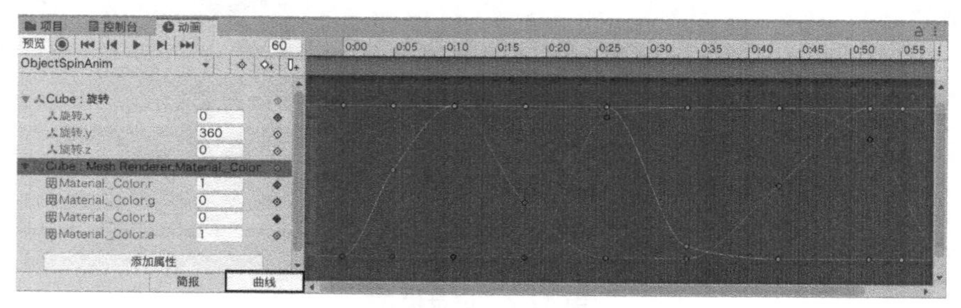

图 17.9　曲线编辑器

在曲线编辑器中，可以单击左侧的属性来切换要查看的值。曲线编辑器使你能够准确地查看值在关键帧之间的转换方式。可以拖动关键帧以更改其值，也可以双击曲线创建新的关键帧。如果你不喜欢 Unity 在关键帧之间生成值的方式，可以右键单击关键帧并选择自由平滑。同时，Unity 提供了两个句柄，可以移动它们来更改值被平滑的方式。随便玩玩，看看你能创造出什么样的曲线。

▼ 自己上手

使用曲线编辑器

你可能已经注意到，“使用记录模式”练习中的立方体旋转不平稳，具有缓慢的启动和停止运动。按照以下步骤修改动画，使立方体具有平滑的旋转运动。

1. 打开“使用记录模式”练习中创建的场景，在动画视图中，单击“曲线”按钮切换到曲线编辑器（请参阅图 17.9）。
2. 单击“旋转 .y”，查看其在时间轴中的曲线。如果曲线很小或不适应视图，只需将鼠标指针移到时间轴上，然后按 F 键。
3. 拉直旋转曲线将为 Cube 对象提供一个平滑的动画（见图 17.10），因此右键单击第一个关键帧（在时间 0:00 处）并选择“自动”。然后右键单击最后一个关键帧也选择“自动”。

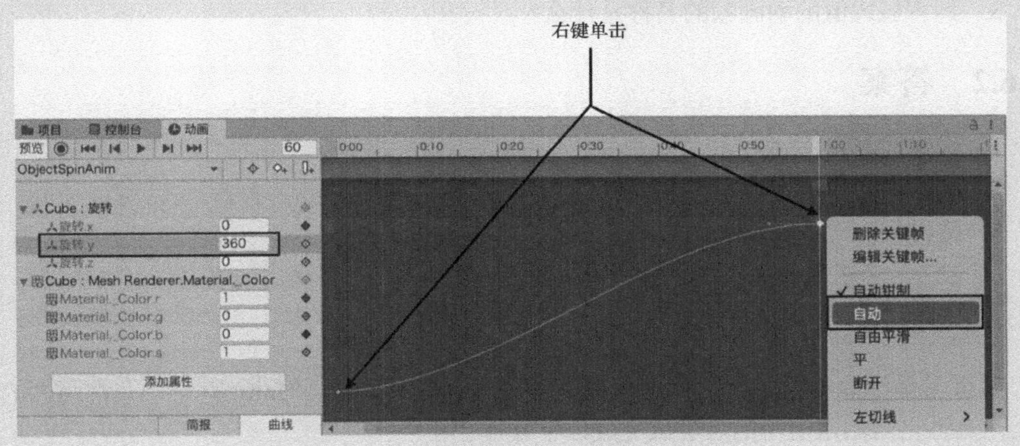

图 17.10　修改旋转曲线

4. 现在曲线已拉直，请进入播放模式以查看修改的动画。

17.4　总结

本章介绍了 Unity 中的动画。首先你学习了动画的基础知识，包括绑定。之后，你了解了 Unity 中各种类型的动画。接着，你从 2D 动画开始创建动画。在手动和记录模式下创建了自定义动画。

17.5 问答

问 动画可以混合在一起吗？

答 是的，可以。在下一章中将与 Unity 新增的动画系统一起介绍这个主题。

问 可以把任何动画应用于任何模型吗？

答 仅当它们的绑定方式完全相同时，才可以这样做。否则，动画的行为可能非常怪异，或者根本不会生效。

问 在 Unity 中可以重新绑定模型吗？

答 可以，在下一章中将介绍如何执行该操作。

17.6 测试

花一些时间来研究下面的问题，以确保你牢固地掌握了所学内容。

17.6.1 试题

1. 模型的“骨骼”被称为什么？
2. 哪种动画类型快速播放图像？
3. 具有显式值的动画帧的名称是什么？

17.6.2 答案

1. 绑定或绑定方式。
2. 2D 动画。
3. 关键帧。

17.7 练习

此练习是沙盒类型的练习。花一些时间来习惯创建动画。Unity 有一个非常强大的工具集，熟悉它当然是值得的。尝试完成以下操作。

- 使对象以大弧线绕场景飞行。
- 通过打开和关闭渲染器，使对象闪烁。
- 更改对象缩放和材质的属性，使其看起来在改变。

第 18 章　动画器

本章你将会学到如下内容。

- 动画器的基础知识。
- 如何使用动画器的状态机。
- 如何利用脚本通过参数来管理动画器。
- 如何混合树。

在本章中，你将把你已经学到的关于动画的知识与 Unity 的动画系统和动画器一起使用。你将从学习动画器及其工作方式开始。之后，你将了解如何在 Unity 中绑定或更改模型绑定。随后，你将创建一个动画器并对其进行配置。最后，你将看到如何混合动画以产生惊人的逼真效果。

18.1　动画器的基础知识

Unity 中的所有动画都从 Animator（动画器）组件开始。在第 17 章“动画”中，当你创作和学习动画时，你在使用动画器，但你并不真正了解它。Unity 的动画系统（Mecanim）有 3 个部分：动画剪辑、动画器控制器和 Animator 组件。这 3 个部分的存在都是为了让你的角色变得栩栩如生。

注意　手要忙起来了！

这一部分就像一个大型的“自己上手”练习。确保在实践练习的过程中保存项目，因为每个练习都是在之前的基础上进行的。阅读本节时，你肯定想坐在计算机前亲自操作，因为这个主题最好通过实践来学习！

图 18.1 摘自 Unity 关于 Animator 组件的在线文档，它显示了这些部分如何相互关联。

动画剪辑（见图 18.1 中的 #1）是你在 Unity 中导入或创建的各种动效。动画器控制器（#2）包含你的动画剪辑，并确定在给定时刻应播放哪些动画剪辑（后简称“动画”）。模型有一个化身（#3），充当动画器控制器和模型绑定之间的“转换器”。通常可以忽略化身，因为它是自动设置和使用的。最后，通过使用 Animator 组件（#4），将动画器控制器（只需称其为“控制器”即可）和化身放在模型上。这看起来有很多要记住的吧？别担心。当你处理这些东西时，你会发现它要么是直观的，要么是自动的。

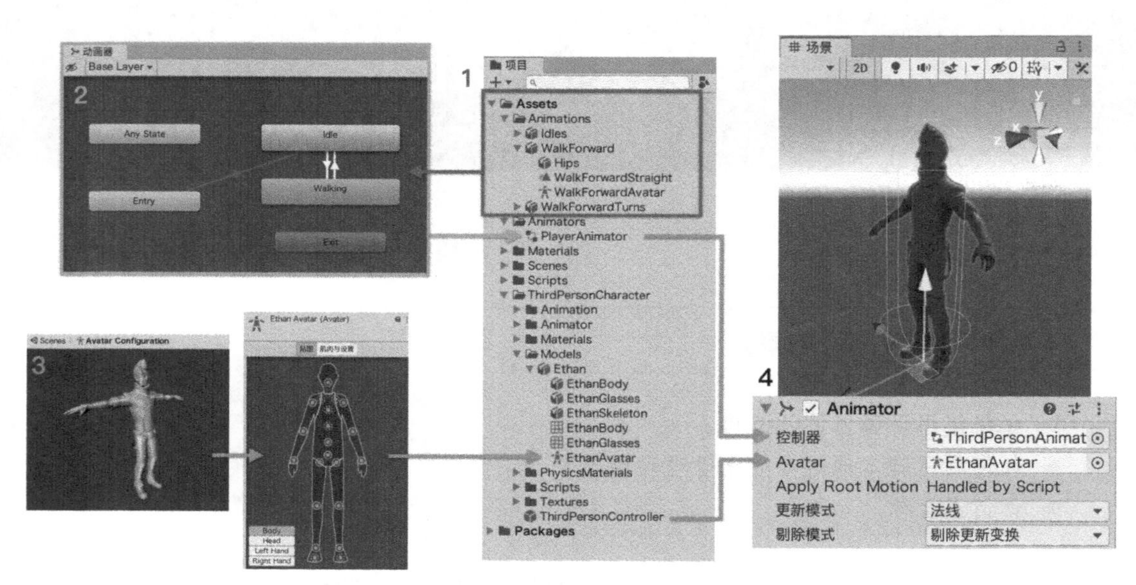

图 18.1　人形动画的各部分是如何互相关联的

Unity 的动画系统最棒的地方之一是，你可以使用它将动画重定目标到其他游戏对象上。如果为立方体设置动画，也可以将该动画应用于球体。如果为角色设置动画，则可以将动画应用于具有相同绑定（或不同绑定，如你将很快学到的）的另一个角色。例如，这意味着你可以让一个兽人和一个男人一起跳同样的快乐舞蹈。

小记　分析一个特殊的使用案例

为了充分利用本章，你将使用一个非常特殊的案例：在人形模型上的 3D 动画（当然是一个非常常见的用例）。这将让你了解 3D 动画、导入模型和动画、使用绑定，以及使用 Unity 令人惊叹的人形重定目标系统。请记住，除了人形重定目标之外，本章涵盖的所有内容都完全适用于任何其他类型的动画。因此，如果你正在构建一个由多个部分组成的 2D 动画系统，那么在这里学到的所有知识仍然很重要。

18.1.1　绑定

要开始构建复杂的动画系统，首先需要确保已准备好模型的绑定。回想一下第 17 章，模型和动画必须以完全相同的方式绑定才能正常工作。这意味着很难为一个模型制作动画以在不同的模型上生效。因此，动画和模型通常是专门为协同工作而制作的。

但是，如果你使用的是人形模型（具有双臂、双腿、头部和躯干），则可以单击动画系统的动画重定目标工具。通过动画系统，人形模型可以在编辑器中重新映射其绑定，而无须使用任何 3D 建模工具。因此，为人形模型制作的任何动画都可以与你拥有的任何其他人形模型一起工作。这意味着动画师可以生成大型动画库，这些动画库可以应用于使用许多不同绑定的大范围模型。

18.1.2　导入模型

在本章中，你将使用来自第三人称角色控制器的模型。这个模型附带了许多不同的子项，你将仔细检查每一个项目，以确保其配置正确。要导入模型，请在随书资源 Hour 18 Files 找到 ThirdPersonCharacter.unitypackage，并将其拖动到一个新的 3D 项目中。在导入对话框中，选中所有内容，然后单击 Import 按钮。

现在在项目视图中的 Assets\ThirdPersonCharacter\Models 下找到 Ethan（见图 18.2）。如果单击 Ethan 文件右侧的小箭头，可以展开模型查看其所有组成部分。这些零件的结构取决于模型是如何从制作模型的 3D 应用程序中导出的。

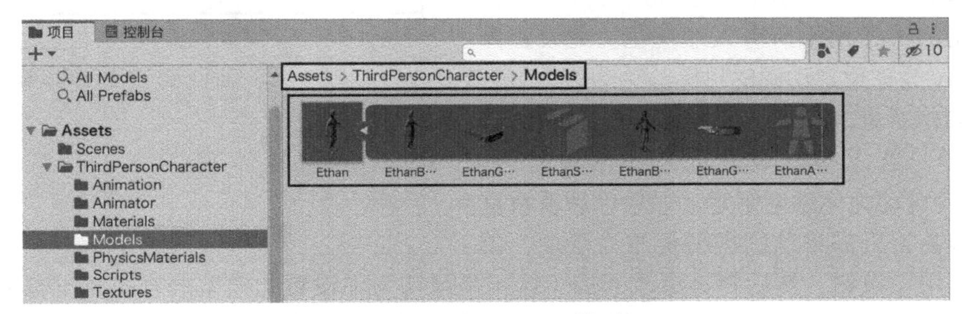

图 18.2　找到 Ethan 模型

这些组件从左到右分别是具有纹理的 Ethan Body、有纹理的 EthanGlasses、骨骼定义、原始 EthanBody 网格、原始 EthanGlasses 网格、Ethan 化身的定义（用于绑定）。

小记　网格预览

如果单击托盘中的模型，你会注意到检查器视图底部有一个预览窗口。（如果没有，请将其向上拖动以显示。）你可以单击并拖动以旋转该子模型，从各个角度查看它（参见图 18.3 的底部）。

预览完各子模型后，单击资源右侧的箭头来折叠 Ethan.fbx 的托盘。

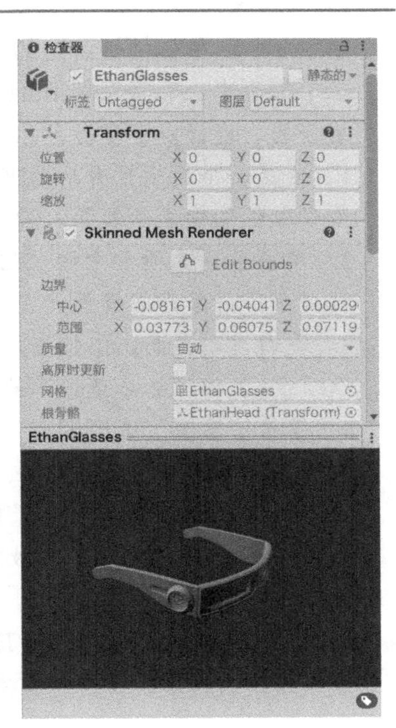

图 18.3　模型的检查器视图

18.2　配置你的资源

现在你已经导入了模型和动画（与其他资源一起提供的），接下来你需要对其进行配置。配置动画的过程与配置模型的过程完全相同。

选择模型后，可以在检查器视图中看到导入设置列表。Model（模型）选项卡是指定如何将模型导入 Unity 的所有设置的主页。就本章而言，你可以放心地忽略这些项目。你现在需要关心的是 Rig（绑定）选项卡。（本章稍后将介绍 Animation 选项卡。）

18.2.1　绑定的准备工作

你可以在检查器视图导入设置的 Rig 选项卡中配置模型的绑定。这里你最关心的属性是动画类型（见图 18.4）。“动画类型”下拉列表中当前有 4 种类型：无、旧版、泛型和人形。将此属性设置为无会导致 Unity 忽略此模型的绑定。旧版是 Unity 的旧动画系统，不应该使用。泛型适用于所有非人形模型（简单模型、车辆、建筑、动物等），导入 Unity 的所有模型默认为该动画类型。最后，人形（你将使用的）适用于所有人形角色。此设置允许 Unity 为你重定动画的目标。

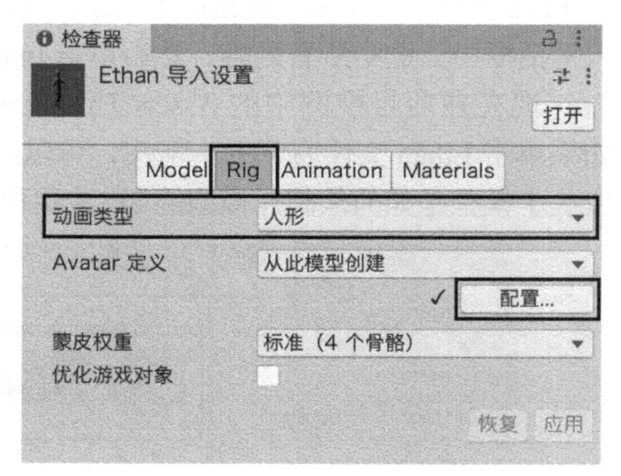

图 18.4　绑定设置

如你所见，Ethan 已经被正确地设置为一个人形。当你将模型设置为人形模型时，Unity 会自动为你映射绑定。如果你想看看这有多容易，只需将动画类型更改为泛型，单击“应用”按钮，然后将其更改回去（这正是最初为你设置此模型的方式，没有隐藏额外的工作）。要查看 Unity 为你所做的工作，你可以单击“配置”按钮进入绑定工具（见图 18.4）。

▼ 自己上手

探索 Ethan 是如何被绑定的

在本练习中，你将了解 Ethan 是如何被绑定的。这将让你更了解绑定的模型是如何组合的。遵循以下步骤。

1. 创建一个新项目并从随书资源导入角色资源。找到 Ethan.fbx 资源并选择它以在检查器视图中显示其导入设置，如本章之前所述。

2. 单击 Rig 选项卡中的“配置”按钮。这样做会使你进入一个新场景，因此如果被提示了请保存旧场景。

3. 重新排列界面，以便查看层级和检查器视图。（第 1 章中介绍了如何关闭和移动选项卡。）你可能希望保存此布局。稍后随时可以返回默认设置。

4. 进入“贴图”选项卡后，单击各种绿色圆圈（见图 18.5）。请注意这样会同时在层级视图中选中 EthanSkeleton 的对应部分，并在轮廓下方的相应骨骼点周围放置了一个蓝色圆圈。请注意层级视图中绑定的所有额外点。这些内容对于人形模型来说并不重要，因此不会被重定目标。不过，它们会确保模型在移动时看起来是正确的。

5. 单击 Body、Head、Left Hand 等按钮继续探索身体的其他部位。这些都是关节，可以为任何人形模型完全重定目标。

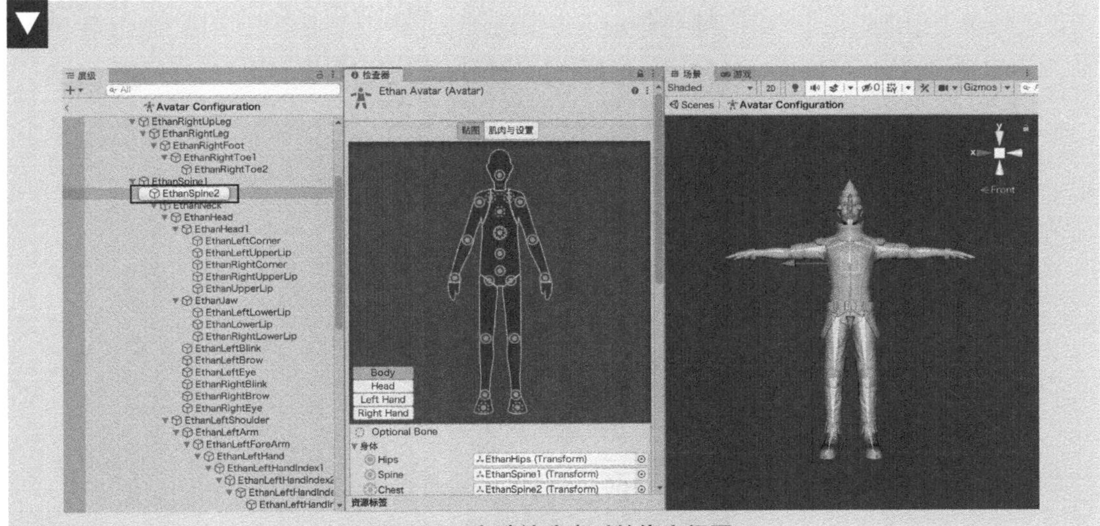

图 18.5 右臂被选中时的绑定视图

6. 完成后，单击 Done（完成）按钮（位于检查器视图底部）。请注意，临时 Ethan（Clone）将从层级视图中消失。

此时，你已经查看了 Ethan，并看到了他的骨骼是如何排列的。他现在准备好了！

18.2.2 动画的准备工作

在本章中，你可以使用 Ethan 附带的动画，但那会很无聊，也不能说明动画系统的灵活性。下面你将使用随书资源 Hour 18 Files 中提供的其他动画。每个动画都有控制动画行为的选项，你必须按照需要的方式对其进行专门配置。例如，你需要确保行走动画正确循环，以便切换时没有任何明显的拼接痕迹。本小节将引导你完成每个动画的准备。

首先，将 Animations 文件夹从随书资源拖动到 Unity 编辑器中。你将使用 4 个动画：Idle、WalkForwardStraight、WalkForwardTurnRight 和 WalkForwardTurnLeft（尽管 Animations 文件夹仅包含 3 个文件，稍后会有更多内容）。这些动画中的每一个都需要单独设置。如果你查看 Animations 文件夹，你将看到动画实际上是 .fbx 文件。这是因为动画本身位于其默认模型内。不过，你将能够在 Unity 中修改和获取它们。

18.2.2.1 Idle动画

要设置 Idle（空闲）动画，请执行以下步骤（有关设置的说明，请参见表 18.1）。

1. 选择 Animations 文件夹中的 Idles.fbx 文件。在检查器视图中，选择 Rig 选项卡。将动画类型更改为人形，然后单击“应用”按钮。这告诉 Unity，该动画是针对人形的。

2. 配置绑定后，单击检查器视图中的 Animation 选项卡。将起始设置为 128，并选中“循环时间”和“循环动作”复选框。此外，选中所有根变换属性的“烘焙成的动作”复选框。确保你的设置与图 18.6 中的设置相匹配，然后单击“应用”按钮。

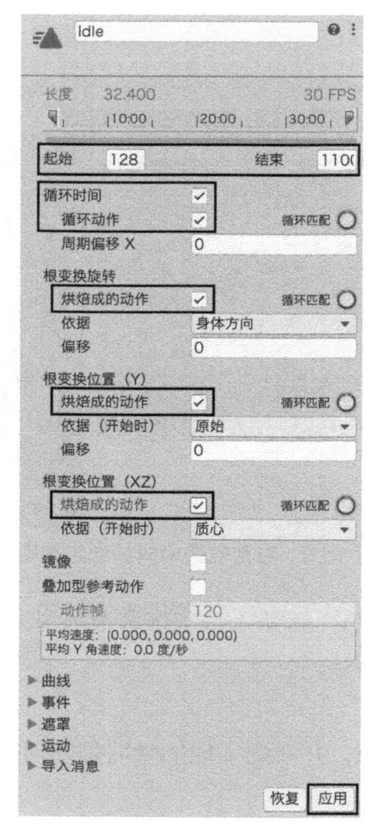

图 18.6　Idle 动画

3. 为了确保动画现在已正确配置，请展开 Idles.fbx 文件（见图 18.7）。一定要记住如何访问该动画。（模型无关紧要，重要的是你想要的动画，重要的动画设置见表 18.1。）

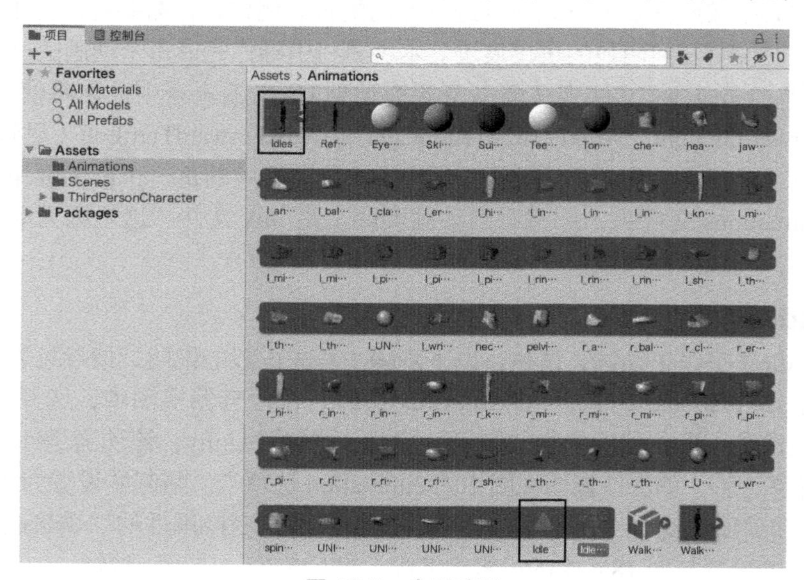

图 18.7　找到动画

表18.1 重要的动画设置

设置	描述
循环时间	指定动画是否循环
根变换	控制是否允许动画更改对象的旋转、垂直位置（y 轴）和水平位置（xz 平面）
烘焙成的动作	指示是否允许动画实际移动对象。如果选中此复选框，动画实际上不会更改对象，而只是看起来像更改了对象
偏移	指定修改动画原始位置的量。例如，修改“根变换旋转”下的“偏移”，可以沿 y 轴对模型进行小的旋转更改。这有助于纠正动画中的任何运动错误

小记　红灯、绿灯

你可能已经注意到动画设置中存在绿色的圆圈（请参阅图 18.6）。这些漂亮的小工具用来指定你的动画是否排列整齐。绿色圆圈表示动画将无缝循环。黄色的圆圈表示动画接近无缝循环，但有一个微小的差异是会产生一点间隙。红色圆圈表示动画的开始和结束根本没有对齐，间隙将非常明显。如果有一个未对齐的动画，可以更改起始和结束属性，以产出更好的、对齐的动画。

18.2.2.2 WalkForwardStraight动画

要设置 WalkForwardStraight（前进直行）动画，请执行如下步骤。

1. 选择 WalkForward.fbx 文件，并以与 Idle 动画相同的方式完成绑定。

2. 在 Animation 选项卡中，单击名称并进行更改，将当前动画的名称（Take 001）更改为 WalkForwardStraight（见图 18.8）。

3. 在 Animation 选项卡中，可以看到类似于图 18.8 所示的设置。你应该注意两件事。首先，“根变换位置（XZ）”旁边有一个红色圆圈。这很好，这意味着在动画结束时，模型处于不同的 x 轴和 z 轴位置。由于这是一个行走动画，这就是你想要的行为结果。你应该注意的另一件事是“平均速度”指示器。你应该注意到 x 轴和 z 轴上的速度非零。z 轴速度正常，因为你希望模型向前移动，但 x 轴速度是一个问题，因为它会导致模型在行走时侧向偏移。你将在步骤 4 中调整此设置。

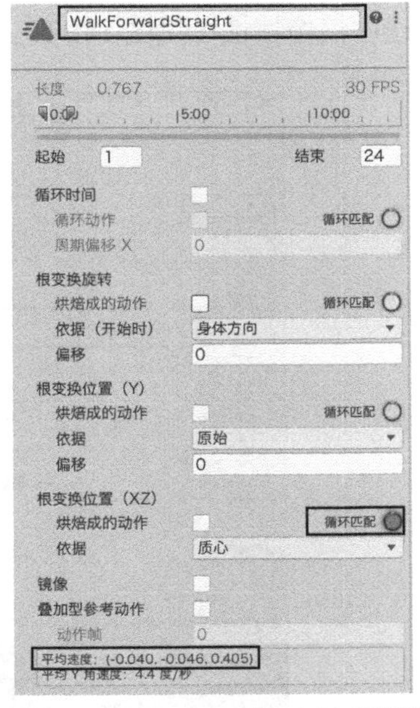

图 18.8 WalkForwardStraight 动画设置

4. 要调整 x 轴速度，请选中根变换旋转和根变换位置（Y）属性的“烘焙成的动作”复选框。同时更改根变换旋转的偏移属性值，使平均速度的 x 轴值为 0。

5. 将结束帧设置为 244.9，将起始帧设置为 215.2（按该顺序设置），使动画仅包含行走帧。

6. 最后，选中“循环时间”和“循环动作”复选框。

7. 确保你的设置与图 18.9 所示的最终设置相匹配，然后单击“应用”按钮。

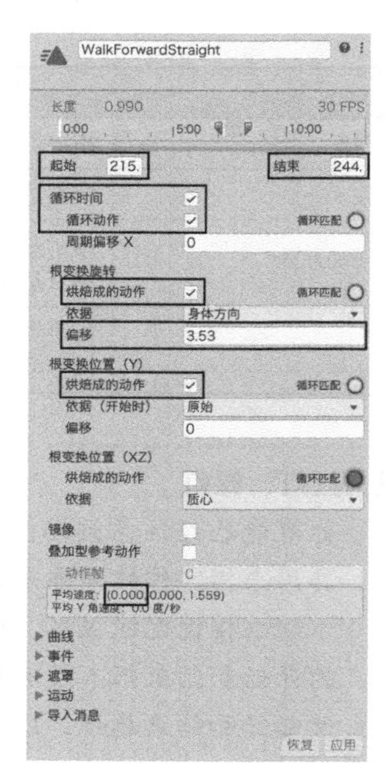

图 18.9　修改后的 WalkForwardStraight 动画设置

18.2.2.3　WalkForwardTurnRight动画

WalkForwardTurnRight（前进右转）动画允许模型在向前行走时平滑地改变方向。此动画与已经创建的两个动画稍有不同，因为你需要从单个动画记录中制作两个动画。这听起来比实际情况要复杂。遵循以下步骤。

1. 选择 WalkForwardTurns.fbx 文件，并以与 Idle 动画相同的方式完成绑定。

2. 默认情况下，将有一个名为 _7_ a_ U1_ M_ P_WalkForwardTurnRight 的长动画。在动画名称文本框中输入 WalkForwardTurnRight 并按 Enter 键对其进行重命名。

3. 选中 WalkForwardTurnRight 动画后，设置属性以匹配图 18.10 所示的属性。较短的起始和结束时间将缩减动画长度，并确保其仅包含向右转的模型。预览以查看其表现，然后单击“应用”按钮。

4. 单击“剪辑”列表中的“+”按钮创建 WalkForwardTurnLeft 动画（见图 18.11）。WalkForwardTurnLeft 动画的属性与 WalkForwardTurnRight 动画的属性完全相同，只是需要选中镜像属性（见图 18.11）。完成设置后，请记住单击“应用”按钮。

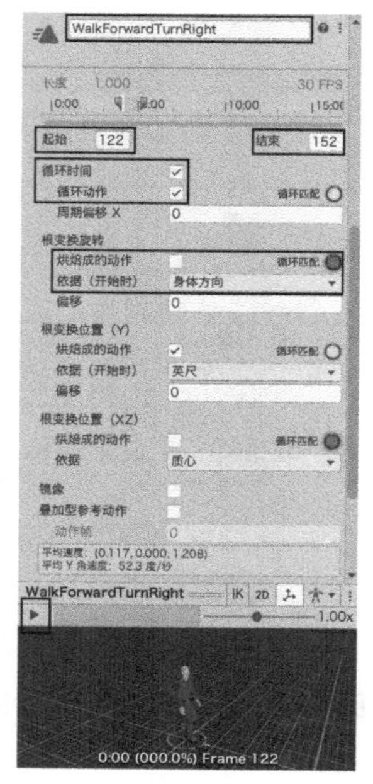

图 18.10　WalkForwardTurnRight 动画设置

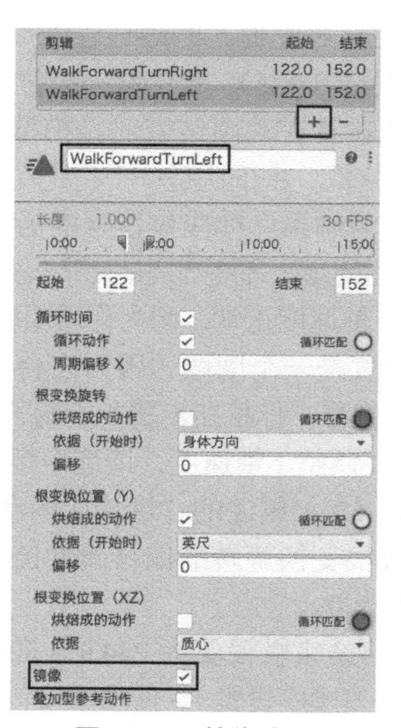

图 18.11　镜像动画

此时，所有动画都已设置好并准备就绪。剩下要做的就是创建动画器。

18.3 创建动画器

Unity 中的动画器是资源。这意味着它是项目的一部分，存在于所有场景之外。这很好，因为这样它就可以轻易地被复用。要将动画器添加到项目中，只需在项目视图中的文件夹上右键单击，然后选择“创建”→“动画器控制器”（但暂时不要这样做）。

▼ 自己上手

设置场景

在本练习中，你将设置一个场景，并为本章剩下的练习做准备。请确保保存在此创建的场景，因为稍后你将使用它。遵循以下步骤。

1. 如果尚未创建新项目，请完成上一节中的模型和动画准备步骤。
2. 将 Ethan 模型拖动到场景中（在 Assets\ThirdPersonCharacter\Models 中），并为其指定位置 (0, 0, −5)。
3. 将 Main Camera 嵌套在 Ethan 下（将 Main Camera 拖动到层级视图中的 Ethan 对象上），并将摄像机定位在 (0, 1.5, −1.5) 处，旋转设为 (20, 0, 0)。
4. 在项目视图中，创建一个名为 Animators 的新文件夹。右键单击新文件夹，然后选择“创建”→“动画器控制器”。将动画器命名为 PlayerAnimator。在场景中选择 Ethan 后，将动画器拖动到检查器视图中 Animator 组件的控制器属性上（见图 18.12）。

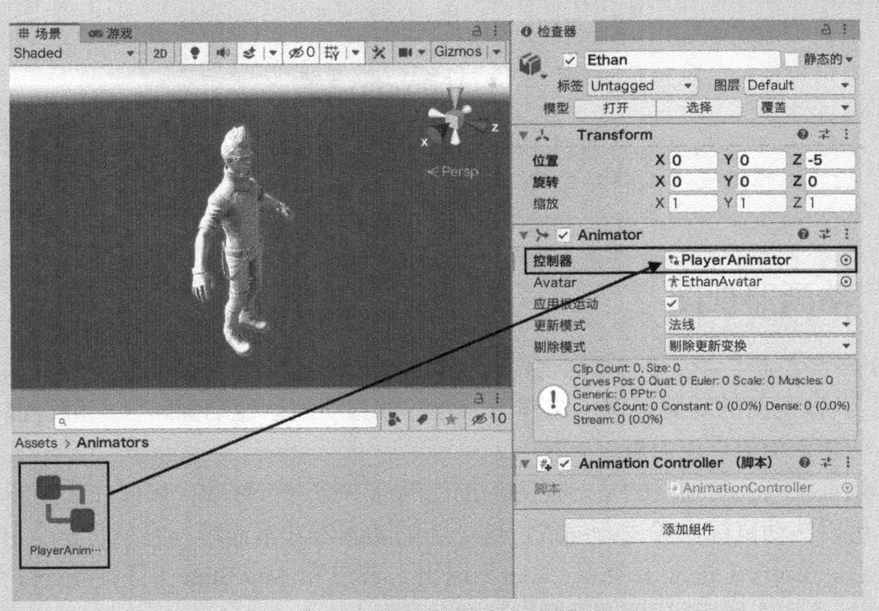

图 18.12 将动画器添加到模型上

5. 添加一个平面到场景中。将平面定位在 (0, 0, −5) 处，设置其缩放为 (10, 1, 10)。

6. 在随书资源 Hour 18 Files 中找到 Checker.tga，并导入项目中。创建一个名为 Checker 的新材质，并将 Checker.tga 设置为该材质的反射率（见图 18.13）。

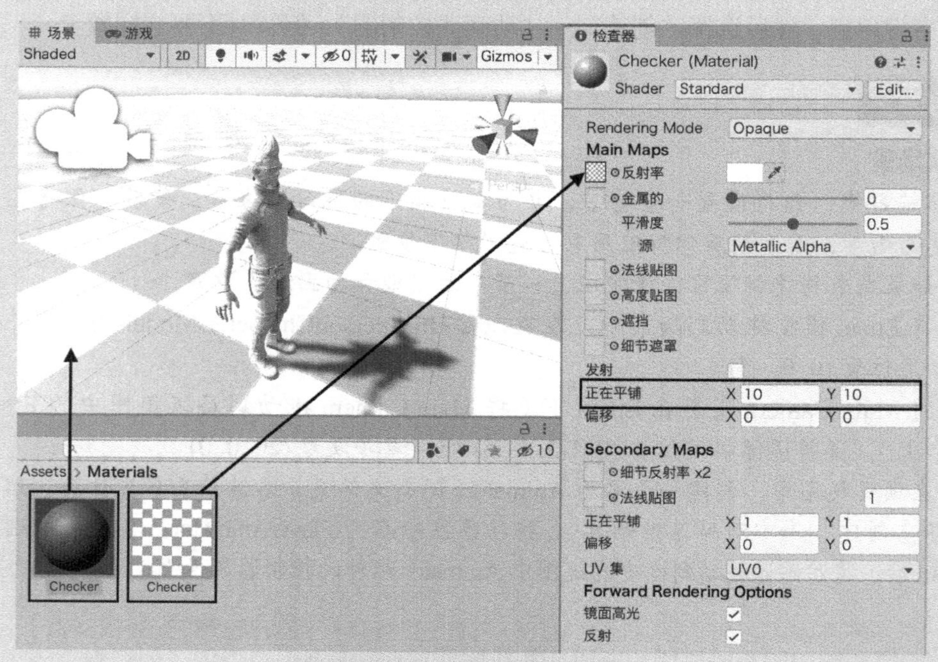

图 18.13　设置纹理的平铺

7. 将 X 和 Y 平铺属性都设置为 10，并将材质应用于平面。（这个平面目前不是很有用，但在本章后面将变得很重要。）

18.3.1　动画器视图

双击一个动画器会打开动画器视图（也可以选择“窗口”→“动画”→“动画器”打开该视图）。该视图的功能类似于流程图，允许你直观地创建动画路径或进行混合。动画器视图是动画系统的真正力量。

图 18.14 显示了动画器的基础视图。按住鼠标中键进行拖动，可以在动画器视图中移动，并且可以滚动鼠标滚轮进行缩放。这个新的动画器非常简单：它只有一个 Base Layer（基础图层）、Entry（进入）节点、Exit（退出）节点和 Any State（任何状态）节点，并且没有参数。（本章稍后将更详细地讨论这些组件。）

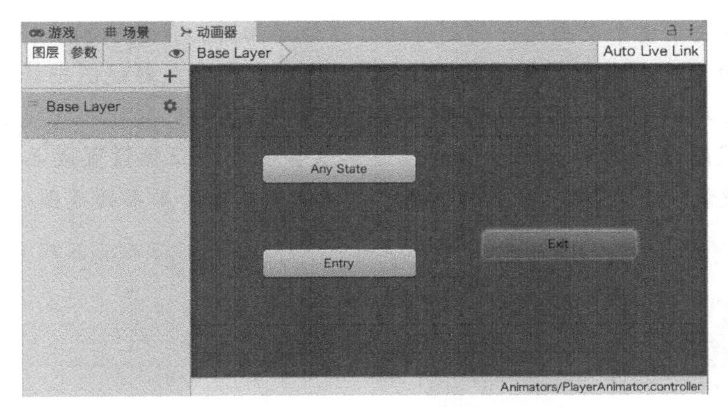

图 18.14 动画器视图

18.3.2 Idle动画

要应用于 Ethan 的第一个动画是 Idle 动画。你已经在前面完成了漫长的设置过程，现在添加此动画很简单。首先，双击 PlayerAnimator 控制器打开它，你会看到它显示在动画器视图中。然后定位 Idle 动画，该动画存储在 Idle.fbx 文件中（请参阅本章前面的图 18.7），并将其拖动到动画器视图中（参见图 18.15）。

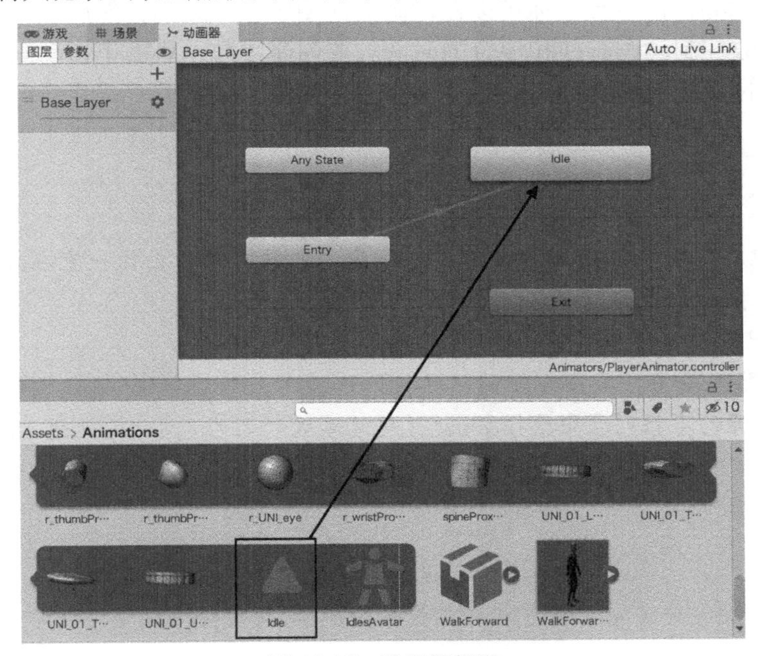

图 18.15 动画器视图

现在，你能够运行场景并看到 Ethan 模型在 Idle 动画中循环。

提示 滑动

当你运行场景查看 Ethan 模型播放 Idle 动画时，可能会注意到模型的脚在地面上滑动。这取决于这个动画是如何创作的。在该动画中，角色根据其臂部而不是脚来确定其运动（让他旋转起来会有点像风车）。可以在动画器视图中修复此问题。只需选择 Idle 动画状态，然后在检查器视图中选中 Foot IK 复选框（见图 18.16）。该模型现在试图追踪其脚部到地面的轨迹，这会使角色正确设置动画，双脚牢牢地固定。顺便说一下，IK 代表反向运动学，其细节超出了本书的范围。

图 18.16 选中 Foot IK

18.3.3 参数

参数就像动画器的变量。你可以在动画器视图中设置它们，然后使用脚本对其进行操作。这些参数控制动画转换和混合的时间。要创建参数，只需单击动画器视图中“参数”选项卡中的“+”按钮即可。

▼自己上手

添加参数

在本练习中，你将添加两个参数，该练习基于本章迄今为止你一直在处理的项目和场景。遵循以下步骤。

1. 确保你已经完成了到目前为止所有的练习。
2. 在动画器视图中，单击左侧的“参数”选项卡，然后单击“+”按钮以创建新参数。在打开的下拉列表中选择 Float 并将此参数命名为 Speed（见图 18.17）。

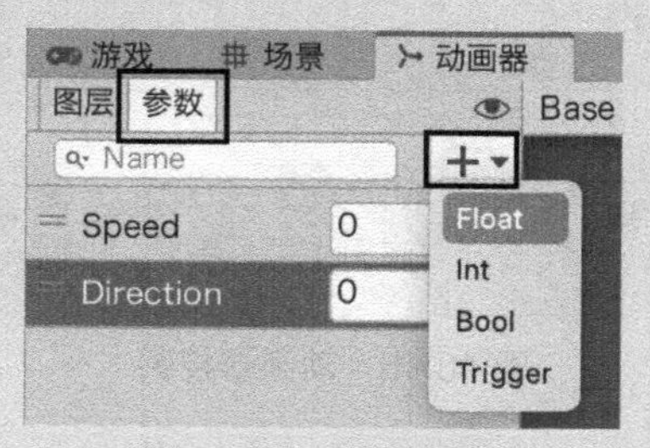

图 18.17 添加参数

3. 重复步骤 2，新建一个名为 Direction（方向）的 Float 型参数。

18.3.4 状态和混合树

下一步是创建一个新状态。状态本质上是模型当前所处的状态，用于定义正在播放的动画。你之前在将 Idle 动画添加到动画器控制器时创建了一个状态（即 Idle 状态）。Ethan 模型需要有两种状态：Idle 和 Walking。其中，Idle 已就位。由于 Walking 状态可以是 3 个动画中的任意一个，因此你需要创建一个使用混合树（Blend Tree）的状态，该混合树基于某些参数无缝混合一个或多个动画。要创建新状态，请执行以下步骤。

1. 在动画器视图中的空白处右键单击，然后选择“创建状态”→“从新混合树”。在检查器视图中，将新状态命名为 Walking（见图 18.18）。

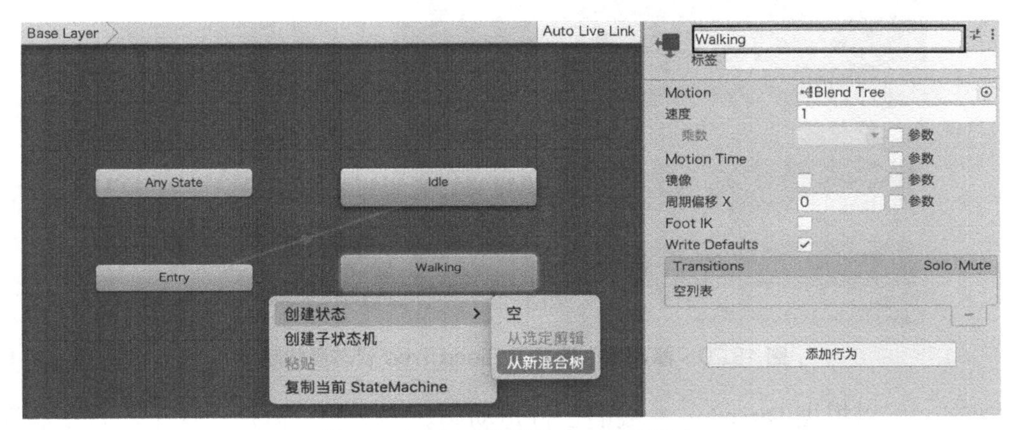

图 18.18 创建并重命名一个新状态

2. 双击新状态以将其展开，然后单击新界面的 Blend Tree 状态。在检查器视图中，打开 Parameter（参数）下拉列表，并将其更改为 Direction。然后单击 Motion（运动）模块下的“+”按钮并选择“添加运动域”，添加 3 个运动域。在图表下面，将最小值设置为 −1，将最大值设置为 1（见图 18.19）。

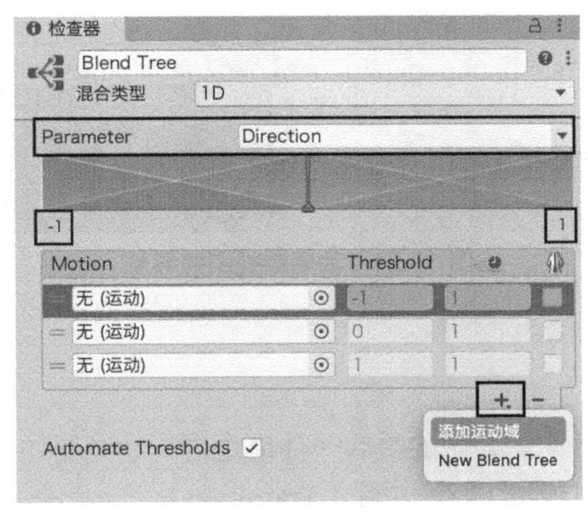

图 18.19 添加运动域

3. 按以下顺序将 3 个行走动画拖动到 3 个运动域中：WalkForwardTurnLeft、

WalkForwardStraight、WalkForwardTurnRight（见图 18.20）。请记住，转弯动画位于 WalkForwardTurns.fbx，直线行走动画在 WalkForward.fbx 中。

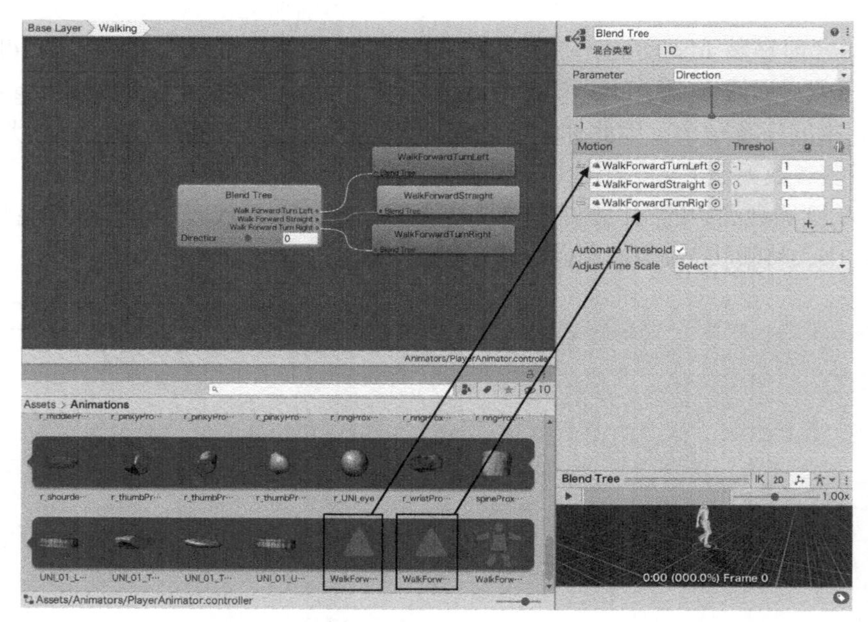

图 18.20　修改最小值并给 Blend Tree 状态添加动画

现在，可以根据 Direction 参数混合行走动画。事实上，你是让这个混合状态评估 Direction 参数。基于该参数的值，混合树将选择要混合的每个动画的某些百分比量，以提供最终的唯一动画。例如，如果方向等于 −1，混合树将 100% 播放 WalkForwardTurnLeft 动画。如果方向等于 0.5，混合树将混合播放 50% 的 WalkForwardStraight 动画与 50% 的 WalkForwardTurnRight 动画。你可以很容易地看到混合树是多么强大！要退出展开的视图，请单击动画器视图顶部的 Base Layer（见图 18.21）。

图 18.21　动画器视图的导航

18.3.5　过渡

要确保动画器完成，你需要做的最后一件事是告诉动画器如何在 Idle 动画和 Walking 动画之间转换。你需要设置两个过渡（Transition）：一个是将动画器从 Idle 过渡到 Walking，另一个是反向过渡。要创建过渡，请执行以下步骤。

1. 右键单击 Idle 状态并选择“创建过渡”在鼠标指针经过的地方创建一条白线。单击 Walking 状态以使其与 Idle 状态连接。

2. 重复步骤 1，但这次将 Walking 状态连接到 Idle 状态。

3. 单击其上的白色箭头来编辑从 Idle 到 Walking 的过渡。添加一个条件（Condition）并将其设置为 Speed 大于（Greater）值 0.1（见图 18.22）。对 Walking 到 Idle 过渡执行相同操作，但将条件设置为 Speed 小于（Less）值 0.1。

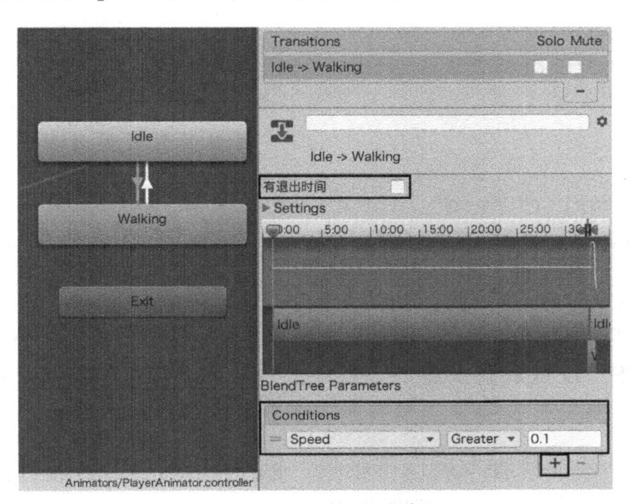

图 18.22 修改过渡

4. 取消选中“有退出时间”复选框，以允许在按下行走键时中断 Idle 动画。

动画器这样就完成了。你可能会注意到，在运行场景时，没有任何有效的运动动画。这是因为 Speed 和 Direction 参数从未改变。在下一节中，你将学习如何通过脚本更改它们。

18.4 脚本控制动画器

现在已经用模型、绑定、动画、动画器、过渡和混合树设置好了一切，是时候让所有事件交互了。

幸运的是，实际的脚本组件很简单。大部分的艰苦工作已经在编辑器中完成了。在脚本中，你所需要做的就是控制你在动画器中创建的参数，让 Ethan 启动并运行。因为你设置的参数是 Float 型的，所以需要调用以下动画器方法。

```
SetFloat (<名称> , <值>);
```

▼自己上手

添加脚本控制

在以下步骤中，你将向这一章内一直在处理的项目添加一个脚本组件，以使其全部正常工作。跟随如下步骤。

1. 创建一个名为 Scripts 的新文件夹，并向其中添加一个新脚本。将脚本命名为 AnimationControl。然后将脚本附加到场景中的 Ethan 模型上。（这一步很重要！）

2. 将以下代码添加到 AnimationControl 脚本中。

```
Animator anim;
void Start ()
{
     // 获得动画器
     anim = GetComponent<Animator> ();
}
void Update ()
{
     anim.SetFloat ("Speed", Input.GetAxis ("Vertical"));
     anim.SetFloat ("Direction", Input.GetAxis("Horizontal"));
}
```

3. 运行场景，注意动画由垂直和水平输入轴控制。回想一下，水平和垂直输入轴映射到 W、A、S、D 键和箭头键。

这样就完成了！添加此脚本后运行场景，你可能会注意到一些奇怪的情况：Ethan 不仅播放了空闲、行走和转弯动画，模型也移动了。这是由如下两个因素造成的。

- 所选动画具有内置的运动，这是由 Unity 以外的动画器添加的。如果没有添加运动，你必须自己对运动进行编程。
- 默认情况下，动画制作者允许动画移动模型。你可以通过选中 Animator 组件的应用根运动属性来改变这一点（见图 18.23），但在这种情况下，这样做会产生一些奇怪的效果。

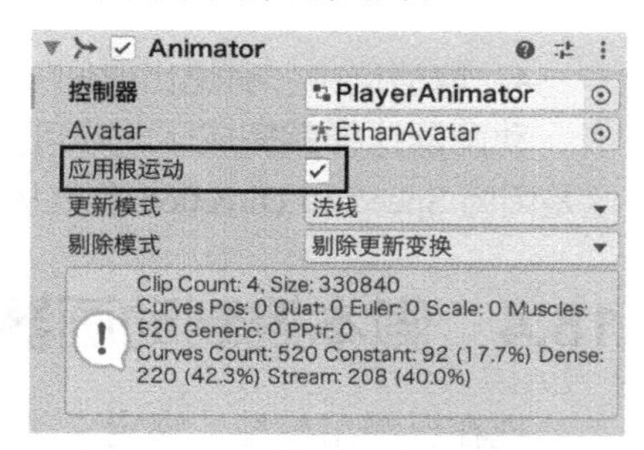

图 18.23　选择应用根运动属性

最终项目文件包含在随书资源 Hour 18 Files 中。

18.5　总结

本章开头，你从头开始构建了一个非常简单的动画。接着，你给 Cube 对象添加了一个 Animator 组件。然后创建了一个动画器控制器并将其链接到动画器。之后，你创建了动画状态和相应的运动域及动画。最后，你学习了如何混合状态。

18.6　问答

问　能在 Unity 中为人形模型制作关键帧动画吗？

答　Unity 不允许在人形动画上使用关键帧动画，尽管你可以在互联网上找到解决方法，但最好在专用的 3D 软件包中创建人形动画并将其导入 Unity。

问 动画器和物理引擎都可以移动对象吗？

答 虽然这是可能的，但通常你要避免将两者混合。在任何时候，你都要清楚是动画器还是物理引擎在控制游戏对象。

18.7 测试

花一些时间来研究下面的问题，以确保你牢固地掌握了所学内容。

18.7.1 试题

1. 为了能用起来，Animator 组件必须有什么参考值？
2. 动画器控制器中的默认动画状态是什么颜色？
3. 一个动画状态可以有多少个动画？
4. 使用什么从脚本触发动画过渡？

18.7.2 答案

1. 必须创建动画器控制器并将其连接到 Animator 组件。对于人形角色，还需要化身。
2. 橙色。
3. 视情况而定。动画状态可以是单个动画、混合树或其他状态机。
4. 动画器参数。

18.8 练习

制作一个稳定的高质量动画系统需要大量的信息。在本章中，你能看到用一种方法和一组设置来实现这一点。然而，还有很多其他资源可用。

本章的练习是继续研究动画系统。一定要先浏览 Unity 在系统上的文档。你可以在 Unity 手册网站搜索“动画”来查阅相关内容。

你还可以探索动画完整设置的 Ethan 预制件，可从 Assets\ThirdPersonCharacter\ThirdPersonController.prefab 获得。这个预制件有一个比你在这一章使用的 Ethan 更复杂的动画器。它有 3 种混合树，分别用于 Airborne（空中）状态、Grounded（地面）状态和 Crouching（蹲伏）状态。

第19章　时间轴

本章你将会学到如下内容。

- 时间轴系统的基础介绍。
- 如何添加片段并对其排序。
- 更复杂的时间轴用例。

在本章中，你将看到 Unity 中一个非常强大的序列工具：时间轴（Timeline）。首先，你将了解时间轴和导引器的结构和概念。接下来，你将探索片段（也称为剪辑）以及如何在时间轴上对其排序。最后，在本章结束时，你将了解更多用时间轴为你的项目带来复杂性的方法。

提示　只有它的力量才能超越它的神秘

在这一章中，你将看到 Unity 时间轴系统的各个部分。关于时间轴，需要注意的一点是，它是一个功能强大且非常复杂的工具。本章只涉及这个工具的皮毛。时间轴系统由简单但模块化的部分组成，允许以许多自定义和有趣的方式使用。本提示是想说，如果你在想：嗯，我想知道我是否可以用时间轴来做这件事。绝大部分效果是可以完成的。这可能并不总是容易的，但它是可能的！

19.1　时间轴的基础知识

时间轴的核心是一个序列工具，这意味着它可以用来使事情在特定的时间发生。这些事情是什么取决于你。在某种程度上，时间轴非常类似于动画器控制器，用于排序和控制在对象上播放的动画（请参阅第 18 章“动画器”以复习）。然而，动画器控制器只能控制自身或子对象，例如，它不能被用来制作这个电影场景——两个警卫在相互交谈，而一个小偷在他们身后的阴影中潜行。这就是时间轴打算做的那种工作。你可以使用它对在不同时间做不同事情的不同对象进行排序。

19.1.1　解析时间轴视图

序列的核心元素称为片段。虽然这表明时间轴可以用于动画，但片段也可以是任何内容，从音频片段到控制轨道，再到自定义数据事件。它甚至可以启用和禁用游戏对象。你也可以编写自己的片段，让它们做任何你想做的事情。

将片段放置在一个或多个轨道上（见图 19.1）。轨道类型决定了可以放置在其上的片段类型以及它们控制的对象。例如，为了按顺序设置两个角色的动画，需要两个动画轨道（每个角色一个），每个轨道上有一个或多个动画。

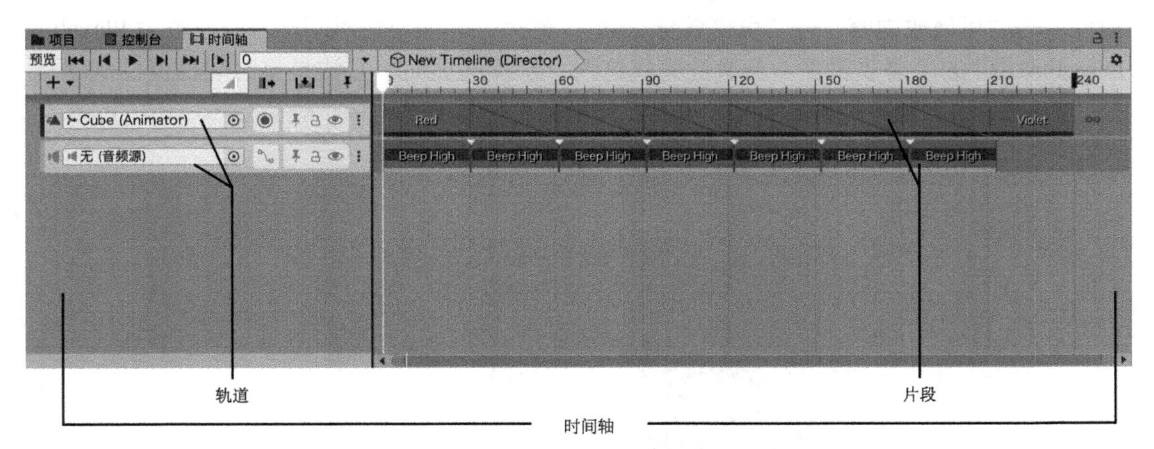

图 19.1　解析时间轴视图

片段和轨道都位于时间轴资源上（如图 19.1 所示）。该资源可以在场景之间重用，甚至可以在单个场景中具有多个实例。时间轴通过绑定来跟踪其控制的对象。这些绑定可以通过代码设置，但通常只需将要控制的对象拖动到时间轴上。

最后，时间轴系统使用 Playable Director（可播放导引器）组件来控制时间轴。该组件将添加到场景中的游戏对象中，并确定时间轴何时播放、何时停止以及结束时发生的情况。

19.1.2　创建一个时间轴

如本章前面所述，时间轴资源是所有其他类型都能适用的一种资源。使用时间轴的第一步是创建时间轴资源。为此，在项目视图中右键单击，然后选择“创建”→“时间轴”（见图 19.2）。

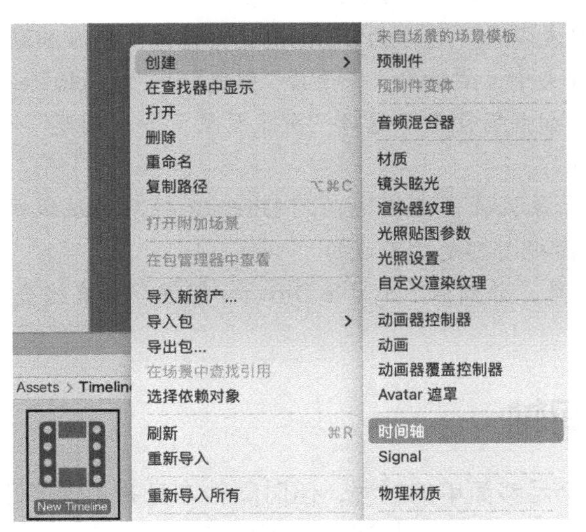

图 19.2　创建一个时间轴

创建时间轴后，它需要由 Playable Director 组件控制，该组件将被添加到场景中的游戏对象中。要将 Playable Director 组件添加到游戏对象，只需选择对象，然后选择“添加组件”→“可播放内容”→“可播放导引器”。然后，你需要将时间轴资源设置为 Playable Director 组件的可播放属性。一次性完成这两个步骤的更简单方法是将时间轴资源从项目视图拖动到层级视图中你要控制时间轴的对象上（见图 19.3）。

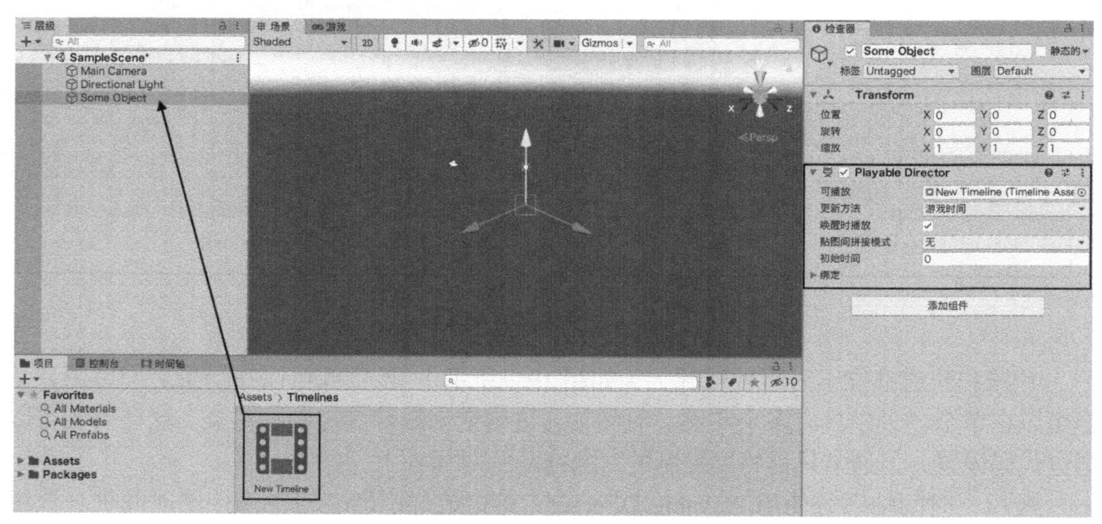

图 19.3　给游戏对象添加一个 Playable Director 组件

▼自己上手

创建一个时间轴资源

在以下步骤中，你将创建时间轴资源，并将 Playable Director 组件添加到游戏对象中。保存本练习中创建的项目和场景，以便在本章稍后使用。遵循以下步骤。

1. 创建一个新项目或场景。将名为 Timelines 的新文件夹添加到项目中。
2. 在 Timelines 文件夹中，右键单击并选择“创建”→“时间轴”以新建一个时间轴。
3. 将新游戏对象添加到场景中（选择“游戏对象”→“创建”→“创建空对象”）。将其命名为 Director。
4. 将新的时间轴资源从项目视图拖动到 Director 对象的层级视图中的对应位置。拖动到场景或检查器视图都是行不通的。
5. 选择 Director 对象，并确保 Playable Director 组件显示在检查器视图中。

19.2　使用时间轴

创建时间轴是一个足够简单的过程，但时间轴本身并不能真正实现任何目标。要使用时间轴，需要创建轨道和片段，以控制场景中的对象并对其排序。所有这些工作都是通过时间轴视图完成的，这与第 17 章中探索的动画视图非常相似。

19.2.1 时间轴视图

要查看和使用时间轴，需要打开时间轴视图。你可以选择“窗口”→“时间轴”或双击项目视图中的时间轴资源来完成此操作。该视图具有用于预览和播放的控件、模式控件以及用于处理轨道和片段的大区域（见图 19.4）。

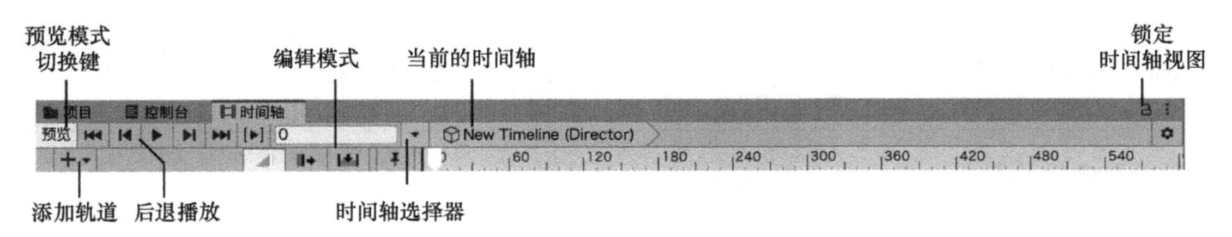

图 19.4 时间轴视图

现在检查时间轴视图没有什么意义，因为它相当空。现在让我们继续，当时间轴视图变得适用时，你可以了解更多关于它的信息。

提示 锁定时间轴视图

在时间轴视图中工作时，通常会单击场景或项目视图中的其他对象。但是，这样做会取消选择 Director 对象，并导致时间轴视图变为空白。这可能会让人非常沮丧。使用时间轴视图的更好方法是通过锁定图标来锁定它（请参阅图 19.4），这可以防止当前的选择更改时间轴视图的重点部分。然后，你可以使用时间轴视图中的时间轴选择器选择要修改的时间轴，这会容易得多。

注意 预览模式

时间轴视图具有预览模式（请参阅图 19.4）。启用此模式，你可以看到时间轴将如何影响场景中的对象。这对于序列和确保一切正常运行至关重要。幸运的是，在时间轴视图中操作时会自动将你置于预览模式。但是，处于预览模式时某些功能会被禁用。例如，你不能应用任何预制件的更改。如果你注意到某些东西看起来不正确，请尝试退出预览模式，以确保不会对你的操作造成影响。

19.2.2 时间轴轨道

时间轴上的轨道决定了做哪些事情、哪些对象做这些事情，以及每个对象具体做什么。从本质上讲，时间轴轨道为你做了很多工作。要将轨道添加到时间轴，请单击时间轴视图中的添加按钮（参见图 19.4）。表 19.1 列出了时间轴轨道类型并描述了它们的作用。

表19.1　时间轴轨道类型

类　型	描　述
Track Group（轨道组）	此轨道类型本身不包含任何功能。你能够将多个轨道放置到它下面，以便于组织
Activation Track（激活轨道）	此轨道类型允许你激活和停用游戏对象
Animation Track（动画轨道）	此轨道类型使你能够在游戏对象上播放动画。请注意，此轨道类型优先于动画器在对象上播放的任何动画
Audio Track（音频轨道）	此轨道类型使你能够播放和停止音频片段
Control Track（控制轨道）	此轨道类型使你能够控制其他可播放对象。可播放资源是使用 Unity 的可播放系统创建的任何资源。这种轨道类型最常见的用例是允许一个时间轴播放另一个时间轴。因此，你可以使用时间轴对多个子时间轴进行排序和控制
Signal Track（信号轨道）	该轨道允许发射相关系统能接收的信号。例如，如果你想在过场动画结束时加载新关卡，该轨道可能很有用
Playable Track（可播放轨道）	这是一种专门的轨道类型，用于控制自定义可播放项（即自定义构建的扩展时间轴系统的可播放项）

小记　更多轨道

表 19.1 列出了本书出版时 Unity 中存在的轨道类型。时间轴是一个相当新的特性，许多东西都在不断地发展，以扩展其功能。随着未来版本中添加新的轨道类型，此列表将继续增长。此外，时间轴是可扩展的。如果当前缺少一些你想要的功能，你可以创建自己的自定义轨道。现在，许多开发者创建了自己的自定义轨道，其中许多轨道可以在 Unity 的资源商店中找到。

▼自己上手

添加轨道

在本练习中，将向本章前面创建的时间轴资源添加轨道。请确保保存在此创建的场景，因为稍后你将使用它。遵循以下步骤。

1. 打开在“创建一个时间轴资源”中创建的场景，将立方体添加到场景中，并将其定位在 (0, 0, 0) 处。
2. 打开时间轴视图（选择“窗口”→“时间轴”）。在场景中选择 Director 对象。你应该会在时间轴视图中看到你的时间轴（尽管它还没有任何轨道）。
3. 单击右上角的锁定图标来锁定时间轴视图（请参阅图 19.4）。
4. 单击添加按钮（+）并在下拉列表中选择 Animation Track，添加动画轨道。
5. 从层级视图中拖动 Cube 对象至时间轴视图中的轨道资源框上，以将其绑定到此动画轨道（见图 19.5）。
6. 出现提示时，选择 Create Animator on Cube（在立方体上添加动画器）。
7. 单击“添加”按钮并在下拉列表中选择 Audio Track，添加音频轨道。音频轨道不需要绑定到游戏对象就能正常工作。

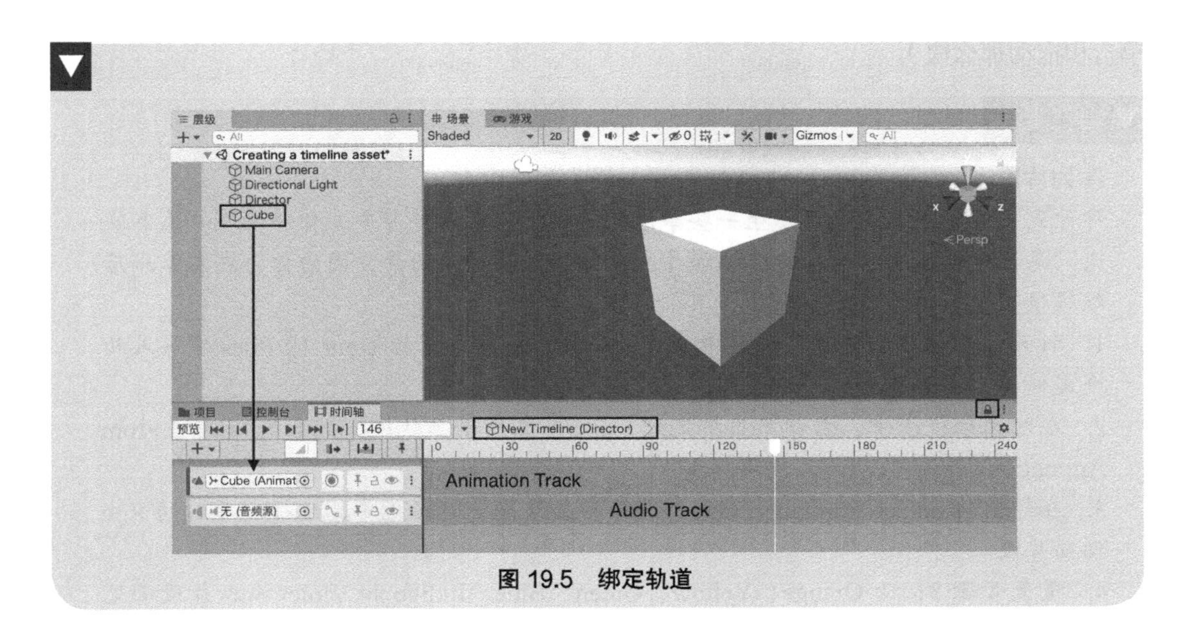

图 19.5 绑定轨道

19.2.3 时间轴片段

时间轴上有了轨道后，你就需要开始添加片段了。片段的行为方式各有不同，这取决于轨道的类型，但所有片段的一般功能是相同的。要将片段添加到轨道，只需右键单击轨道，然后选择“Add From< 片段类型 >”。例如，要向音频轨道添加片段，右键单击轨道后会有菜单弹出，可选择 Add From Audio Clip（从音频片段添加）（见图 19.6），此时会弹出一个选择菜单，你可以从中选择对应类型的片段，将其添加至轨道。或者，可以通过将相关资源从项目视图拖动到时间轴视图中的轨道，将片段添加到轨道中。

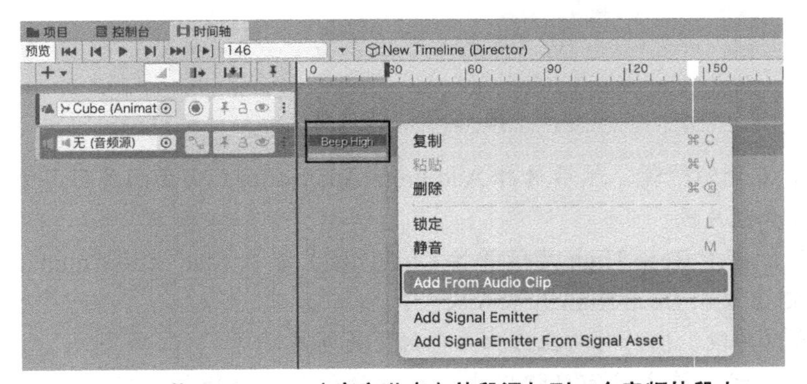

图 19.6 将 Beep High（高音哔声）片段添加到一个音频片段上

一旦轨道上有一个片段，你就可以将其四处移动以控制播放时间。你还可以调整片段大小以更改播放时间，甚至可以使用片段的持续时间在一段时间内裁剪或循环动画。请注意，片段持续时间取决于轨道类型。

除了在轨道上拖动片段以调整其播放设置外，还可以选择片段，然后在检查器视图中修改设置。在使用片段时，这将为你提供更精细的控制和调整级别（尽管它不如简单地单击和拖动那么快）。

▼自己上手

序列片段

终于到了在时间轴上真正发生一些事情的时候了！在本练习中，你将向在“添加轨道”练习中创建的时间轴轨道添加片段，请确保保存此场景，因为你将在本章稍后继续使用它。遵循以下步骤。

1. 打开你在“添加轨道”练习中创建的场景，从随书资源 Hour 19 Files 中导入两个文件夹：Animations 和 Audios。
2. 在时间轴视图中，右键单击绑定到 Cube 对象的动画轨道，然后选择 Add From Animation Clip（从动画片段添加）。
3. 在弹出的 Select Animation Clip（选择动画片段）对话框中，选择新导入的 Red 动画片段。
4. 重复步骤 3，为 Orange、Yellow、Green、Blue、Indigo 和 Violet 添加片段（见图 19.7）。

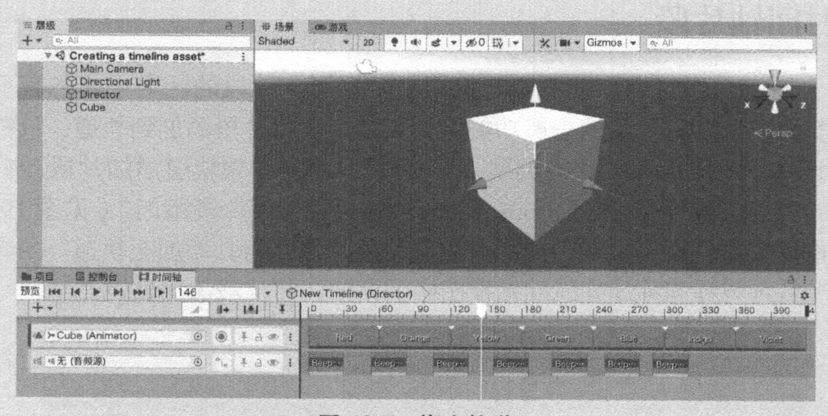

图 19.7　绑定轨道

5. 右键单击音频轨道，然后选择 Add From Audio Clip（从音频片段添加）。选择 Beep High 音频片段。
6. 在 PC 上选择 Beep High 片段并按 Ctrl+D 键，或在 Mac 上按 Command+D 键，在音频轨道上复制 Beep High 片段 6 次。
7. 移动音频片段，使计时与立方体颜色的变化对齐。
8. 移动推进线或单击时间轴视图中的播放按钮预览时间轴。保存场景，然后播放。请注意，立方体的颜色变化与音频片段同步。

19.3　不只是简单的控制

你才刚刚开始触及时间轴系统的表面。显然，这个系统非常适合影片，但它也可以用于创建多种丰富的行为。例如，控制守卫动作，使人群看起来更逼真，或者在角色受到伤害时部署一组复杂的屏幕效果。

提示 快速动画

动画轨道对于导入的动画和使用动画视图在Unity中创建的动画都非常有效。但是，如果要快速设置对象的动画以与时间轴一起使用，有一种更简单的方法。当游戏对象绑定到动画轨道时，可以直接单击轨道上的录制按钮（见图19.8）。此功能与动画视图的记录模式相同（参见第17章）。唯一的区别是，在这种情况下，动画数据直接存储在时间轴资源中，而不是制作新的单独动画片段。使用此方法，你可以快速生成简单的动画，为你的影片增加很多层次。

图 19.8 时间轴视图中的记录模式

提示 静音和锁定

可以在时间轴视图中锁定每个轨道，以防止意外更改。只需选择一个轨道并按L键，或右键单击轨道并选择“锁定”。此外，你可以将轨道静音，使其在时间轴播放时不播放声音。要使轨道静音，请选择轨道并按M键，或右键单击轨道并选择“静音”。

19.3.1 在轨道上混合片段

到目前为止，你已经了解了如何将片段作为轨道上的单个项目进行处理。不过，情况并不一定如此。实际上，你可以使用时间轴来混合两个不同的片段，以获得新的组合结果。混合只需要将一个片段拖动到另一个片段上。图19.9显示了从“序列片段”练习中混合Red和Orange片段的结果。

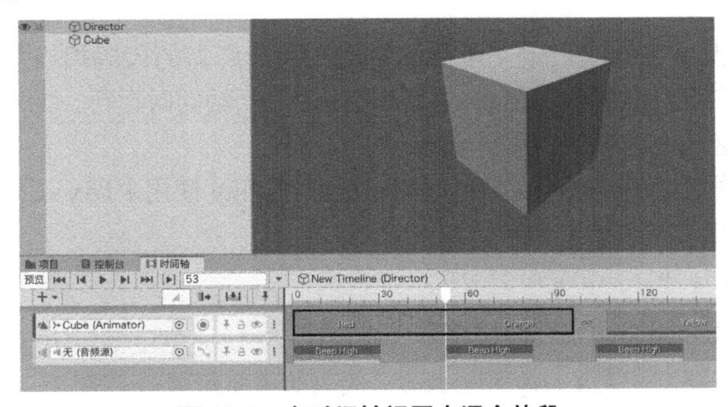

图 19.9 在时间轴视图中混合片段

混合不仅适用于动画片段，你还可以混合音频轨道和Unity社区的许多自定义轨道。混合片段为你提供前所未有的控制表现，并允许关键帧之间平滑过渡。

▼ 自己上手

混合片段

以下步骤向你展示了如何混合你在“序列片段”练习中添加的片段，以创建彩虹色的平滑颜色过渡。请确保保存此场景，因为你将在本章稍后继续使用它。遵循以下步骤。

1. 打开在“序列片段”练习中创建的场景，确保时间轴视图已打开，并且已选择 Director 对象。
2. 在时间轴视图中，拖动 Orange 片段，使其覆盖 Red 片段的一半。在检查器视图中，Orange 片段应从第 30 帧开始，到第 90 帧结束。
3. 继续向左混合颜色片段，直到时间轴由几乎连续的颜色片段组成（见图 19.10）。

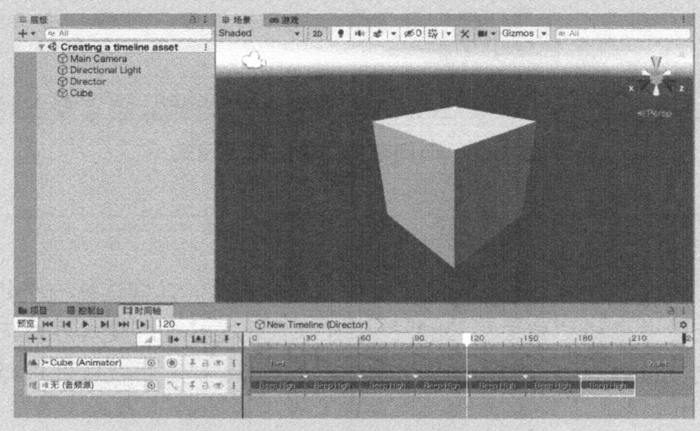

图 19.10 混合所有的颜色片段

4. 移动音频片段，使每段片段与颜色动画的开头匹配。这些声音提示将有助于识别应用的每种颜色。

19.3.2 时间轴的脚本

在大多数情况下，构建自定义可播放轨道和片段所需的代码相当复杂，超出了本书的范围。然而，你可以做的一件简单的事情是告诉时间轴何时运行，而不是让它在场景开始时自动运行。这使你能够触发影片或游戏中的事件。

要编写与时间轴系统一起工作的代码，需要让 Unity 使用 `Playables` 库。在脚本最前面添加如下代码。

```
using UnityEngine.Playables;
```

然后，你可以创建一个类型为 `PlayableDirector` 的变量，并使用它来控制时间轴。使用的两种主要方法是 `Play` 和 `Stop`，代码如下所示。

```
PlayableDirector director = GetComponent<PlayableDirector>();

director.Play(); // 播放一个时间轴
director.Stop(); // 停止一个时间轴
```

你可以做的另一件事是告诉导引器在运行时可以播放什么。一个可能的用例是，有一个随机选择的时间轴集合，或者根据游戏的结果确定要播放的时间轴。

```
public PlayableAsset newTimeline;

void SomeMethod()
{
    director.Play(newTimeline);
}
```

使用这些简单的方法调用，你可以在运行时使用所需的时间轴系统中的大部分功能。

▼自己上手

用代码控制时间轴

在本练习中，你将使用脚本控制时间轴来完成本章的示例。跟随以下步骤。

1. 打开在“混合片段”练习中创建的场景，添加一个名为 Scripts 的文件夹，并向该文件夹添加一个名为 InputControl 的脚本。

2. 选择 Director 对象，并在 Playable Director 组件上取消选中“唤醒时播放”复选框。将 InputControl 脚本附加到 Director 对象上，然后修改其包含的代码，如下所示。

```
using UnityEngine;
using UnityEngine.Playables;

public class InputControl : MonoBehaviour
{
    PlayableDirector director;

    void Start()
    {
        director = GetComponent<PlayableDirector>();
    }

    void Update()
    {
        if (Input.GetButtonDown("Jump"))
        {
            if (director.state == PlayState.Paused)
                director.Play();
            else
                director.Stop();
        }
    }
}
```

3. 运行场景。现在，无论何时按 Space 键，都可以播放或停止时间轴。

19.4　总结

这一章中，你探索了 Unity 中的时间轴系统，然后研究了如何创建时间轴资源并用轨道和片段填充它们。之后，你学习了混合片段，还可以用一些脚本来控制时间轴。

19.5　问答

问　时间轴和可播放项的区别是什么?

答　时间轴就是一个可播放项，也可包含了其他的可播放项。

问　一个场景中能播放多少个时间轴?

答　你可以在一个场景中拥有和播放任意多条时间轴。不过，请注意，如果两条时间轴试图控制同一个对象，其中一条将优先于另一条。

19.6　测试

花一些时间来研究下面的问题，以确保你牢固地掌握了所学内容。

19.6.1　试题

1. 场景中什么组件播放时间轴?
2. Unity 中构建了多少种轨道类型?
3. 告诉时间轴轨道它要控制的游戏对象，应该怎么说?
4. 如何混合两个片段?

19.6.2　答案

1. Playable Director 组件。
2. 6 种（如果算上轨道组就是 7 种）。
3. 应该说“将对象绑定到轨道”。
4. 在轨道上，将其中一个片段拖动到另一个片段上。

19.7　练习

这个练习有点像是一个使用时间轴系统的开放式邀请。除了对时间轴进行更多练习外，我们鼓励你查看 Unity 关于该主题的一些视频课程（可以在 Unity 中文课堂网站或 Unity Learn 网站搜索动画相关课程）。本章还有一些内容需要尝试。

- 使用动画创建动态 UI。
- 创建守卫巡逻模式。
- 设置一系列复杂的摄像机动画。
- 使用激活的轨道使多个灯光表现得类似于频闪灯或剧院灯。

第20章 游戏案例4：Gauntlet Runner

本章你将会学到如下内容。

- ▶ 如何设计 Gauntlet Runner 游戏。
- ▶ 如何构建 Gauntlet Runner 游戏世界。
- ▶ 如何构建 Gauntlet Runner 游戏实体。
- ▶ 如何构建 Gauntlet Runner 游戏控制。
- ▶ 如何进一步改进 Gauntlet Runner 游戏。

是时候制作另一款游戏了！在这一章中，你将制作一款名为 Gauntlet Runner 的 3D 跑酷游戏。你将从游戏的设计开始。之后，你将专注于构建游戏世界，然后构建实体和控件。最后需要玩玩游戏，看看哪里可以改进。

提示　完整的项目

确保在本章内完成整个游戏项目。如果感觉陷入了困境，请在随书资源 Hour 20 Files 中查找游戏的完整项目。如果你需要帮助或灵感，请随时查看。

20.1　设计

你在第 6 章“游戏案例 1：Amazing Racer”中已经了解了设计的要素，在本章中，你将直接运用它们。

20.1.1　概念

在这个游戏中，玩家会控制一个虚拟人物，使其跑步通过一条赛道式隧道，并试图获取充电装置来延长游戏时间。游戏角色需要避开阻碍进度的障碍物。当用完给定时间时，游戏结束。

20.1.2　规则

游戏规则将说明如何玩游戏，同时还会提及对象的一些属性。用于 Gauntlet Runner 的规则如下。

- ▶ 游戏角色可以向左或向右移动并隐身，但不能以任何其他方式移动。
- ▶ 游戏角色碰到障碍物后速度会减慢 50%，持续 1 秒。

- 如果获得充电装置，则时间延长 1.5 秒。
- 游戏角色被隧道包围。
- 时间结束时将结束游戏。
- 没有获胜的条件，玩家的目标是尽可能跑更远的距离。

20.1.3　需求

本游戏的需求很简单，如下所示。

- 赛道纹理。
- 墙壁纹理。
- 游戏角色模型。
- 游戏角色隐身时使用的自定义着色器（本章稍后会介绍）。
- 充电装置和障碍物，将在 Unity 中创建。
- 游戏控制器，将在 Unity 中创建。
- 充电装置的粒子效果，将在 Unity 中创建。
- 交互式脚本，将在 Visual Studio 中编写。

为了使这个游戏在视觉上更具吸引力，你将使用游戏开发社区构建的更多资源。在本案例中，你将使用 Unity Technologies 发布的冒险示例游戏（Adventure Sample Game）中的纹理和游戏角色模型（请在 Unity 资源商店搜索 Adventure Sample Game）。你还将使用 Andy Duboc 免费提供的自定义着色器（请在搜索引擎中搜索 Andy Duboc HologramShader）。

20.2　游戏世界

这个游戏的世界将简单地由 3 个立方体组成，看起来像一个赛道。整个设置相当基础，但本游戏还有其他的组件，它们增加了挑战性和趣味性。

20.2.1　场景

在设置地面及其功能之前，需要先设置场景并使之做好准备。要准备场景，请执行以下操作。

1. 创建一个名为 Gauntlet Runner 的新 3D 项目。创建一个名为 Scenes 的新文件夹，重命名场景为 Main 并存入该文件夹。
2. 将 Main Camera 定位在 (0, 3, −10.7) 处，旋转至 (33, 0, 0)。
3. 在随书资源 Hour 20 Files 中，找到两个文件夹：Textures 和 Materials。拖动文件夹至项目视图以将其导入。
4. 在 Materials 文件夹中，找到材质 Dark_Sky。该材质是一个天空盒，注意其着色器类型为 Skybox/Procedural（见图 20.1）。将 Dark_Sky 材质从项目视图拖动到场景视图中，以更改场景天空。

图 20.1 Dark_Sky 材质

此游戏的摄像机将固定在游戏世界上方。世界的其他部分将从它下面经过。

小记 .meta 文件

在本节中，你从随书资源中导入了两个文件夹。如果查看这些文件夹，你可能会注意到，每个资源都有另一个同名的文件，但后缀是 .meta。这些 .meta 文件存储允许资源相互链接的信息。如果文件夹中没有包含 .meta 文件，材质仍由其设置，但材质会不知道要使用哪些纹理。同时，游戏角色模型也会不知道其材质（稍后将导入）。

20.2.2 赛道

这个游戏中的地面（Ground）将是滚动的赛道；然而，与 Captain Blaster 中使用的滚动背景不同（请参阅第 15 章），你实际上不会滚动任何对象。这将在下一小节中进行更详细的解释，现在你只需要了解，只需创建一个 Ground 对象即可实现滚动。地面将由一个基本立方体和两个四边形组成。要创建地面，请执行以下步骤。

1. 将一个立方体添加到场景中。将其命名为 Ground，并将其定位在 (0, 0, 15.5) 处，旋转至 (0, 180, 0)，缩放至 (10, 5, 50)。

2. 将一个名为 Wall 的四边形添加到场景中，并将其放置在 (−5.25, 1.2, 15.5) 处，旋转至 (0, −90, 0)，并缩放至 (50, 2, 1)。复制 Wall 对象并将新对象放置在 (5.25, 1.2, 15.5) 处。

3. 在之前导入的 Materials 文件夹中，检查 Ground 和 Wall 的材质。Ground 材质略带金属光泽，带有一些纹理贴图。内置的一个粒子着色器为 Wall 材质提供了发光效果（见图 20.2）。

4. 将 Ground 材质拖动到 Ground 对象上。将 Wall 材质拖动到两个 Wall 对象上。

这样就完成了！正如你所见，赛道是相当基础的。

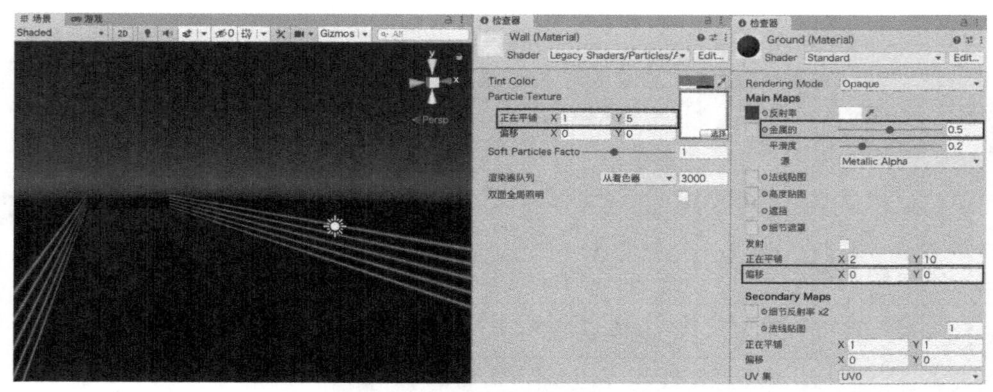

图 20.2　赛道材质

20.2.3　让地面滚动起来

在第 15 章，你可以通过创建背景的两个实例并移动它们来实现滚动背景。在这款游戏中，你将使用更聪明的解决方案。每种材质都具有一组纹理偏移量，当选取材质时，可以在检查器视图中查看它们。你需要做的是，在运行时通过脚本修改这些偏移量。如果把纹理设置为重复（这是默认设置），那么纹理将无缝地循环出现。如果操作正确的话，得到的将是一个看起来无缝地滚动，但是不存在任何实际移动的对象。要创建这种效果，可以遵循下面这些步骤。

1. 创建一个名为 Scripts 的新文件夹，在其中创建一个名为 TextureScroller（纹理滚动）的新脚本，并把该脚本附加到 Ground 上。

2. 把以下代码添加到脚本中（替换其中已经存在的 `Start` 和 `Update` 方法）。

```
public float speed = .5f;

Renderer renderer;
float offset;

void Start()
{
    renderer = GetComponent<Renderer>();
}

void Update()
{
    // 基于时间增加偏移值
    offset += Time.deltaTime * speed;
    // 让偏移值保持在0到1之间
    if (offset > 1)
        offset -= 1;
    // 将偏移值应用到材质上
    renderer.material.mainTextureOffset = new Vector2(0, offset);
}
```

3. 运行场景，可以看到你的赛道在滚动。这是创建滚动的 3D 对象的一种简单有效的方法。

20.3 实体

现在你有了一个滚动的世界，是时候设置实体了，它们是：游戏角色、充电装置、障碍物和触发区。触发区将用于清理游戏角色经过的任何游戏对象。你不需要为此游戏创建复活点。相反，你将探索一种不同的处理方式：让游戏控制创建充电装置和障碍物。

20.3.1 充电装置

这款游戏中的充电装置将是简单的球体，并且会给它添加一些效果。创建球体，定位它，然后通过它制作一个预制件。要创建充电装置，可以遵循下面这些步骤。

1. 添加一个球体到场景中。将 Sphere 对象定位在 (0, 1.5, 42) 处，设置其缩放为 (0.5, 0.5, 0.5)。给 Sphere 对象添加 Rigidbody 组件并取消选中“使用重力”复选框。

2. 创建一个名为 Powerup（充电）的新材质，并将其设置为黄色。将金属设置为 0，将平滑度设置为 1。将材质应用于 Sphere 对象。

3. 将点光源添加到 Sphere 对象（选择“添加组件”→“渲染”→“灯光”）。把灯调成黄色。

4. 将 Particle System 组件添加到 Sphere 对象（选择“添加组件”→“效果”→“粒子系统”）。如果粒子有奇怪的紫色，不用担心，请参阅下面的“注意”以了解修复方法。

5. 在主粒子模块中，将起始生命周期设置为 0.5，将起始速度设置为 −5，将起始大小设置为 0.3，并将起始颜色设置为淡黄色。

6. 在发射模块中，将随单位时间产生的粒子数设置为 30。在形状模块中，将形状设置为球体，并将半径设置为 1。

7. 在渲染器模块中，将渲染模式设置为伸展 Billboard，将长度比例设置为 5。

8. 创建一个名为 Prefabs 的新文件夹。将球体重命名为 Powerup，然后将其从层级视图拖动到 Prefabs 文件夹中。然后从场景中删除 Powerup 对象。

注意　粒子问题

根据你的 Unity 版本，当你将 Particle System 组件添加到充电装置时，可能会看到奇怪的彩色正方形，而不是粒子。如果是这样，则需要手动将默认粒子材质应用于 Particle System 组件的渲染器模块。为此，只需单击渲染器模块的材质属性旁边的圆圈图标，然后从下拉列表中选择默认粒子材质（请参见图 20.3）。

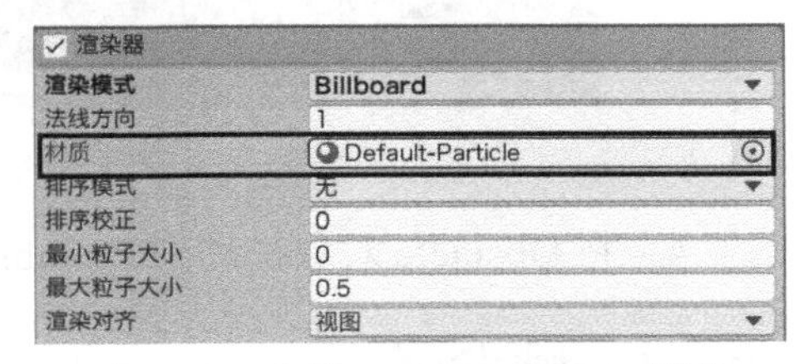

图 20.3　应用 Default-Particle 材质

在把对象放入预制件中之前，通过设置对象的位置，可以简单地实例化预制件，并且它将出现在设置的位置。因此，将不需要设置复活点。图 20.4 显示了完成的充电装置。

图 20.4　充电装置

20.3.2　障碍物

在这个游戏中，障碍物由发光的红色立方体表示。玩家可以选择避开障碍物或隐身穿过障碍物。要创建障碍物，请遵循以下步骤。

1. 添加一个立方体到场景中，并将其命名为 Obstacle（障碍）。以 (1, 0.2, 0.1) 的比例将其定位在 (0, 0.4, 0.42) 处。给 Obstacle 对象添加 Rigidbody 组件并取消选中“使用重力”复选框。

2. 向 Obstacle 对象添加 Light 组件，并将其设置为红色。

3. 创建一个名为 Obstacle 的新材质，并将其应用于 Obstacle 对象。将材质颜色设为红色，选中“发射”复选框，并将发射颜色设为深红色（见图 20.5）。

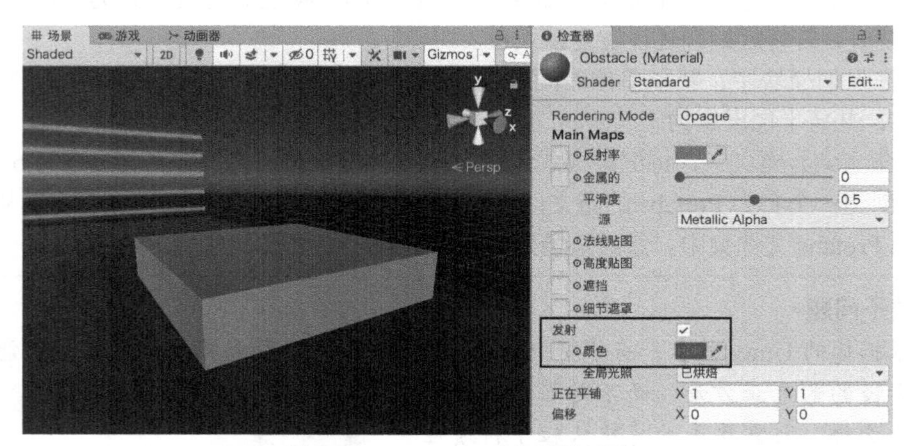

图 20.5　Obstacle 对象及其材质

4. 将 Obstacle 对象拖动到 Prefabs 文件夹中，将其变成预制件。删除 Obstacle 对象。

20.3.3　触发区

正如在前面创建的游戏一样，Gauntlet Runner 中的触发区用于清理游戏角色经过的任何游戏对象。要创建触发区，请执行以下步骤。

1. 将立方体添加到场景中，并重命名为 TriggerZone（触发区），将其放置在 (0, 1, −20) 处，设置其缩放为 (10, 1, 1)。

2. 在 TriggerZone 对象的 Box Collider 组件上，选中“是触发器”复选框。

20.3.4 游戏角色

这将是为这款游戏所做的大部分工作。游戏角色需要设置动画，还需要一个控制器和一个自定义着色器。我们之前已经讨论过着色器，但你还没有使用过非内置的 Unity 着色器。稍后你将了解更多信息，但现在，你需要让游戏角色做好准备工作，请遵循以下步骤。

1. 在随书资源 Hour 20 Files 中，找到 Models 和 Animations 文件夹，并将其拖动到项目视图中以导入项目。

2. 在 Models 文件夹中，选择 Player.fbx 模型。如前所述，该资源在 Unity 的冒险示例游戏中免费提供。

3. 在 Rig 选项卡中，将动画类型更改为人形，单击“应用”按钮。现在，你应该会看到“配置”按钮旁边的复选标记。（如果你需要复习人形绑定，请回到第 18 章“动画器”。）

4. 将 Player 模型拖动到场景中，并将其放置在 (0, 0.25, −8.5) 处。为 Player 对象选择 Player 标签。（提醒：可以在检查器视图左上角的下拉列表中找到对象的标签。）

5. 将 Capsule Collider 组件添加给 Player 对象（选择“添加组件”→“物理”→“胶囊碰撞器”）。选中“是触发器”复选框。最后，将中心 Y 值设置为 0.7，半径设置为 0.3，高度设置为 1.5。

现在需要准备并应用 Run 动画，请遵循以下步骤。

1. 从 Animations 文件夹中，选择 Runs.fbx 文件。在检查器视图中，单击 Rig 选项卡，然后将动画类型更改为人形，单击“应用”按钮。

2. 请注意，在 Animation 选项卡中有 3 个片段：RunRight、Run 和 RunLeft。选择 Run 并确保属性设置如图 20.6 所示。为了避免偏移，平均速度的 x 轴值必须为 0。如果不是，请调整根变换旋转的偏移属性，直到其为 0。单击“应用”按钮。

3. 单击项目视图中 Runs.fbx 右侧的箭头，展开该资源的托盘。找到 Run 动画，并将其拖动到场景中的 Player 模型上。当名为 Player 的动画器控制器出现在 Runs.fbx 旁边时，你就会知道你执行了正确步骤。

如果现在运行场景，你将注意到几个动画问题。第一个是游戏角色跑向了远处。回想一下，你只想让游

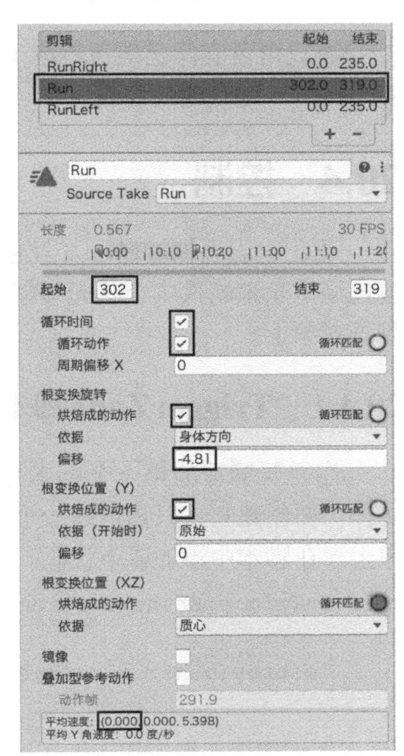

图 20.6 Run 动画的属性

戏角色产生移动的视觉效果，但实际上并没有让游戏角色移动。第二个问题是动画速度太快，游戏角色的脚会在地面上滑动。按照以下步骤解决这些问题。

1. 要移除根运动让游戏角色原地奔跑，请在场景中选择 Player 对象。在 Animator 组件上，取消选中“应用根运动”复选框。

2. 在项目视图中，双击 Player 动画器控制器（在 Animations 文件夹中）打开动画器视图。

3. 在动画器视图中，选择 Run 状态。在检查器视图中，将速度设置为 0.7，选中 Foot IK 复选框（见图 20.7）。运行场景，看看游戏角色现在是如何运动的。

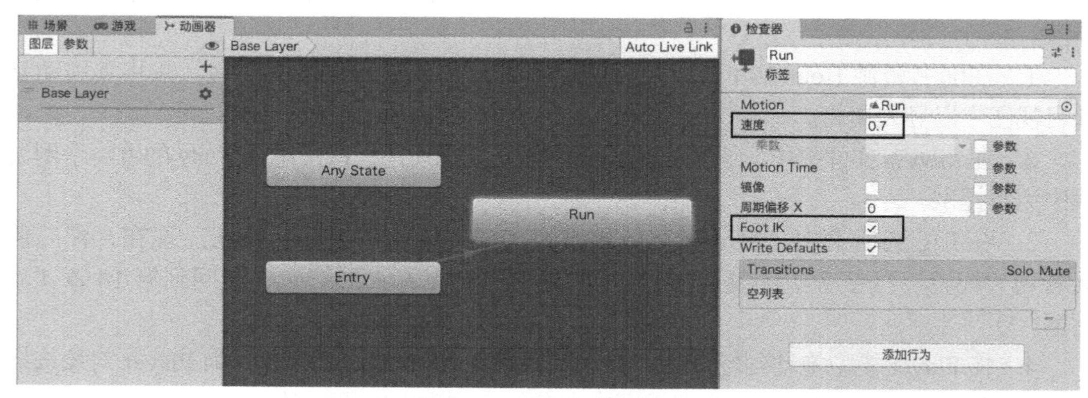

图 20.7 Run 状态的属性

游戏角色实体已准备就绪（就目前来说）。在之后的内容中，你将添加代码，以在游戏中提供一些有趣的功能。

20.4 控制

现在应该添加控制和交互性，以使这款游戏正常运行。由于充电装置和障碍物的位置已经位于预制件中，就无须创建一个复活点了。因此，大多数控制都将放在一个游戏控制器对象上。

20.4.1 TriggerZone脚本

你需要编写的第一个脚本是触发区脚本。记住，触发区会摧毁任何经过游戏角色的物体。要创建它，只需创建一个名为 TriggerZone 的新脚本，并将其附加到 TriggerZone 对象上。在脚本中添加以下代码。

```
void OnTriggerEnter(Collider other)
{
    Destroy(other.gameObject);
}
```

TriggerZone 脚本非常基础：它只会销毁进入触发区的任何对象。

20.4.2 GameManager脚本

大多数工作都是在这个脚本中完成的。首先，在场景中创建一个空的游戏对象，并将其命名为 Game Manager，该对象只是脚本的占位符。创建一个名为 GameManager 的新脚本，并将其附加到刚刚创建的 Game Manager 对象上。下面的 GameManager 脚本有一些复杂，因此请务必仔细阅读每一行，看看它在做什么。将以下代码添加到脚本中。

```
public TextureScroller ground;
public float gameTime = 10;

float totalTimeElapsed = 0;
bool isGameOver = false;

void Update()
{
     if (isGameOver)
          return;

     totalTimeElapsed += Time.deltaTime;
     gameTime -= Time.deltaTime;

     if (gameTime <= 0)
          isGameOver = true;
}

public void AdjustTime(float amount)
{
     gameTime += amount;
     if (amount < 0)
          SlowWorldDown();
}

void SlowWorldDown()
{
     // 取消所有调用来让游戏世界加速
     // 然后让游戏世界变慢1秒
     CancelInvoke();
     Time.timeScale = 0.5f;
     Invoke("SpeedWorldUp", 1);
}

void SpeedWorldUp()
{
     Time.timeScale = 1f;
}
```

```
//这里使用Unity的旧GUI系统
void OnGUI()
{
    if (!isGameOver)
    {
        Rect boxRect = new Rect(Screen.width / 2 - 50, Screen.height - 100, 100, 50);
        GUI.Box(boxRect, "Time Remaining");

        Rect labelRect = new Rect(Screen.width / 2 - 10, Screen.height - 80, 20, 40);
        GUI.Label(labelRect, ((int)gameTime).ToString());
    }

    else
    {
        Rect boxRect = new Rect(Screen.width / 2 - 60, Screen.height / 2 - 100, 120, 50);
        GUI.Box(boxRect, "Game Over");
        Rect labelRect = new Rect(Screen.width / 2 - 55, Screen.height / 2 - 80, 90, 40);
        GUI.Label(labelRect, "Total Time: " +(int)totalTimeElapsed);

        Time.timeScale = 0;
    }
}
```

小记 旧GUI系统

请注意，与Amazing Racer（参见第6章）一样，Gauntlet Runner游戏使用Unity的旧GUI系统。虽然你通常不会在实际游戏中使用此GUI，但在这里使用它可以节省时间，并避免这一章太长。不过，不要担心：在本章结束时，作为练习的一部分，你将有机会自己添加新的UI。

记住，Gauntlet Runner游戏的前提之一是，当游戏角色遇到障碍物时，一切都会变慢。你可以通过改变`Time.timeScale`来实现这一点。其余的变量用于维持游戏的时间设置和状态。

`Update`方法用于记录时间，它将把从上一帧起经过的时间（`Time.deltaTime`）加到`totalTimeElapsed`变量上。它还会检查游戏是否结束，当剩余的时间为0时就会发生。如果游戏结束，它就会设置`isGameOver`标志。

`SlowWorldDown`和`SpeedWorldUp`方法协同工作。无论何时游戏角色撞上障碍物，都会调用`SlowWorldDown`方法，该方法实质上会减慢场景中所有对象的速度。然后它会调用`Invoke`方法，该方法实质上指示“在第x秒时调用这里编写的方法”，其中调用的方法是在引号中指定的方法，秒数则是第二个值。你可能注意到在`SlowWorldDown`方法开头调用了`CancelInvoke`方法，这实质上会取消等待调用的任何`SpeedWorldUp`方法，因为游戏角色撞上了另一个障碍物。在上面的代码中，1秒后将会调用`SpeedWorldUp`方法，该方法将恢复一切对象的速度，使玩家可以像正常的那样继续玩游戏。

每当游戏角色遇到充电装置或障碍物时，就会调用 AdjustTime 方法。此方法调整剩余时间量。如果该数值为负（遇到障碍物），则该方法调用 SlowWorldDown。

最后，当游戏运行时，OnGUI 方法会把剩余的时间绘制到场景中，一旦游戏结束，还将绘制游戏持续的总时间。

20.4.3 Player脚本

Player 脚本有两个职责：管理游戏角色的移动和碰撞控制，以及管理隐身效果。创建一个名为 Player 的新脚本，并将其附加到场景中的 Player 对象上。将以下代码添加到脚本中。

```
[Header("References")]
public GameManager manager;
public Material normalMat;
public Material phasedMat;

[Header("Gameplay")]
public float bounds = 3f;
public float strafeSpeed = 4f;
public float phaseCooldown = 2f;

Renderer mesh;
Collider collision;
bool canPhase = true;

void Start()
{
     mesh = GetComponentInChildren<SkinnedMeshRenderer>();
     collision = GetComponent<Collider>();
}

void Update()
{
     float xMove = Input.GetAxis("Horizontal") * Time.deltaTime * strafeSpeed;

     Vector3 position = transform.position;
     position.x += xMove;
     position.x = Mathf.Clamp(position.x, -bounds, bounds);
     transform.position = position;

     if (Input.GetButtonDown("Jump") && canPhase)
     {
     canPhase = false;
     mesh.material = phasedMat;
     collision.enabled = false;
```

```
        Invoke("PhaseIn", phaseCooldown);
      }
}
void PhaseIn()
{
      canPhase = true;
      mesh.material = normalMat;
      collision.enabled = true;
}
```

首先，这个脚本使用了一个叫作属性的东西。属性是修改代码的特殊标签。如你所见，这段代码使用了 Header 属性，这使得检查器视图中显示了其字符串（请在编辑器中查看）。

前 3 个变量包含对游戏控制器和两个材质的引用。当游戏角色隐身时，材质将被替换。其余的变量处理游戏偏好，例如关卡界限和游戏角色的侧向速度。

Update 方法根据输入来移动游戏角色，然后检查以确保游戏角色没有越界。它通过使用 Mathf.Clamp 来实现这一点，使游戏角色保持在赛道中。Update 方法还会检查玩家当前是否正在按 Space 键（输入管理器称之为 Jump）。如果用户按了 Space 键，游戏角色将隐身，并会在定义的冷却时间后重新进入。隐身游戏角色的碰撞器为不可用状态，因此游戏角色无法撞到障碍物或收集充电装置。

20.4.4　Collidable脚本

充电装置和障碍物都需要向游戏角色移动。当游戏角色与它们碰撞时，它们都会修改游戏时间。因此，你可以对它们应用相同的脚本。创建一个名为 Collidable（可碰撞）的脚本，并将其添加到 Powerup 和 Obstacle 预制件中。你也可以在检查器视图中选择它们，然后选择“添加组件”→“脚本”→ Collidable 来实现这一点。添加以下代码至脚本中。

```
public GameManager manager;
public float moveSpeed = 20f;
public float timeAmount = 1.5f;

void Update()
{
      transform.Translate(0, 0, -moveSpeed * Time.deltaTime);
}

void OnTriggerEnter(Collider other)
{
      if (other.tag == "Player")
      {
            manager.AdjustTime(timeAmount);
            Destroy(gameObject);
      }
}
```

这个脚本很简单，为 GameManager 脚本、移动速度和时间调整量定义了变量。然后，在每次调用 Update 方法时，对象都会被移动。当物体与物体碰撞时，它会检查是否与游戏角色碰撞。如果是，它会让游戏控制器知道，然后它就会销毁自己。

20.4.5 Spawner脚本

Spawner 脚本负责在场景中创建对象。因为位置数据在预制件中，所以你不需要专用的生成器游戏对象，只需将脚本放置在游戏控制器对象上即可。创建一个名为 Spawner 的新脚本，并将其附加到 Game Manager 对象上。将以下代码添加到脚本中。

```
public GameObject powerupPrefab;
public GameObject obstaclePrefab;
public float spawnCycle = .5f;

GameManager manager;
float elapsedTime;
bool spawnPowerup = true;

void Start()
{
      manager = GetComponent<GameManager>();
}

void Update()
{
      elapsedTime += Time.deltaTime;
      if (elapsedTime > spawnCycle)
      {
          GameObject temp;
          if (spawnPowerup)
              temp = Instantiate(powerupPrefab) as GameObject;
          else
              temp = Instantiate(obstaclePrefab) as GameObject;

          Vector3 position = temp.transform.position;
          position.x = Random.Range(-3f, 3f);
          temp.transform.position = position;

          Collidable col = temp.GetComponent<Collidable>();
          col.manager = manager;

          elapsedTime = 0;
          spawnPowerup = !spawnPowerup;
    }
}
```

此脚本包含对 Powerup 和 Obstacle 对象的引用；然后是控制对象生成的时间和顺序的变量。Powerup 实例和 Obstacle 实例将被轮流生成，因此，有一个标志来跟踪哪一个将被生成。

在 `Update` 方法中，运行时间累加，会检查是否到了生成新对象的时间。如果是，脚本会检查应该生成哪个对象。然后创建 Powerup 实例或 Obstacle 实例，将创建的对象向左或向右随机移动。新生成的对象会对游戏控制器创建一个引用。最后，`Update` 方法会重置运行时间并修改生成物的标志，以便下次生成相反的对象。

20.4.6 把游戏的各个部分结合起来

现在，你可以开始制作游戏的最后一部分了。你需要链接脚本和对象。首先在层级视图中选择 Game Manager 对象，将 Ground 对象拖动到 Game Manager（脚本）组件中对应的属性上（见图 20.8）。将 Powerup 和 Obstacle 预制件拖动到 Spawner（脚本）组件中对应的属性上。

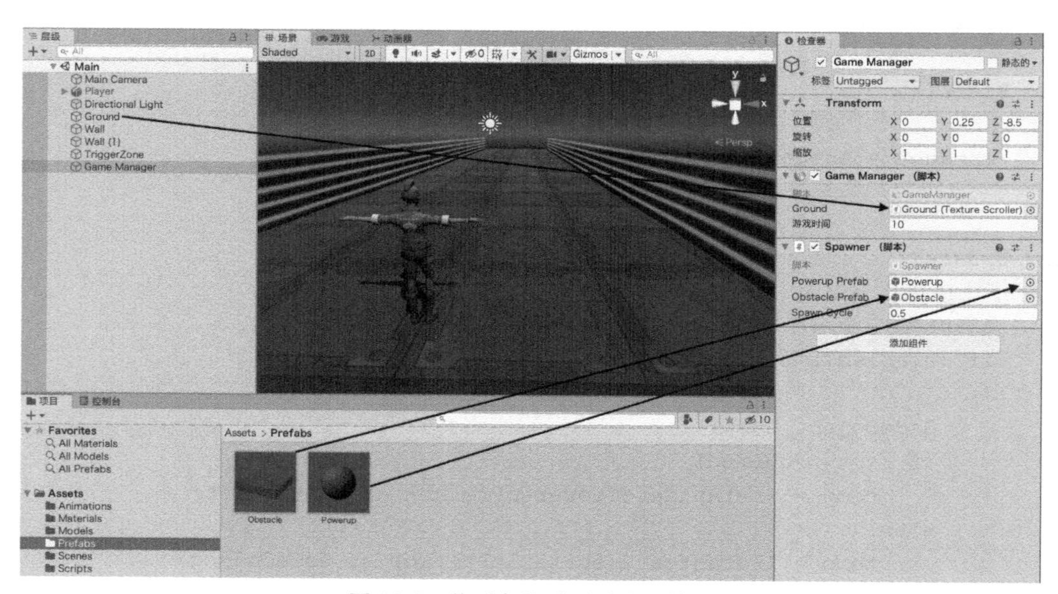

图 20.8 将对象拖动到对应属性上

然后，在层级视图中选择 Player 对象，并将 Game Manager 对象拖动到 Player（脚本）组件的 Manager 属性上（见图 20.9）。此外，如果查看项目视图中的 Models 文件夹，会看到 PhasedOut（渐隐）材质。它旁边是 Hologram 自定义着色器。如果你感兴趣，可以随时查看它们，但请记住，如何编写自己的着色器非常复杂，超出了本书的范围。不过，不要太担心，Unity 自己的视觉着色器创建工具 Shader Graph 已经发布，可以试用！准备好后，将 Player 材质和 PhasedOut 材质拖动到 Player 对象的 Player（脚本）组件中的对应属性上。

最后，选择 Obstacle 预制件，并将 Collidable（脚本）组件中的 Time Amount 属性设置为 −0.5。游戏现在已经完成，可以玩了！

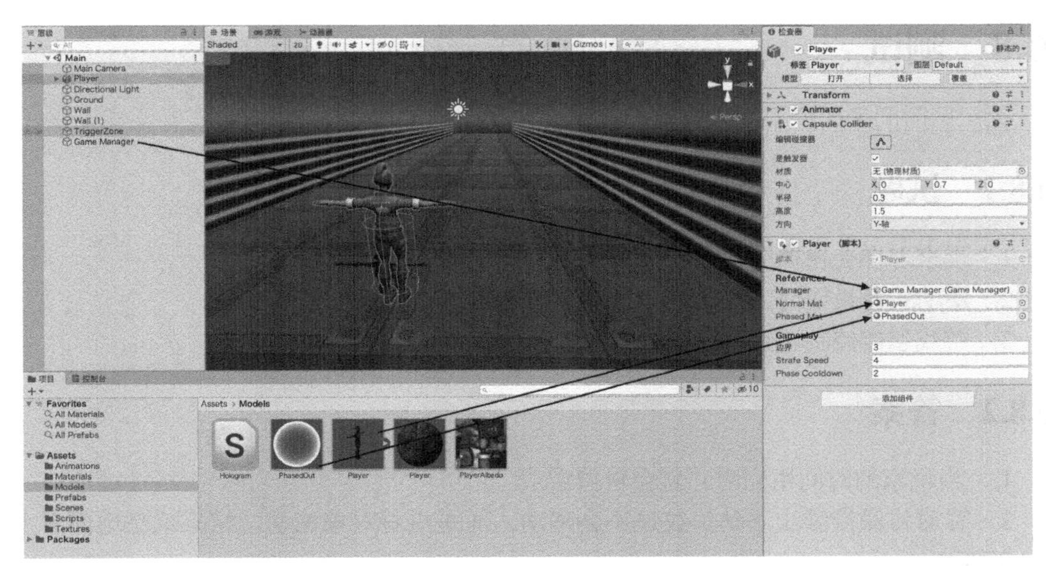

图 20.9 将 Game Manager 对象和 PhasedOut 材质拖动到 Player（脚本）的对应属性上

20.5 优化

只有经过测试和调整，游戏才算完整。现在该自己玩一下 Gauntlet Runner 游戏了，看看你喜欢什么和不喜欢什么。记住，要跟踪那些你认为能够真正提升游戏体验的功能，也要记录下你觉得有损于体验的任何事情。确保记下你对游戏未来迭代的任何想法。试着让朋友也玩这个游戏，并记录他们对游戏的反馈。所有这些都将帮助你使游戏变得独特和更有趣。

20.6 总结

在本章中，你完成了 Gauntlet Runner 游戏的制作。你先布置了游戏的各种元素，然后创建了赛道，并使用纹理技巧让它滚动起来。之后，你为游戏构建各种实体，又构建了控件和脚本。最后，你测试了游戏并记录了反馈。

20.7 问答

问 对象和地面的移动并不是完全对齐的，这正常吗?

答 在本案例中，这是正常的。需要进行更精细的测试和调整，以使它们完美地同步。这是一个你可以集中精力改进的元素。

问 既然隐身的持续时间与冷却时间一样长，游戏角色就不能一直保持隐身吗?

答 我觉得可以。但是这种情况只会发生大约 10 秒，因为游戏角色在隐身时无法收集充电装置。

20.8 测试

花一些时间来研究下面的问题，以确保你牢固地掌握了所学内容。

20.8.1 试题

1. 玩家怎样会输掉游戏？
2. 滚动式背景如何工作？
3. 游戏怎样控制场景中的所有对象的速度？

20.8.2 答案

1. 当玩家的时间用完时，就会输掉游戏。

2. 赛道将保持静止不动。纹理不会移动，而是沿着对象滚动。结果就是地面看上去好像在移动。

3. 场景中的每个对象都具有一个指向游戏控制脚本的引用，这个脚本自身具有对象应该行进的速度。每次对象更新时，它都会从控制脚本获取速度，看看它应该行进得多快。

20.9 练习

你现在应该尝试实现在测试这款游戏时记录的一些修改，你应该尝试使游戏变得独特。顺利的话，你将能够确定想要改进的游戏的弱点或者长处。下面列出了一些你可能会考虑更改的方面。

- 尝试添加新的、不同的充电装置和障碍物。
- 尝试更改旧的 GUI 代码，以使用 Unity 的新 UI 系统。
- 尝试通过更改Powerup实例和Obstacle实例重新生成的频率，来增加或减小难度。还可以更改 Powerup 实例增加的时间或者游戏世界变慢了多少。甚至可以尝试调整游戏世界变慢的程度，或者给不同的对象提供不同的变慢速度。
- 给 Powerup 对象和 Obstacle 对象提供一种新的外观。试验一些纹理和粒子效果，使它们看上去非常棒。
- 显示移动的总距离来代替分数，甚至可以使游戏速度不断增加，从而造成失败的情况。

第21章　音频

本章你将会学到如下内容。

- ▶ Unity 中音频的基础知识。
- ▶ 如何使用音频源。
- ▶ 如何通过脚本控制音频。
- ▶ 如何使用音频混合器。

在本章中，你将学习 Unity 中的音频。首先将了解音频的基础知识。接着，你将探索 Audio Source（音频源）组件以及它们是如何工作的。你还将了解具体的音频片段及其在播放过程中的作用。最后，你将学习如何在代码中控制音频，还会了解音频混音器。

21.1　音频的基础知识

任何体验都与它自身的声音息息相关。比如一部恐怖电影，给它添加一种笑声配乐，一下子便会让紧张的体验变成有趣的体验。视频游戏也是如此。大多数时候玩家并没有认识到这一点，但是声音在整个游戏中确实占了非常大的比重。当玩家在解密时，声音将给出暗示，比如铃声标记。咆哮的加农炮可以给战争模拟游戏增加一点现实感。使用 Unity，很容易实现令人惊异的音频效果。

21.1.1　音频的组成部分

为了使音频在场景中工作，音频有 3 个部分：音频监听器（Audio Listener）、音频源（Audio Source）和音频片段（Audio Clip）。音频监听器是音频系统中最基本的部分，它也是一个简单的组件，其唯一职责是“倾听”场景中发生的事情。为了更容易理解，你可以把它们视为你的世界里的耳朵。默认情况下，每个场景都开始于附加到 Main Camera 上的 Audio Listener 组件（见图 21.1）。没有可供 Audio Listener 组件使用的属性，并且不需要做任何事情以使之工作。

将 Audio Listener 组件放在代表玩家的任何游戏对象上是一种常见做法。如果将其放置在任何其他游戏对象上，则需要将其从 Main Camera 中删除。每个场景只允许存在一个音频监听器。

图 21.1　Audio Listener 组件

音频监听器听声音，但实际上发出声音的是音频源。该源是一个组件，可以放置在场景中的任何对象上（甚至包含音频监听器的对象）。Audio Source 组件涉及许多属性和设置，本章将在后面部分进行介绍。

运行音频所需的最后一项是音频片段。正如你所想的那样，音频片段是由音频源播放的声音文件。每个片段都有一些属性，可以设置这些属性来更改 Unity 播放它们的方式。Unity 支持以下音频格式：.aif、.aiff、.wav、.mp3、.ogg、.mod、.it、.s3m 和 .xm。

这 3 个部分，即音频监听器、音频源和音频片段，合在一起，为你的场景提供了音频体验。

21.1.2 2D和3D音频

关于音频，需要知道的一个概念是 2D 和 3D 音频的思想。2D 音频片段是最基本的音频类型，无论音频监听器是否靠近场景中的音频源，它们都会以相同的（最大）音量播放。2D 音频最适用于菜单、警告、声道或者总是必须以完全相同的方式被收听的任何音频。2D 音频最大的优点同时也是它们最大的弱点。想象一下，无论你在哪里，游戏中的每个声音都以完全相同的音量播放。这将是混乱和不真实的。

3D 音频解决了 2D 音频的问题。这些音频片段具有衰减（Roll Off）的特点，它规定声音将怎样变得更小或更大取决于音频监听器与音频源的距离。在高级音频系统（比如 Unity 的音频系统）中，3D 音频甚至可以具有一种模拟的多普勒效应（后面将更详细地介绍它）。如果需要在充斥着不同音频源的场景中寻找逼真的音频，3D 音频是一个不错的选择。

不同音频片段的维度是在声音文件的各个设置中管理的。

21.2 音频源

如前所述，音频源是场景中实际播放音频片段的组件。这些音频源与音频监听器之间的距离确定了 3D 音频片段如何发声。要给游戏对象添加该组件，可以选择想要添加的对象，选择“添加组件”→“音频”→“音频源”。

Audio Source 组件具有一系列属性，可为你提供对声音在场景中播放方式的精细控制。表 21.1 描述了 Audio Source 组件的各种属性。除了这些属性外，本章稍后将介绍 3D 音频设置部分，其中有许多设置可应用于 3D 音频片段。

表21.1 Audio Source组件属性

属性	描述
AudioClip	指定播放的音频文件
输出	（可选）可以将音频片段输出到音频混合器
静音	确定是否静音
绕过效果	确定是否将音频效果应用于此源。选中此属性将关闭效果
绕过监听器效果	确定是否将音频监听器效果应用于此源。选中此属性将关闭效果
绕过混响区域	确定是否将混响区域效果应用于该源。选中此属性将关闭效果

续表

属　性	描　述
唤醒时播放	确定音频源是否会在场景启动后立即开始播放声音
循环	确定音频源在完成播放后是否重新播放音频片段
优先级	指定音频源的优先级。0 是最重要的，255 是最不重要的。将 0 用于音乐，使其始终播放
音量	指定音频源的音量，其中 1 相当于 100% 音量
音调	指定音频源的音调
立体声像	设置声音的 2D 分量在立体场中的位置
空间混合	设置 3D 引擎对音频源的影响程度。此属性可以控制声音是 2D 还是 3D 的
混响区混音	设置输出到混响区的信号量

小记　音频优先级

每个系统都有有限数量的音频通道。这个数字并不一致，并且取决于许多因素，例如系统的硬件和操作系统。因此，大多数音频系统采用优先级系统。在优先级系统中，声音按接收顺序播放，直到使用最大数量的通道。一旦所有通道都被使用，低优先级的声音就会被换成高优先级的声音。请记住，在 Unity 中，较小的数字意味着较高的实际优先级。

21.2.1　导入音频片段

除非有音频可以播放，否则 Audio Source 组件什么都做不了。在 Unity 中，导入音频与导入任何其他内容一样简单。只需单击所需文件并拖动到项目视图中，即可将其添加到资源中。本章使用的音频文件由 Jeremy Handel 提供（可以搜索并进入 Handelabra Games 网站查看具体情况）。

▼自己上手

测试音频

在本练习中，你将在 Unity 中测试你的音频，并确保一切正常运行。请确保保存此场景，因为稍后你将再次使用它。遵循以下步骤。

1. 创建一个新项目或场景。在随书资源 Hour 21 Files 中找到 Sounds 文件夹，并将其拖动到 Unity 中的项目视图中以导入它。
2. 在场景中创建一个立方体，并将其定位在 (0, 0, 0) 处。
3. 将 Audio Source 组件添加到 Cube 对象上（选择“添加组件”→“音频”→“音频源”）。
4. 在 Sounds 文件夹中找到 looper.ogg 文件，并将其拖动到 Cube 对象上 Audio Source 组件的 AudioClip 属性中（见图 21.2）。

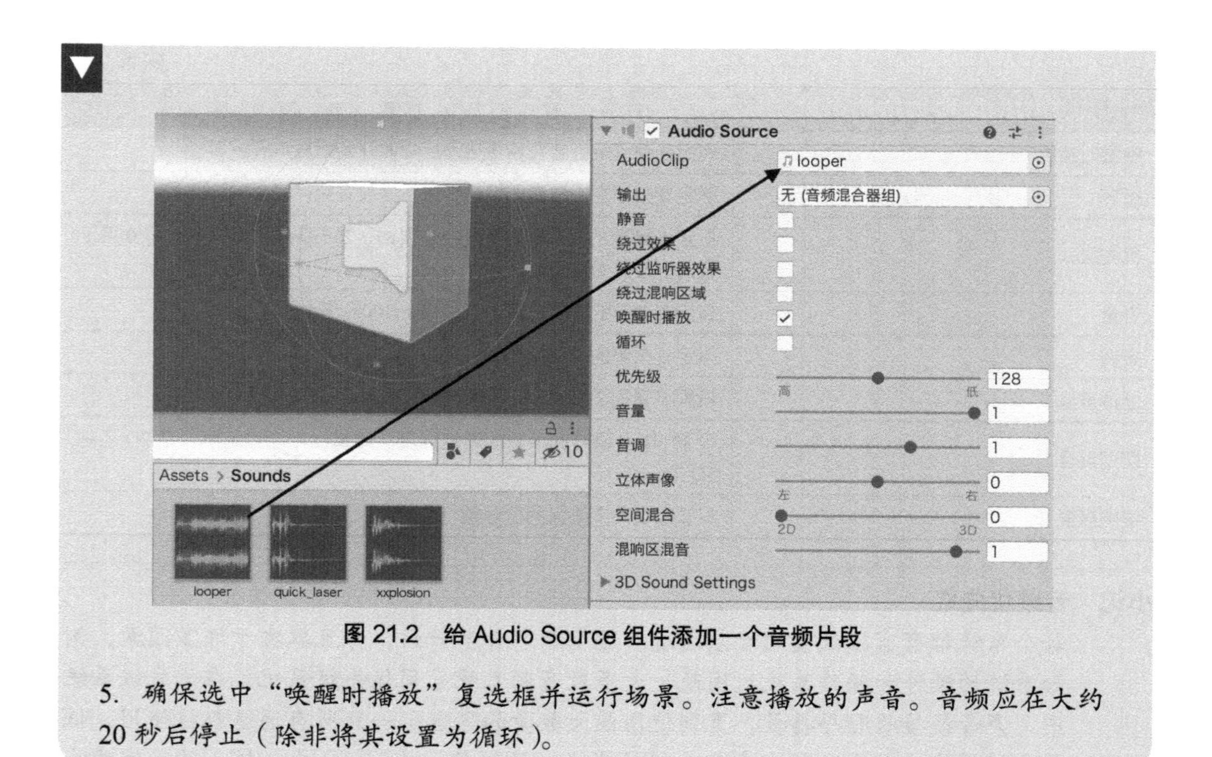

图 21.2　给 Audio Source 组件添加一个音频片段

5. 确保选中“唤醒时播放”复选框并运行场景。注意播放的声音。音频应在大约 20 秒后停止（除非将其设置为循环）。

小记　音频静音按钮

在游戏视图的顶部有一个叫作“音频静音”的按钮（在“播放时最大化”和“状态”之间）。如果你在玩游戏时没有听到任何声音，请确保未按下此按钮。

21.2.2　在场景视图中测试音频

如果每次测试音频时都需要运行场景，那么这会有点费劲。你需要启动场景，还需要导航到世界中的声音。这并不总是容易的，甚至是不可能的。为了方便，你可以在场景视图中测试音频。

要在场景视图中测试音频，需要打开场景音频。单击场景音频开关来打开它（见图 21.3），将使用一个假想的音频监听器。该监听器位于场景视图中的参考网格上（而不是实际 Audio Source 组件的位置）。

图 21.3　音频开关

▼自己上手

在场景视图中添加音频

本练习将演示如何在场景视图中测试音频。使用“测试音频”练习中创建的场景，如果尚未完成该场景，请继续完成，然后执行以下步骤。

1. 打开你在“测试音频”中创建的场景。
2. 打开场景音频开关（见图 21.3）。
3. 在场景视图周围移动。请注意，无论距离发出声音的 Cube 对象有多远，声音的音量都保持不变。所有声源默认为 2D。
4. 将“空间混合”滑块拖动到 3D 处（见图 21.4）。现在，再次尝试在场景视图中移动。请注意，随着你的远离，声音会变得更小，并且会在左耳和右耳间变化（如果你戴着耳机或有立体声扬声器）。

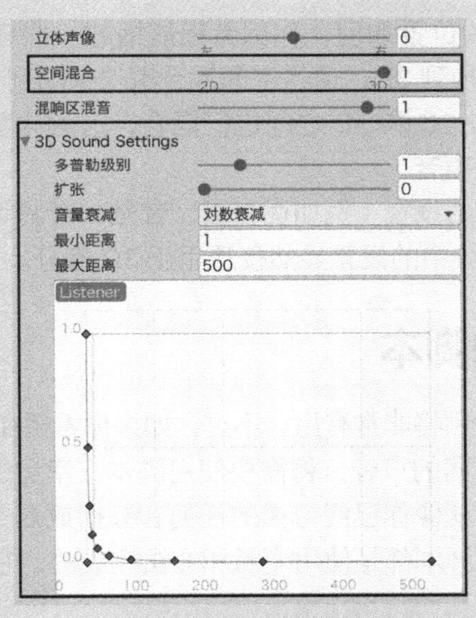

图 21.4 3D 音频设置

21.2.3 3D音频

如本章前面所述，默认情况下，所有音频都设置为全 2D。通过将空间混合滑块设置为 1，可以轻松将其更改为全 3D。这意味着所有音频都将受到基于距离和运动的 3D 音频效果的影响。这些效果由该组件的 3D 属性修改（参见图 21.4）。

表 21.2 描述了各种 3D 音频属性。

提示 使用图表

在试验 3D Sound Settings 下的属性时，请查看图表。它会告诉你音频在不同距离时的音量，并为你提供了一种可视化控件效果的好方法。在这种情况下，一张图片确实能代表千言万语。

表21.2　3D音频属性

属　性	描　述
多普勒级别	确定对音频应用了多少多普勒效应（靠近或远离声音时发生的声音失真）。设置为 0 表示不会应用任何效果
扩张	指定系统中各种扬声器的分布方式。设置为 0 意味着所有扬声器处于同一位置，信号基本上是单声道信号。除非你对音响系统很了解，否则别管它
音量衰减	确定音量如何随距离变化。默认情况下设置为对数衰减。也可以使用线性衰减或使用自定义衰减设置自己的曲线
最小距离	指定你可以接收 100% 音量的音源距离。数字越大，距离越大
最大距离	指定距离音源最远但仍能听到一定音量的距离

21.2.4　2D音频

有时，无论在场景中的位置如何，你都希望能播放一些音频。最常见的例子是背景音乐。要将音频源从 3D 切换到 2D，请将空间混合滑块拖动到 2D 处（默认设置，参见图 21.4）。请注意，你还可以在 2D 和 3D 之间进行混合，这意味着无论你与音频之间的距离有多远，都会至少听到一些声音。

3D Sound Settings 上方的设置（例如优先级、音量、音调等）适用于声音的 2D 和 3D 部分。3D Sound Settings 部分中的设置显然仅适用于 3D 部分。

21.3　编写音频的脚本

在创建音频源时播放音频将非常有用。不过，如果你希望在某个时间等待并播放声音，或者从相同的音频源播放不同的声音，将需要使用脚本。幸运的是，通过代码管理音频不是太困难，它的大部分工作就像你已经习惯的任何音频播放器一样，只需选择一首歌曲并按播放键即可。所有的音频脚本都是使用变量和方法完成的，它们是 Audio 类的一部分。

21.3.1　启动和停止音频

在处理脚本中的音频时，你需要做的第一件事是获取对 Audio Source 组件的引用。使用以下代码执行此操作。

```
AudioSource audioSource;

void Start ()
{
   //在立方体上找到Audio Source组件
   audioSource = GetComponent<AudioSource> ();
}
```

既然变量 audioSource 中存储了一个引用，就可以开始对其调用方法了。你可能想要的最基本的功能就是启动和停止音频片段。这些操作由两个方法控制，即 Start 和 Stop。使用这些方法看起来像下面这样。

```
audioSource.Start(); // 启动一个音频片段
audioSource.Stop(); // 停止一个音频片段
```

此代码将播放由 Audio Source 组件的 AudioClip 属性指定的片段。你还能够在一段延迟之后启动片段，为此，可以使用方法 `PlayDelayed`，该方法接受一个参数，即播放片段之前等待的时间（秒），看起来像下面这样。

```
audioSource.PlayDelayed(<some time in seconds>);
```

可以通过在代码中检查 `isPlaying` 变量（它是 `audioSource` 对象的一部分），辨别某个片段当前是否正在播放。要访问这个变量，从而弄明白片段是否正在播放，可以输入以下代码。

```
if(audioSource.isPlaying)
{
   // 音频正在播放
}
```

顾名思义，如果音频当前正在播放，则该变量值为 `true`；如果音频当前未播放，则该变量值为 `false`。

▼自己上手

启动和停止音频

本练习演示如何使用脚本启动和停止音频片段。它使用在“在场景视图中添加音频”练习中创建的场景。如果尚未完成该场景，请继续完成，然后执行以下步骤。

1. 打开在“在场景视图中添加音频”中创建的场景。
2. 在之前创建的 Cube 对象上找到 Audio Source 组件。取消选中“唤醒时播放”复选框并选中“循环”复选框。
3. 创建一个名为 Scripts 的新文件夹，并在其中创建一个名为 AudioScript 的新脚本。将脚本附加到立方体上。将脚本的代码更改为以下内容。

```
using UnityEngine;

public class AudioScript : MonoBehaviour
{
    AudioSource audioSource;

    void Start()
    {
       audioSource = GetComponent<AudioSource>();
    }

    void Update()
    {
       if (Input.GetButtonDown("Jump"))
```

```
        {
            if (audioSource.isPlaying == true)
                audioSource.Stop();
            else
                audioSource.Play();
        }
    }
}
```

4. 运行场景。按Space键可以启动和停止音频。请注意，每次播放音频时，音频片段都会重新开始。

提示　没有提及的属性

检查器视图中列出的所有音频源属性也可以通过脚本获得。例如，使用 `audioSource.loop` 变量在代码中访问循环属性。正如本章前面提到的，所有这些变量都与音频对象一起使用。看看你能找到多少。

21.3.2　更换音频片段

你可以通过脚本轻松控制要播放的音频片段。关键是在使用 `Play` 方法播放片段之前，更改代码中的音频片段属性。在切换到新的音频片段之前，请务必停止当前的音频片段；否则，片段将无法切换。

要更改Audio Source组件的音频片段，请将 `AudioClip` 类型的变量指定给 `audioSource` 对象的 `clip` 变量。例如，如果你有一个名为 `newClip` 的音频片段，你可以将其分配给Audio Source组件，并使用以下代码播放它。

```
audioSource.clip = newClip;
audioSource.Play();
```

你可以轻松创建音频片段的集合，并以这种方式将其切换出去。你将在本章结束时的练习中这样做。

21.4　音频混合器

到目前为止，你已经了解了如何播放音频并让听众听到。这个过程非常简单明了，但你一直在“真空”中使用它，也就是说，你一次只能播放一个音频片段或其中的一小部分。当你需要开始平衡音频音量和效果时，会出现困难。如果经常需要在场景或预设中查找和修改每个音频源，可能会很痛苦。这就是音频混合器的用武之地。音频混合器是用作调音台的资源，在平衡音频时可以进行精细的控制。

21.4.1 创建音频混合器

音频混合器（Audio Mixer）资源非常易于创建和使用。要制作音频混合器，只需在项目视图中右键单击，然后选择“创建”→“音频混音器”。创建音频混合器资源后，可以双击它以打开音频混合器视图（见图 21.5）。或者，你也可以选择“窗口”→“音频混合器”打开音频混合器视图。

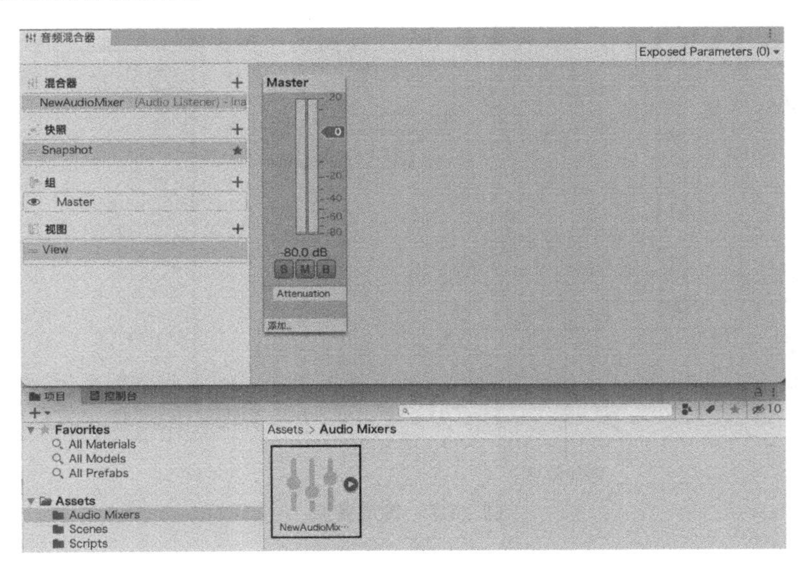

图 21.5 音频混合器视图

21.4.2 将音频发送给混合器

一旦有了一个混合器，你需要通过它来传递声音。要通过混合器进行声音传递，需要将 Audio Source 组件的输出设置为音频混合器的一个组。默认情况下，音频混合器只有一个组，称为 Master（总线）。你可以添加更多组使组织音频更容易（见图 21.6）。组甚至可以代表其他音频混合器，以实现非常模块化的音频管理方法。

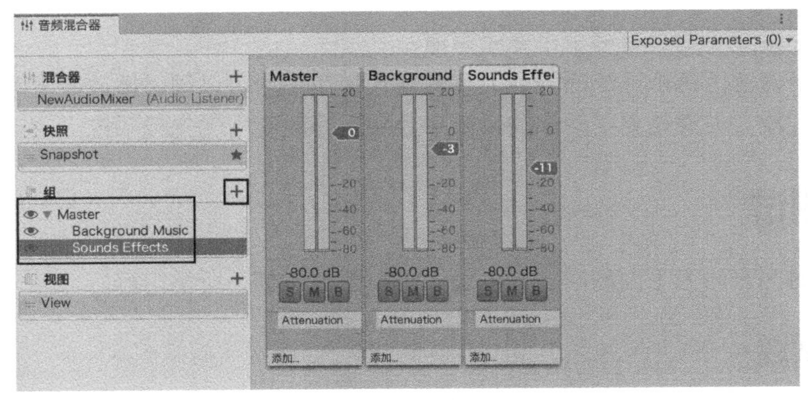

图 21.6 添加组

创建所需的音频组后，只需将 Audio Source 组件的输出属性设置为你的组（见图 21.7）。这样做可以使音频混合器控制音频片段的音量和效果。此外，它会覆盖 Audio Source 组件的空间混合属性，并将音频视为 2D 音频源。使用音频混合器，你可以一次控制整个音频源集合的音量和效果（见图 21.7）。

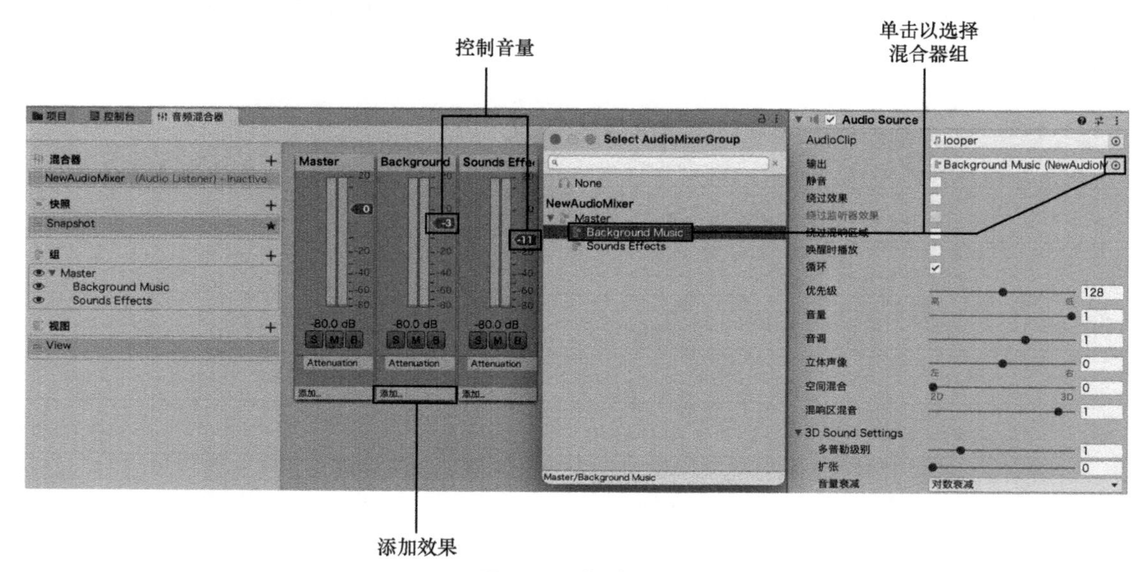

图 21.7　传递音频

21.5　总结

在本章中，你学习了如何在 Unity 中使用音频。最开始，你学习了音频的基础知识和使其工作所需的组件。之后，你探索了 Audio Source 组件，还学习了如何在场景视图中测试音频，以及如何使用 2D 和 3D 音频片段。最后你学习了通过脚本操作音频并探索了音频混合器的使用。

21.6　问答

问　一个系统平均具有多少个音频声道？

答　这个确实因每个系统而异。大多数现代游戏平台可以同时播放数十个或数百个音频片段。关键是要了解你的目标平台并很好地使用优先级系统。

21.7　测试

花一些时间来研究下面的问题，以确保你牢固地掌握了所学内容。

21.7.1　试题

1. 运作音频需要什么组件？

2. 判断题：无论监听器与音频源的距离有多远，3D 音频都会以相同的音量播放。
3. 哪个方法允许在一段延迟之后播放音频片段?

21.7.2 答案

1. 音频监听器、音频源和音频片段。
2. 错误。2D 音频以相同的音量播放。
3. PlayDelayed 方法。

21.8 练习

在本练习中，你将创建一个基本的音板。这个音板让你可以在 3 个音频间切换播放。你还可以启动和停止声音，打开和关闭循环。遵循以下步骤。

1. 创建一个新项目或场景。在 (0, 0, −10) 处向场景添加一个立方体，并向立方体添加 Audio Source 组件。确保取消选中“唤醒时播放”复选框。在随书资源 Hour 21 Files 中找到 Sounds 文件夹，并将其拖动到 Assets 文件夹中。

2. 创建一个名为 Scripts 的新文件夹，并在其中创建一个名为 AudioScript 的新脚本。将脚本附加到立方体上。用以下内容替换脚本的内容。

```
using UnityEngine;

public class AudioScript : MonoBehaviour
{
    public AudioClip clip1;
    public AudioClip clip2;
    public AudioClip clip3;

    AudioSource audioSource;

    void Start()
    {
        audioSource = GetComponent<AudioSource>();
        audioSource.clip = clip1;
    }

    void Update()
    {
        if (Input.GetButtonDown("Jump"))
        {
            if (audioSource.isPlaying == true)
                audioSource.Stop();
            else
            audioSource.Play();
        }
```

```
            if (Input.GetKeyDown(KeyCode.L))
            {
                audioSource.loop = !audioSource.loop; // 切换循环状态
            }

            if (Input.GetKeyDown(KeyCode.Alpha1))
            {
                audioSource.Stop();
                audioSource.clip = clip1;
                audioSource.Play();
            }

            else if (Input.GetKeyDown(KeyCode.Alpha2))
            {
                audioSource.Stop();
                audioSource.clip = clip2;
                audioSource.Play();
            }
            else if (Input.GetKeyDown(KeyCode.Alpha3))
            {
                audioSource.Stop();
                audioSource.clip = clip3;
                audioSource.Play();
            }
        }
}
```

3. 在Unity编辑器中，选择场景中的立方体。从Sounds文件夹中拖动looper.ogg、quick_laser.ogg和xxplosion.ogg音频文件到音频脚本的Clip1、Clip2、Clip3属性。

4. 运行场景。请注意如何使用1、2、3键切换音频片段。还可以按Space键启动和停止音频。最后，可以使用L键切换循环状态。

第22章　移动开发

本章你将会学到如下内容。

- 如何为移动开发做准备。
- 如何使用设备加速计。
- 如何使用设备的触控装置。

手机和平板计算机等移动设备正在成为常见的游戏设备。在这一章中，你将了解到Unity在Android（安卓）和iOS设备上的移动开发。首先，你将了解移动开发的需求，然后将学习如何接收来自设备加速计的特殊输入，最后会了解触摸屏输入。

小记　需求

本章专门介绍移动设备开发。因此，如果你没有移动设备（iOS或Android），将不能遵照任何练习来操作。不过，也不要担心，阅读材料仍然是有意义的，你仍然能够制作移动端的游戏，只是不能在移动设备上玩这些游戏。

22.1　移动开发的准备

Unity让移动开发变得简单。你会很高兴地知道，为移动平台开发几乎与为其他平台开发相同，最大的区别是移动平台有不同的输入方式（通常没有键盘或鼠标）。然而，如果你在进行开发时考虑到了这种差异，那你是可以一次性构建一个游戏，然后将其部署到任何地方的。不会有任何问题阻止你为所有主要的平台构建游戏，Unity提供的跨平台的兼容性级别是前所未有的。然而，在Unity中开始使用移动设备之前，你需要对计算机进行设置和配置，下面会详细介绍。

小记　大量的设备

有许多不同类型的移动设备。在本书出版时，苹果有两类可用于游戏的移动设备：iPad和iPhone/iPod。Android有数不清的手机和平板计算机，许多Windows移动设备也是可用的。每种类型的设备都有稍微不同的硬件，需要稍微不同的配置步骤。因此，本章只是试图引导你完成安装过程。要写出一份对每个人都适用的准确指南是不可能的。

22.1.1　设置环境

在打开 Unity 制作游戏之前，你需要设置开发环境。具体操作取决于你的目标设备和你正在尝试的操作，但一般步骤如下。

1. 安装目标设备的软件开发工具包（Software Development Kit，SDK）。
2. 在 Unity Hub 中安装已有 Unity 版本的目标构建平台模块。
3. 确保计算机可以识别并且处理你的设备（仅当你想在设备上执行测试时它才是重要的）。
4. 告诉 Unity 在哪里查找 SDK（仅 Android 需要）。

如果这些步骤对你来说有点晦涩，不要担心。有很多资源可以帮助你。最好从 Unity 自己提供的文档开始，直接搜索“Unity 用户手册”，这个网站包含关于 Unity 的各个方面的实时文档。

如图 22.1 所示，Unity 文档提供了帮助你设置 iOS 和 Android 环境的指南。这些文档会随着设置环境的步骤的更改而更新。如果你不打算现在直接开始移动端的匹配设置，可以跳到下一节；如果准备现在就用移动设备尝试同步制作，请完成 Unity 文档中的步骤以配置开发环境，然后继续下一节。

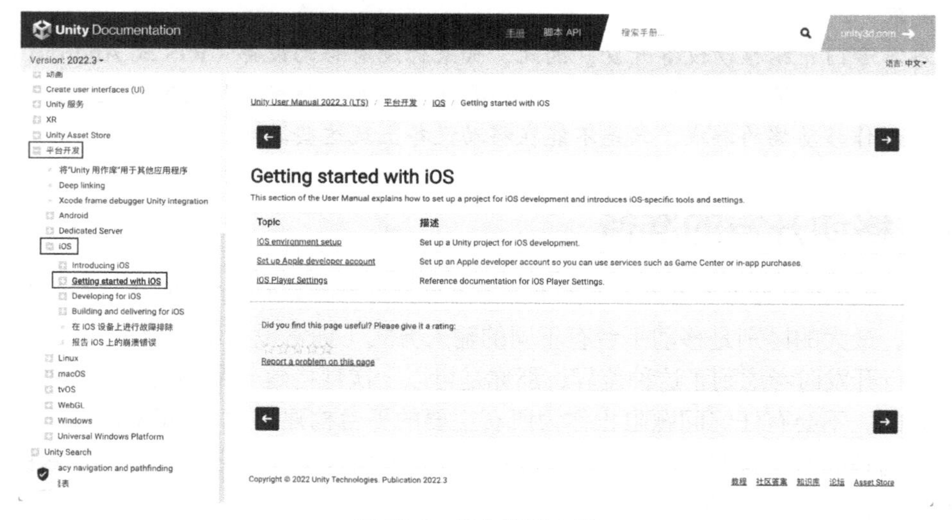

图 22.1　平台相关文档

▼ 自己上手

下载移动开发模块

本练习将引导你通过 Hub 安装你要添加到 Unity 的移动平台。要使用 Unity 实现移动开发，请执行以下步骤。

1. 打开 Unity Hub 并选择“安装”。
2. 单击目标版本右上角的图标（见图 22.2）。在弹出菜单中，选择“添加模块”。

图 22.2 在 Unity Hub 中下载平台模块

3. 在“添加模块”对话框中，选中 Android Build Support（Android 生成支持）或 iOS Build Support（iOS 生成支持）复选框（如果你计划同时为两者开发，请同时选中两者）。请注意，你必须在 macOS 设备上使用 Unity 才能进行 iOS 开发。
4. 单击“安装编辑器”按钮，模块开始安装。当 iOS 或 Android 图标出现在 Unity Hub 中时，安装完成（见图 22.2）。

22.1.2 Unity Remote

在设备上测试游戏最基本的方法是构建项目，将生成的文件放在设备上，然后运行游戏。但这比较麻烦，你肯定会很快厌倦它。另一种测试游戏的方法是构建一个项目，然后通过 iOS 或 Android 模拟器运行。同样，这需要相当多的步骤，包括配置和运行模拟器。如果你正在对性能、渲染和其他高级过程进行广泛测试，这些系统可能会很有用。不过，对于基本测试，有一种更好的方法：使用 Unity Remote。

Unity Remote 是一款应用程序，你可以从移动设备的应用程序商店获得，它使你能够在 Unity 编辑器运行的同时在移动设备上测试项目。简而言之，这意味着你可以在设备上实时体验游戏，同时它也在编辑器中运行，你可以使用设备将设备输入发送回游戏。有关 Unity Remote 的更多信息，可以在 Unity 用户手册网站搜索“Unity Remote 5”查看相关文档。

要查找 Unity Remote 应用程序，请在设备的应用程序商城中搜索 Unity Remote。然后就可以像下载和安装任何其他应用程序一样下载和安装它（见图 22.3）。

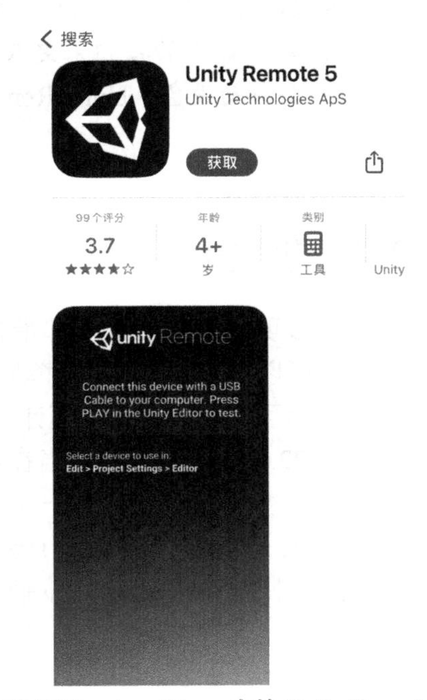

图 22.3 App Store 中的 Unity Remote（图片版权归苹果公司所有）

安装后，Unity Remote 既可以作为游戏的显示器，也可以作为控制器。你可以用它把点击信息、加速计信息和多点触摸输入发送回 Unity。这是特别有效的，因为它让你能够测试你的游戏（最低限度）而不用安装任何移动 SDK 或注册专门的开发账户。

▼自己上手

测试设备的设置

本练习为你提供了一个确保正确设置移动开发环境的机会。在本练习中，你将使用设备上的 Unity Remote 与 Unity 中的场景进行交互。如果你没有设置设备，你将无法执行所有步骤，但你仍然可以通过阅读了解发生了什么。如果这个过程不适合你，则意味着你的环境中的某些内容设置不正确。请遵循以下步骤。

1. 创建一个新项目或场景，并在屏幕中央添加一个 UI 按钮。
2. 在检查器视图中将 Button 组件的按下颜色设置为红色。
3. 运行场景并确保单击按钮时其颜色更改。停止场景运行。
4. 用 USB 数据线将移动设备连接到计算机。当计算机识别出你的设备时，打开设备上的 Unity Remote 应用程序。
5. 在 Unity 中，选择“编辑”→“项目设置”→“编辑器”，然后在 Unity Remote→“设备”中选择设备类型。请注意，如果你没有为 Unity 安装移动平台（Android 或 iOS），编辑器设置中将不会显示该选项。
6. 再次运行场景。一秒后，你会看到按钮出现在你的移动设备上。现在，你可以点击设备屏幕上的按钮来更改其颜色。如果出现错误，请确保你的计算机上只插入了一个移动设备。Unity Remote 一次只支持一个移动设备。

22.2　加速计

大多数现代的移动设备都带有内置的加速计。加速计会转发关于设备的物理方位的信息，它可以辨别设备是在移动、倾斜还是平放着，也可以在 3 根轴中检测这些方面。图 22.4 显示了移动设备的加速计的轴以及它们是如何定向的，图示为纵向定向。

在图 22.4 中可以看到，当在正前方垂直握持设备时，设备的默认轴将与 Unity 中的 3D 轴对齐。如果转动设备在一个不同的方向上使用它，则需要把加速计数据转换成正确的轴。例如，如果你将图 22.4 所示的手机顺时针或逆时针旋转 90° 使用，你将使用手机加速计的 x 轴来表示 Unity 中的 y 轴。

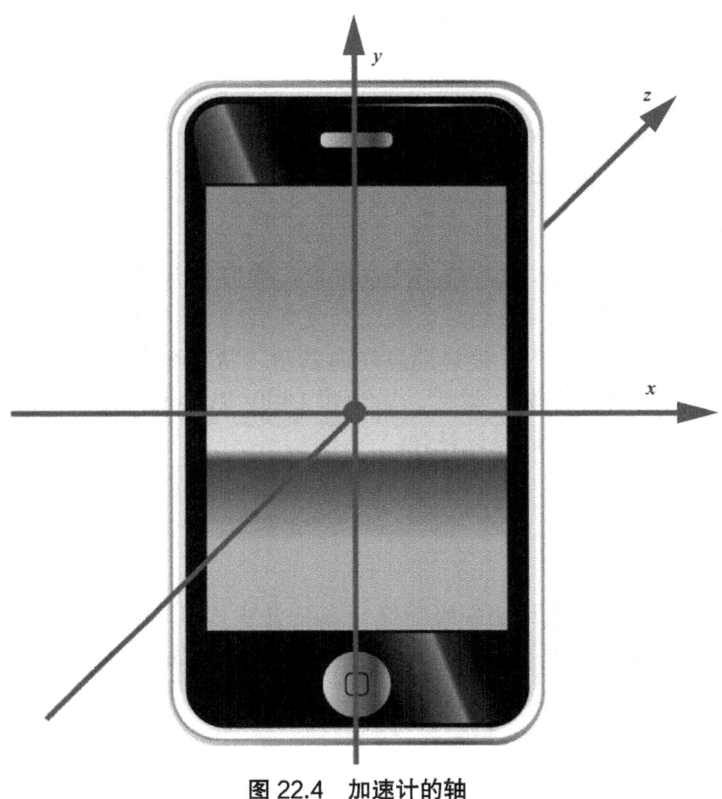

图 22.4 加速计的轴

22.2.1 为加速计设计游戏

在设计使用移动设备加速计的游戏时，需要记住几件事。首先，在任何给定时间，你只能准确地使用加速计的两根轴。原因是，无论设备的方向如何，有一根轴总会主动被重力吸引。考虑图 22.4 中设备的方向，虽然可以通过倾斜设备来操纵 x 轴和 z 轴，但由于重力，y 轴当前读取负值。如果转动手机，使其平放在表面上，正面朝上，则只能使用 x 轴和 y 轴。在这种情况下，z 轴将主动被重力吸引。

在为加速计设计游戏时，要考虑的另一件事是：输入不会非常准确。移动设备不会以设定的间隔读取加速计的数据，通常需要近似值。因此，从加速计读取的输入可能会抖动和不均匀。因此，一种常见的做法是使用加速计输入平滑移动物体，或在一段时间内取输入的平均值。此外，加速计提供从 −1 到 1 的输入值，也就是设备旋转了 180°。但是，没有人在完全倾斜设备的情况下玩游戏，因此输入值通常低于键盘对应值（例如 −0.5 到 0.5）。

22.2.2 使用加速计

读取加速计输入就像读取任何其他形式的用户输入一样，需要通过脚本。你所需要做的就是从名为 `acceleration` 的 `Vector3` 变量中读取，该变量是 `Input` 对象的一部分。因此，你可以通过写入以下内容来访问 x 轴、y 轴和 z 轴数据。

```
Input.acceleration.x;
Input.acceleration.y;
Input.acceleration.z;
```

使用这些值，可以相应地操纵游戏对象。

小记　轴不匹配

在结合使用加速计信息与 Unity Remote 时，你可能注意到轴与 22.2 节中描述的不一致。这是由于 Unity Remote 会基于开发时设置的纵横比来调整游戏的朝向，这意味着 Unity Remote 将自动以横向方向显示（从一侧握着设备，使较长的边与地面平行），并为你平移轴。因此，当使用 Unity Remote 时，*x* 轴将沿着设备的长边延伸，*y* 轴则沿着设备的短边延伸。

▼ 自己上手

用手机来移动立方体

在这个练习中，将使用移动设备的加速计在场景中四处移动立方体。显然，要完成这个练习，你需要一个带有加速计的移动设备，该设备已配置并且连接好了。移动立方体的步骤如下。

1. 创建一个新项目或场景。（如果创建新项目，请记住按照上一节所述修改编辑器设置。）将立方体添加到场景中，并将其定位在 (0, 0, 0) 处。
2. 创建一个名为 AccelerometerScript 的新脚本，并将其附加到 Cube 对象上。将以下代码放入脚本的 `Update` 方法中。

```
float x = Input.acceleration.x * Time.deltaTime;
float z = -Input.acceleration.z * Time.deltaTime;
transform.Translate(x, 0f, z);
```

3. 确保移动设备已插入计算机。将设备保持在横向，并远程运行 Unity。运行场景，请注意，你可以通过倾斜手机来移动 Cube 对象（注意手机的哪些轴沿 *x* 轴和 *z* 轴移动立方体）。

22.2.3　多点触摸输入

移动设备往往主要使用触摸电容屏进行控制。这些屏幕可以检测自己何时何处被用户触摸。它们通常可以一次跟踪多个触摸，触摸的准确数量因设备而异。

触摸屏幕不仅是给设备一个简单的触摸位置。事实上，每一次触摸都会储存相当多的信息。在 Unity 中，每个屏幕触摸都存储在 `Touch` 变量中。这意味着每次触摸屏幕时，都会生成一个 `Touch` 变量。只要你的手指留在屏幕上，`Touch` 变量就会存在。如果在屏幕上拖动手指，`Touch` 变量就会跟踪手指。`Touch` 变量存储在一个称为 `touches` 的集合中，该集合是 `Input` 对象的一部分。如果当前没有触摸屏幕，则此 `touches` 集合为空。要访问此集合，你可以输入以下内容。

```
Input.touches;
```

使用该集合，可以遍历每个 Touch 变量，以处理它们的数据。执行该操作的代码如下所示。

```
foreach(Touch touch in Input.touches)
{
    // 执行事件
}
```

如前所述，每个触摸都包含比触摸所在位置的简单屏幕数据更多的信息。表 22.1 包含 Touch 变量的所有属性。

表22.1 Touch变量属性

属性	描述
deltaPosition	自上次触摸以来触摸位置的变化。对于检测手指拖动非常有用
deltaTime	自上次触摸以来经过的时间量
fingerID	触摸的唯一索引。例如，在同时允许 5 次触摸的设备上，这个索引的范围为 0 到 4
phase	触摸的当前阶段，其值包括 Began、Moved、Stationary、Ended 和 Canceled
position	触摸在屏幕上的 2D 位置
tapCount	在屏幕上执行触摸的点按次数

这些属性对于管理用户和游戏对象之间的复杂交互非常有用。

▼自己上手

追踪触摸

本练习中，你将跟踪手指触摸并将其数据输出到屏幕。显然，要完成这个练习，你需要一个配置好并连接好的支持多点触摸的移动设备。遵循以下步骤。

1. 创建一个新项目或场景。
2. 创建一个名为 TouchScript 的新脚本，并将其附加到 Main Camera。将以下代码放入脚本中。

```
void OnGUI()
{
    foreach (Touch touch in Input.touches)
    {
        string message = "";
        message += "ID: " +touch.fingerId + "\n";
        message += "Phase: " +touch.phase.ToString() + "\n";
        message += "TapCount: " +touch.tapCount + "\n";
```

```
        message += "Pos X: " +touch.position.x + "\n";
        message += "Pos Y: " +touch.position.y + "\n";
        int num = touch.fingerId;
        GUI.Label(new Rect(0 + 130 * num, 0, 120, 100), message);
    }
}
```

3. 确保移动设备已插入计算机。运行场景。用手指触摸屏幕，注意出现的信息（见图22.5）。移动手指，看看数据是怎样改变的。现在利用多根手指同时触摸，随意地移动它们以及使它们离开屏幕。观察设备是如何追踪每个触摸的，以及你可以同时触发多少个触摸?

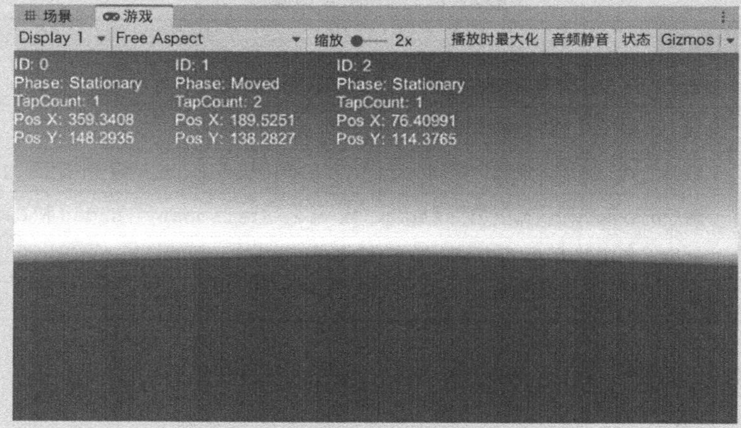

图22.5　触摸输出

注意　不要只会跟着我的步骤来!

在上一个练习中，你创建了一个OnGUI方法，用于收集关于屏幕上的多个触摸的信息。利用触摸数据构建字符串message的代码部分在实际应用中是绝对不可接受的，永远也不要在OnGUI方法中执行处理，因为它可能在项目中极大地降低效率。这只是构建示例的最容易的方式，没有不必要的复杂性，并且只用于演示目的。要把更新代码保存在属于它的位置，即在Update方法中。此外，你真的应该使用新的UI，因为它要快得多。

22.3　总结

在本章中，你学习了在考虑移动设备的情况下如何使用Unity开发游戏。首先你学习了如何配置开发环境以处理Android和iOS。接着，你亲自动手处理了设备的加速计。在本章最后，你试验了Unity的触摸跟踪系统。

22.4 问答

问 我真的只构建游戏一次，就能把它部署到所有主要的平台（包括移动平台）上吗？

答 当然可以！唯一需要考虑的是，移动设备的处理能力通常不如台式机。因此，如果你的游戏有大量繁重的处理任务或有很多特效，移动设备用户可能会遇到一些性能问题。如果你计划在移动平台上部署游戏，则需要考虑游戏的运行效率问题。

问 iOS 设备与 Android 设备之间的区别是什么？

答 从 Unity 的角度讲，这两种操作系统之间并没有太大的差别，它们都被视作移动设备。不过，你需要知道的是，有一些硬件差别可能会影响游戏运行。

22.5 测试

花一些时间来研究下面的问题，以确保你牢固地掌握了所学内容。

22.5.1 试题

1. 什么工具允许在 Unity 运行场景时给它发送实时的设备输入数据？
2. 一次可以实际使用加速计上的多少根轴？
3. 一个设备可以同时跟踪多少个触摸？

22.5.2 答案

1. Unity Remote。
2. 两根轴。第三根轴总会被重力所吸引。
3. 具体取决于设备。最近测试 iOS 平台时，它可以追踪到 21 个触摸，这可以包含你的所有手指和脚趾了，还能加上一根朋友的手指。

22.6 练习

在本练习中，你将根据移动设备的触摸输入在场景中移动对象。显然，要完成此练习，你需要配置并连接一个支持多点触摸的移动设备。如果你没有，你仍然可以阅读下去，得到基本的思路。遵循以下步骤。

1. 创建一个新项目或场景。选择“编辑”→“项目设置”→“编辑器”，并设置设备属性以识别 Unity Remote 应用程序。

2. 向场景中添加 3 个立方体，并将其命名为 Cube1、Cube2 和 Cube3（这些名称很重要）。将它们分别放置在 (−3, 1, −5)、(0, 1, −5) 和 (3, 1, −5) 处。

3. 创建一个名为 Scripts 的新文件夹。在 Scripts 文件夹中创建一个名为 InputScript

的新脚本，并将其附加到3个立方体上。

4. 将以下代码添加到脚本的 Update 方法中。

```
foreach (Touch touch in Input.touches)
{
     float xMove = touch.deltaPosition.x * 0.05f;
     float yMove = touch.deltaPosition.y * 0.05f;

     if (touch.fingerId == 0 && gameObject.name == "Cube1")
         transform.Translate(xMove, yMove, 0F);

     if (touch.fingerId == 1 && gameObject.name == "Cube2")
         transform.Translate(xMove, yMove, 0F);

     if (touch.fingerId == 2 && gameObject.name == "Cube3")
         transform.Translate(xMove, yMove, 0F);
}
```

5. 运行场景并用最多3根手指触摸屏幕。请注意，你可以独立移动3个立方体。另外，抬起一根手指不会导致其他手指脱离其立方体或位置。

第 23 章　润色和部署

本章你将会学到如下内容。

- 如何管理游戏中的场景。
- 如何保存场景之间的数据和对象。
- 不同的玩家设置。
- 如何部署游戏。

在本章中，你将学习对游戏进行润色并部署它。首先，你将学习如何在不同的场景之间跳转。然后，你将探索在场景之间保存数据和游戏对象的方式。接着，你会查看 Unity 的玩家设置。最后，你将学习如何生成和部署游戏。

23.1　管理场景

迄今为止，你在 Unity 中所做的一切事情都发生在同一个场景中。尽管以这种方式构建大型、复杂的游戏是可能的，但是使用多个场景一般要容易得多。场景背后的思路是：它是游戏对象的自含式集合。因此，当在场景之间转换时，所有现有的游戏对象都会被销毁，并且会创建所有新的游戏对象。不过，有方法可以阻止这种情况发生，下一节中将进行讨论。

小记　再论场景是什么

本书前面已经讨论了场景是什么。不过，现在应该利用你目前拥有的知识再次讨论这个概念。理想情况下，场景就像游戏中的一个关卡。不过，对于难度总是越来越大或者动态生成关卡的游戏，并不一定是这样。因此，比较好的做法可能是把场景视作一个公共资源列表。由使用相同对象的许多关卡组成的游戏实际上可能只包含一个场景。仅当需要清除一串对象并加载一串新对象时，新场景的思路才确实是必要的。实际上，不要仅仅由于你能够这样做，就把关卡拆分到不同的场景中。仅当玩游戏和资源管理需要时，才创建新的场景。

小记　生成?

本章围绕两个关键术语展开：生成和部署。虽然它们通常意味着相同的事情，但它们确实有细微的区别。生成项目意味着告诉 Unity 将你的 Unity 项目转化为最终的可执行文件集。因此，针对 Windows 操作系统的生成将生成一个包含数据文件夹的 .exe 文件，针对 macOS 的生成将生成包含所有游戏数据的 .app 或 .dmg 文件（取决于版本），等等。部署意味着将生成的可执行文件发送到要运行的平台。例如，在为 Android 生成时，会构建一个 .apk 文件（游戏），然后将其部署到 Android 设备上运行游戏。这些选项在 Unity 的生成设置中进行管理，稍后将介绍。

23.1.1　建立场景顺序

在场景之间转换相对比较容易，它只需要一点点设置即可正常工作。你要做的第一件事是把项目的合适场景添加到项目的生成设置中，如下所示。

1. 选择“文件”→“生成设置”，打开 Build Settings 窗口。
2. 单击你希望出现在最终项目中的任何场景，把它们拖动到“ Build 中的场景”列表中，如图 23.1 所示。

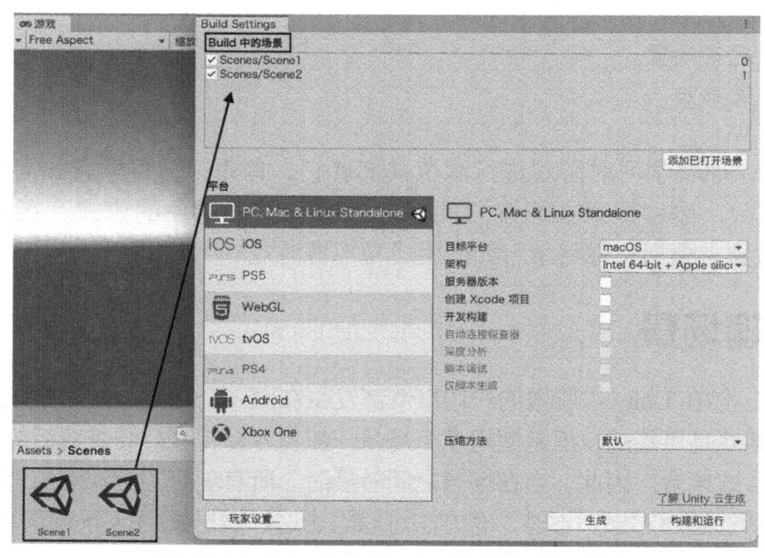

图 23.1　在 Build Settings 窗口中添加场景

3. 注意出现在“ Build 中的场景”列表中的场景旁边的数字，之后将用到它们。

▼自己上手

将场景添加到 Build Settings 中

本练习将把场景添加到项目的生成设置中。需要保存你在这里创建的项目，下一节将会使用它。请执行以下步骤。

1. 创建一个新项目，并添加一个名为 Scenes 的新文件夹。
2. 选择“文件”→“新建场景”，创建一个新场景，然后选择“文件”→“保存场景”保存它。在 Scenes 文件夹中把该场景另存为 Scene1。重复这个步骤，保存一个 Scene2 场景。
3. 打开 Build Settings 窗口（选择“文件”→“生成设置”），先把 Scene1 拖动到“Build 中的场景”列表中，然后把 Scene2 也拖动到里面。Scene1 应该具有索引 0，Scene2 应该具有索引 1。如果没有，拖动它们重新排序。

23.1.2 切换场景

既然已经建立了场景顺序，在它们之间进行切换就很容易。要更改场景，可以使用 `LoadScene` 方法，它是 `SceneManager` 类的一部分。要使用这个类，需要告诉 Unity 你想要访问它。可以在任何需要它的脚本的顶部添加以下代码来实现这一点。

```
using UnityEngine.SceneManagement;
```

`LoadScene` 方法采用单个参数，该参数可以是表示场景索引的整数，也可以是表示场景名称的字符串。因此，要加载索引为 1 且名称为 Scene2 的场景，可以编写以下两行代码中的任意一行。

```
SceneManager.LoadScene(1);           // 根据索引加载场景
SceneManager.LoadScene("Scene2");    // 根据名称加载场景
```

此方法会立即销毁所有现有游戏对象并加载下一个场景。请注意，此命令是即时且不可逆的，因此在调用它之前请确保它是你想要执行的操作。（LevelManager 预制件在第 14 章“用户界面”结束时的练习中使用了这种方法。）

提示　异步场景加载

到目前为止，这本书的重点是立即加载场景。也就是说，当你告诉 `SceneManager` 类更改场景时，将卸载当前场景，然后加载下一个场景。这适用于小场景，但如果你试图加载非常大的场景，则可能会在两个关卡之间出现停顿，在此期间屏幕是黑色的。为了避免这种情况，可以做的一件事是异步加载场景。这种异步加载方式涉及在主游戏继续时尝试在“幕后”加载场景。新场景加载好后，场景会切换。这种方法不是即时的，但它有助于防止游戏的中断。总的来说，异步加载场景可能有点复杂，超出了本书的范围。

23.2 保存数据和对象

现在，你已经学习了如何在场景之间切换，无疑已经注意到数据在切换期间不会传输。事实上，到目前为止，你的所有场景都是完全独立的，不需要保存任何内容。然而，在更复杂的游戏中，保存数据（通常称为持久化或序列化）变得非常必要。在本节中，你将学习如何在场景之间保存对象，以及如何将数据保存到文件中，以便以后访问。

23.2.1 保存对象

在场景之间保存数据的一种简单方法就是使包含数据的对象保持活动状态。例如，如果你有一个游戏角色对象，上面有包含生命、库存、分数等的脚本，确保大量数据进入下一个场景的最简单方法就是确保它不会被销毁。有一种简单的方法可以实现这一点，即使用名为 `DontDestroyOnLoad` 的方法。方法 `DontDestroyOnLoad` 接收一个参数：要保存的游戏对象。因此，如果要保存存储在 `Brick` 变量中的游戏对象，可以编写以下代码。

```
DontDestroyOnLoad (Brick);
```

因为该方法将游戏对象作为参数，对象使用它的另一个好方法是使用 this 关键字对其自身进行调用。为了让对象保存自身，你可以将以下代码放入附加到该对象的脚本的 Start 方法中。

```
DontDestroyOnLoad (this);
```

现在，当切换场景时，保存的对象将在那里等待。

▼自己上手

保存对象

本练习中，你从一个场景到另一个场景时会保存一个立方体。这个练习需要用到在本章前面“将场景添加到 Build Settings 中”创建的项目。如果你还没有完成它，现在就要完成，然后才能继续下面的操作。一定要保存这个项目，下一节将再次使用它。遵循以下步骤。

1. 加载“将场景添加到 Build Settings 中”创建的项目。加载 Scene2 并向场景中添加球体。将 Sphere 对象定位在 (0, 2, 0) 处。
2. 打开 Scene1 并添加一个立方体到场景中，并将 Cube 对象放置在 (0, 0, 0) 处。
3. 创建一个 Scripts 文件夹，并在其中创建一个名为 DontDestroy 的新脚本。将脚本附加到 Cube 对象上。
4. 修改 DontDestroy 脚本中的代码，使其包含以下内容。

```
using UnityEngine;
using UnityEngine.SceneManagement;

public class DontDestroy : MonoBehaviour
{
    void Start()
    {
        DontDestroyOnLoad(this);
    }

    // 轻松检测鼠标单击对象的技巧
    void OnMouseDown()
    {
        SceneManager.LoadScene(1);
    }
}
```

这段代码让立方体在场景之间保存。此外，它使用了一个小技巧来检测用户何时单击 Cube 对象（OnMouseDown，把这个存起来以备不时之需）。当用户单击 Cube 对象时，将加载 Scene2。

5. 运行场景，当你在游戏视图中单击 Cube 对象时，场景转换，你会看到 Sphere 对象出现在 Cube 对象旁边（见图 23.2）。

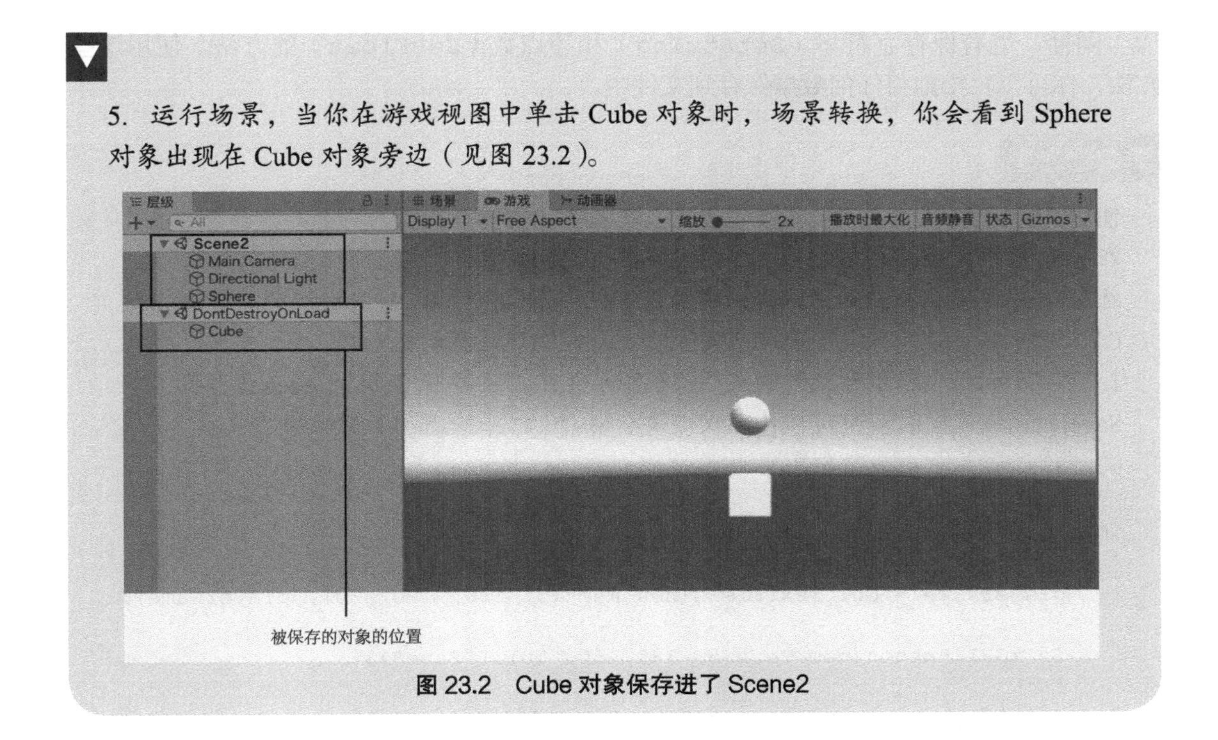

图 23.2 Cube 对象保存进了 Scene2

注意 昏暗的场景

你可能已经注意到，当切换场景时，新场景可能会更暗，即使其中有灯光。这是因为动态加载的场景没有完整的照明数据。幸运的是，解决方案很简单：只需在 Unity 中加载场景，然后选择“窗口”→“渲染”→“光照”。取消选中底部的“自动生成”复选框，然后单击“生成照明”按钮。这告诉 Unity 停止对场景使用临时灯光计算，并将这些计算提交给资源。场景旁边会出现一个文件夹，其名称与场景相同。此后，加载到场景中时，照明将良好。

23.2.2 保存数据

有时，你需要将数据保存到文件中，以便以后访问它。你可能需要保存玩家的分数、配置首选项或库存。当然，有许多复杂且功能丰富的方法来保存数据，但有一个简单的解决方案，是 PlayerPrefs。PlayerPrefs 是一个用于将基本数据保存到系统本地文件的对象。你可以使用 PlayerPrefs 将数据读取回来。

将数据保存到 PlayerPrefs 就像为数据和数据本身提供一些名称一样简单。保存数据的方法取决于数据的类型。例如，要保存整数，可以调用 `SetInt` 方法。要获取整数，可以调用 `GetInt` 方法。因此，将值 10 保存到 PlayerPrefs 作为分数和将值取回来的代码如下所示。

```
PlayerPrefs.SetInt ("score", 10);
PlayerPrefs.GetInt ("score");
```

同样，也有保存字符串（`SetString`）和浮点数（`SetFloat`）的方法。使用这些方法，你可以轻松地将任何数据保存到文件中。

▼ 自己上手

使用 PlayerPrefs

在本练习中，你将把数据保存到 PlayerPrefs 文件中。你需要用到在“保存对象”练习中创建的项目。如果你尚未完成该项目，请在继续之前完成。你将使用旧的 GUI 进行此练习，重点是 PlayerPrefs，而不是 UI。遵循以下步骤。

1. 打开你在“保存对象”练习中创建的项目，并确保已加载 Scene1。将名为 SaveData 的新脚本添加到 Scripts 文件夹，并将以下代码添加到脚本中。

```
public string playerName = "";

void OnGUI()
{
    playerName = GUI.TextField(new Rect(5, 120, 100, 30), playerName);

    if (GUI.Button(new Rect(5, 180, 50, 50), "Save"))
    {
        PlayerPrefs.SetString("name", playerName);
    }
}
```

2. 将脚本附加到 Main Camera 对象。保存 Scene1 并加载 Scene2。
3. 创建一个名为 LoadData 的新脚本，并将其附加到 Main Camera 对象。将以下代码添加到脚本中。

```
string playerName = "";

void Start()
{
    playerName = PlayerPrefs.GetString("name");
}

void OnGUI()
{
    GUI.Label(new Rect(5, 220, 50, 30), playerName);
}
```

4. 保存 Scene2 并重新加载 Scene1。运行场景。在文本框中输入你的姓名，然后单击“保存”按钮。现在，单击立方体以加载 Scene2。（你在上一个练习“保存对象”中实现了控制场景切换的立方体。）请注意，你输入的名称将显示在屏幕上。在这个练习中，数据会保存到 PlayerPrefs，然后从另一个场景中的 PlayerPrefs 重新加载。

注意　数据安全

虽然使用 PlayerPrefs 保存游戏数据非常容易，但并不十分安全。数据存储在播放器硬盘上的未加密文件中，因此，玩家可以轻松打开文件并操作其中的数据。这可能使他们获得不公平的优势或打破游戏规则。请注意，正如名称所示，PlayerPrefs 用于保存播放器首选项，只是碰巧它对其他事情有用。真正的数据安全是一件很难实现的事情，绝对超出了本书的范围。请注意，在游戏开发的早期阶段，PlayerPrefs 可以满足你的需要，但在未来，你将希望研究更复杂、更安全的玩家数据保存方法。

23.3　Unity玩家设置

Unity 提供了多种设置，一旦编译了游戏，它们就会影响游戏的工作方式。这些设置称为玩家设置（Player Settings），它们管理游戏的图标和其支持的屏幕分辨率等。设置有许多种，其中又有许多是自解释的，但是要花时间彻底检查它们，并且了解它们可以做什么。可以选择“编辑”→“项目设置”→ Player，以打开 Player Settings 窗口。花点时间浏览这些设置，并在以下部分中阅读它们，以便了解它们的功能。

23.3.1　跨平台的设置

你看到的第一个玩家设置是跨平台设置（见图 23.3）。这些是应用于构建的游戏的设置，不考虑构建它的平台（Windows、iOS、Android、Mac 等）。本小节中的大多数设置都是自解释的。产品名称是游戏标题。图标是有效的纹理图像文件。请注意，图标的尺寸必须是 2 的幂，例如 8×8、16×16、32×32、64×64 等。如果图标与这些尺寸不匹配，缩放可能无法正常工作，图标质量可能非常低。你还可以指定自定义鼠标指针（即光标）并定义鼠标指针热点（鼠标指针实际单击的位置）。

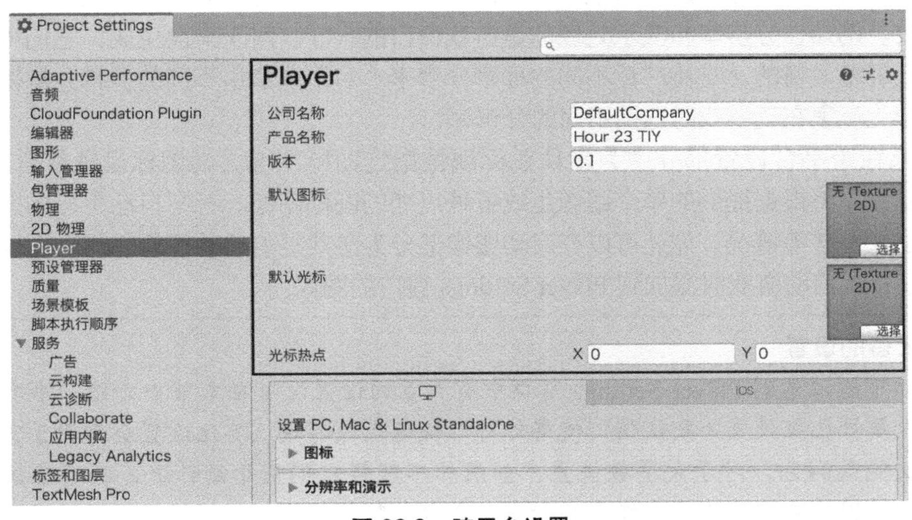

图 23.3　跨平台设置

23.3.2 每个平台的设置

每个平台的设置特定于各平台。尽管本节中有多个重复设置，但你仍然需要为你想要构建游戏的每个平台设置其中的每个设置。你可以通过从选项栏中选择其图标来选择特定平台（见图 23.4）。请注意，你只能看到当前 Unity 安装了的平台的图标。如图 23.4 所示，这台机器上目前只安装了单机版（PC、Mac 和 Linux）和 iOS 平台。

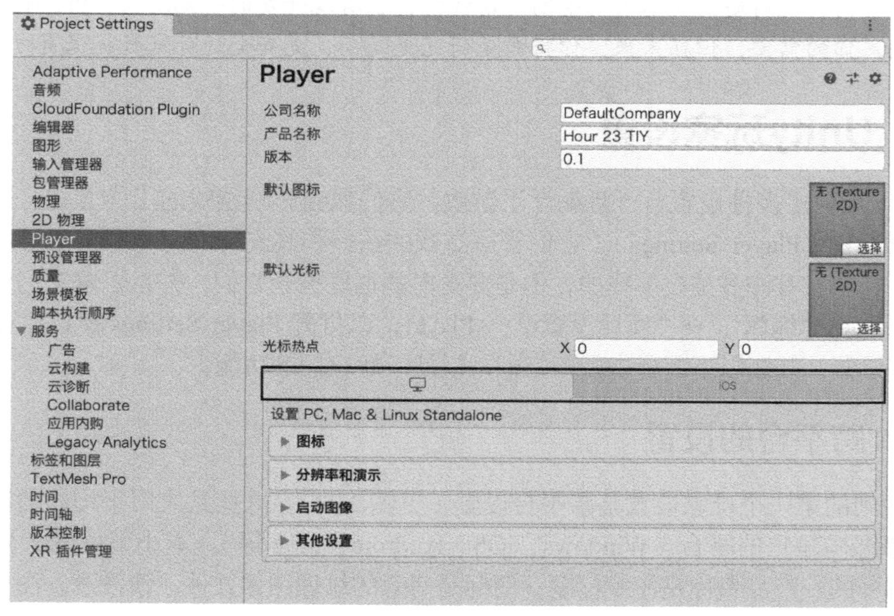

图 23.4 平台选项栏

其中许多设置需要你对正在构建的平台有更具体的了解。在更好地了解特定平台的工作方式之前，不应修改这些设置。其他设置相当简单，只有在你试图实现特定目标时才需要修改。例如，分辨率和演示处理的是游戏窗口的尺寸。对于桌面生成，它们可能是窗口或者全屏幕风格的，支持广泛不同的屏幕分辨率。启用或禁用不同的屏幕分辨率，可以允许或禁止玩家在玩游戏时选择不同的分辨率。

如果在跨平台设置部分中为默认图标属性指定图标图像，则图标设置将自动填充。你可以看到，将根据提供的单个图像生成各种尺寸的图标图像。否则自动生成的图标可能会出现位置偏移等情况。你还可以在启动图像部分为游戏提供启动图像。启动图像是当实际的玩家首次启动游戏时添加到 Player Settings 窗口的图像。

小记　太多的设置

你可能注意到 Player Settings 窗口中有大量的设置没有在本节中介绍。事实是大多数属性已经设置为默认值，使得你可以快速生成游戏。其他设置全都用于实现高级功能或润色。对于大多数设置，如果你不理解它们用于做什么，就不应该处理它们，因为它们可能导致怪异的行为，或者会阻碍游戏工作。简而言之，在你更熟悉游戏生成概念以及你使用的不同特性之前，目前可以只使用基本的设置。

小记　太多的玩家

本章大量使用了玩家（Player）这个术语，这个术语有两种含义。显然，第一种是实际玩游戏的玩家，这是一个人。第二种是描述 Unity Player。Unity Player 是玩游戏的窗口（就像电影播放器或电视一样）。这存在于计算机（或设备）上。因此，当你听到“玩家”这个词时，它可能意指一个人；但是当你听到“玩家设置”时，它可能意指实际显示游戏的软件。

23.4　生成游戏

假设你已经完成了第一个游戏的构建。你已经完成了所有工作，并在编辑器中测试了所有内容。你甚至已经完成了玩家设置，并按照你想要的方式设置了一切。现在是生成游戏的时候了。你需要了解 Build Settings 窗口，在该窗口中你可以确定生成的最终结果。这个窗口是你设置构建平台并实际开始生成的地方。

生成设置

Build Settings（生成设置）窗口包含构建游戏的条件。在这里，你可以指定构建游戏的平台以及游戏中的各种场景。你以前看过这个窗口，但现在应该仔细看看。

要打开 Build Settings 窗口，请选择“文件”→“生成设置”。在 Build Settings 窗口中，可以根据需求更改和配置游戏。图 23.5 显示了 Build Settings 窗口及其中的各种项目。

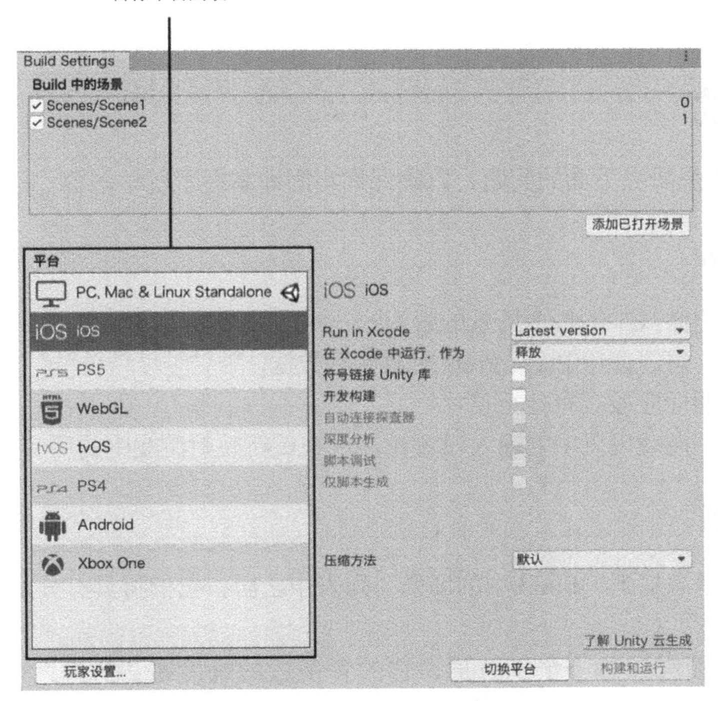

图 23.5　Build Settings 窗口

如你所见，在“平台”部分，你可以指定要为其构建的新平台。如果选择新平台，则需要单击“切换平台”按钮进行切换。单击“玩家设置”按钮打开 Player Settings 窗口。你以前看过“Build 中的场景”，这是确定哪些场景将进入游戏及其顺序的地方。你还拥有所选特定平台的各种生成设置。PC、Mac&Linux Standalon 设置是自解释的。这里唯一需要注意的是“开发构建”选项，它允许游戏使用调试器和性能分析器运行。

准备好构建游戏时，你可以单击“生成”按钮来生成游戏，也可以单击“构建和运行”按钮来生成游戏，然后立即运行。Unity 创建的文件将取决于选择的平台。

生成完成后，你可以开始享受游戏了！

23.5 总结

在本章中，你已经学习了如何在 Unity 中打磨和生成游戏。你首先学习了如何使用 `SceneManager.LoadScene` 方法在 Unity 中更改场景。之后，你学习了如何持久化游戏对象和数据。然后，你了解了各种玩家设置。最后，你学习了生成游戏。

23.6 问答

问 有许多设置看上去很重要，为什么没有介绍它们？

答 说实话，大多数设置对你来说都是不必要的。事实是：除非真的用到，其他时候它们都不重要。大多数设置都是特定于平台的，并且超出了本书的范围。与其花大量篇幅仔细讨论你可能从来都不使用的设置，不如留给你在你需要时去学习它们。

23.7 测试

花一些时间来研究下面的问题，以确保你牢固地掌握了所学内容。

23.7.1 试题

1. 怎样确定游戏中的每个场景的索引？
2. 判断题：可以使用 PlayerPrefs 对象保存数据。
3. 游戏的图标应该具有什么尺寸？
4. 判断题：游戏设置中的输入设置允许玩家重新映射游戏中的所有输入。

23.7.2 答案

1. 在把场景添加到“Build 中的场景”列表中之后，它们将具有分配给它们的索引。
2. 正确。
3. 游戏图标应该是一个正方形，它的各条边的长度是 2 的幂，如 8×8、16×16、32×32 等。

4. 错误。玩家只能重新映射基于输入轴（而不是特定的按键）建立的输入。

23.8　练习

在这个练习中，你将基于你的操作系统生成一款游戏，并且试验多个不同的特性。这个练习本身并没有太多的事情要做，你应该把大部分时间用于试验不同的设置，并且观察它们的效果。由于这只是一个让你生成游戏的示例，因此在随书资源中没有提供完整的项目让你参考。

1. 选择你以前创建的任何项目，或者创建一个新项目。
2. 进入 Player Settings 窗口，并且按你想要的任何方式配置玩家。
3. 进入 Build Settings 窗口，并且确保把场景添加到“ Build 中的场景”列表中。
4. 确保选择 PC、Mac & Linux Standalone 平台。
5. 单击“生成”按钮来生成游戏。
6. 找到你生成的游戏文件并运行它。试验不同的游戏设置，看看它们会怎样影响人们玩游戏。

第24章　结束语

本章你将会学到如下内容。

- 目前为止你完成了些什么。
- 后续的方向。
- 你可以使用什么资源。

本章你将结束Unity学习之旅。首先将回顾你迄今为止所做的事情。接着，你将了解自己后续的方向，以继续改进自己的技能。然后，将向你介绍多个可用的资源，它们可以帮助你继续学习。

24.1　成功

当你花了很长时间在某件事情上时，你可能会忘记你在这一过程中所完成的一切。回顾一下你开始学习时所拥有的技能，并将其与你现在拥有的技能进行比较，这是很有帮助的。发现自己的进步会得到很多动力和满足感，所以让我们来看一些数字。

24.1.1　23章的学习

首先，你经历了23章的深入学习，了解了Unity游戏开发的各种元素。以下是你学到的一些东西。

- 如何使用Unity编辑器以及它的许多窗口、视图和对话框。
- 关于游戏对象、变换和变形。你学习了2D与3D坐标系统，以及局部坐标系统和世界坐标系统。你变成了使用Unity内置几何形状的专家。
- 关于模型。确切地讲，你学习了模型怎样由应用于材质的纹理和着色器组成，材质反过来又怎样应用于网格。你学习了网格由三角形组成，它们包含3D空间里的许多点。
- 如何在Unity中构建地形。你绘制了独特的地形，并学习使用了一些工具，它们是构建任何理想游戏世界所需要的。你利用周围的效果和环境细节改进了那些游戏世界。
- 关于摄像机和灯光的所有知识。
- 在Unity中编程。如果你在阅读本书之前从未编写过程序，这就是一件重要的事。干得不错！

- 关于碰撞、物理材质和光线投射的知识。换句话说，你在通过物理学进行对象交互方面迈出了第一步。
- 关于预制件和实例化的知识。
- 如何使用 Unity 强大的用户界面系统构建 UI。
- 如何通过 Unity 的角色控制器控制游戏角色。在它的基础上，你构建了一个自定义的 2D 角色控制器用于自己的项目。
- 如何利用 2D 瓦片地图构建惊艳的 2D 世界。
- 如何使用多种粒子系统制作出色的粒子效果。你还细致尝试了各个粒子模块。
- 如何使用 Unity 的动画系统。你还学习了如何在模型上重新映射绑定，以使用不是专门为其制作的动画。你还学习了如何编辑动画以制作自己的动画片段。
- 如何使用时间轴让任何事情序列化，以创建复杂的电影效果。
- 如何在项目中操纵音频。你学习了如何处理 2D 和 3D 音频，以及如何循环播放和交换音频片段。
- 如何处理为移动设备制作的游戏。你学习了怎样利用 Unity Remote 测试游戏，以及利用设备加速计和多点触摸屏幕。
- 如何使用多个场景并进行数据保存与传递来完善游戏。你已经学习了如何生成和玩游戏。

这个列表相当长，它甚至还不完整。在你从头至尾阅读这个列表时，希望你记得体验和学习的每一项。你已经学到了许多知识。

24.1.2 4个完整的游戏

在学习本书的过程中，你创建了 4 款游戏：Amazing Racer、Chaos Ball、Captain Blaster 和 Gauntlet Runner。你设计了这些游戏，仔细研究了概念，确定了规则，并且提出了需求。之后，你构建了游戏的所有实体。接着，你明确地把每个对象、游戏角色、游戏世界、球、流星等放入游戏中。你编写了所有的脚本，并把所有的交互性构建到游戏中。最重要的是，你测试了所有的游戏，并明确了它们的长处和弱点。你玩过这些游戏，并且让自己的伙伴也一起玩这些游戏。你考虑了如何改进它们，甚至尝试自己改进它们。下面探讨一下你使用的一些机制和游戏概念。

- Amazing Racer 游戏：一款与时间赛跑的 3D 竞走游戏。这款游戏利用了内置的第一人称角色控制器以及完全绘制的、纹理化的地形，并且使用了水障、触发器和灯光。
- Chaos Ball 游戏：这款游戏涉及大量的碰撞和物理动力学。你利用物理材质构建了一个有弹性的舞台，甚至实现了角上的球门，它们可以把特定的对象转变成运动学对象。
- Captain Blaster 游戏：一款复古风格的 2D 太空射击游戏，使用了滚动背景和 2D 效果。这是你制作的第一款玩家可以输掉的游戏。第三方模型和纹理确保这款游戏具有高级的图形样式。

- Gauntlet Runner 游戏：这个 3D 跑酷游戏包括收集充电装置和避开障碍物。该游戏利用动画系统和第三方模型，以及对纹理坐标的巧妙操作来实现 3D 滚动效果。

你已经获得了设计游戏、构建游戏、测试游戏以及为新硬件更新游戏的经验。不错，很不错！

24.1.3　超过50个场景

在这本书中，你创造了 50 多个场景。我们先理解一下这个数字。在阅读这本书的过程中，你具体接触到了至少 50 个不同的概念。这些都是你可以借鉴的经验。

目前，你可能领会了本节的要点。你做了许多事情，并且应该为之感到自豪。你亲自使用了 Unity 游戏引擎的很大一部分，在前进道路上，这些经验可以给你很大的帮助。

24.2　之后的方向

尽管你已经完成了这本书，但你在制作游戏方面的学习还远远没有结束。事实上，可以相当准确地说，在这样一个快速发展的行业中，学习永远都无止境。即便如此，这里还是给出一些建议，告诉你接下来可以做什么。

24.2.1　制作游戏

制作游戏，不能把它夸大。如果你正尝试学习关于 Unity 游戏引擎的更多知识，尝试找到一份与游戏有关的工作，或者有一份这样的工作但是指望获得更好的工作，就请制作游戏吧。游戏行业（或一般的软件行业）新手的一个常见误解是：只有知识才能为你找到工作或提高技能。这与事实相差甚远，事实是经验至关重要。制作游戏，不一定是大型游戏，可以从制作一些像你在本书中制作的小游戏开始。事实上，立即尝试一款大型游戏可能会让你沮丧和失望。

24.2.2　与人打交道

有许多本地和在线协作组希望为企业或出于娱乐目的而制作游戏，你可以加入他们。事实上，他们会很幸运有一个你这样有 Unity 经验的伙伴。记住，你已经自己开发了 4 款游戏。与其他人合作可以教会你许多有关组织动态的知识。此外，与其他人合作还允许你在游戏中实现更高级别的复杂性。设法找到美术师和音响师，使你的游戏充满丰富的媒体效果。你将发现在团队中工作是了解自身长处和弱点的最佳方式。它可以对现实情况进行非常好的检查，并且极大地提升你的自信心。

24.2.3　记录

把你的游戏以及游戏开发历程记录下来，可能会给你的个人发展带来极大的方便。无论你打算开始写博客，还是只想保存一份个人笔记，你的记录都可以在当下以及你的回忆中起到很好的作用。记录也可以是一种磨炼技能以及与他人合作的极佳方式。通过把你的想法写出来，你可以收到反馈，并通过其他人输入的信息来学习。

24.3 可供使用的资源

你可以使用许多资源继续学习 Unity 游戏引擎和游戏开发。首先是 Unity 用户手册网站，这是 Unity 的官方资源。重要的是，它介绍了 Unity 的一些技术方向的内容。不要把这个网站看作一种学习工具，要把它当成一份手册。

Unity 还在它们的 Learn 网站上提供了五花八门的在线培训，可直接搜索“Unity 中文课堂”进入网站。在该网站上，可以找到许多视频、项目及其他资源，它们有助于提升你的技能。

如果你发现有问题无法通过这两种资源来回答，请尝试非常有用的 Unity 社区。可直接搜索“Unity 社区”进入网站并转到“问答”板块，在此处提出具体问题。也可以搜索 Unity Answers 进入英文社区。提出的问题可以从 Unity 专业人员那里获得直接的答案。

除了 Unity 官方的资源外，还有几个游戏开发网站可供你使用。其中两个最受欢迎的是 Game Developer 和 GameDev，直接搜索即可进入网站。这两个站点都具有大型社区，并且会定期发表文章。它们的主题并不仅限于 Unity，因此它们可以提供非常大的、无倾向性的信息源。

24.4 总结

在本章中，你回顾了迄今为止所做的一切事情，并且还展望了未来。你首先回顾了在学习本书的过程中完成的所有事情。然后，探讨了在此之后可以做的一些事情，以继续提升你的技能。最后，你了解了互联网上可供你使用的一些免费资源。

24.5 问答

问 在阅读本章的内容之后，我感觉到你认为我们应该制作游戏，是这样吗？

答 是的。我相信自己提过它几次。我一直强调通过实践和创造继续磨炼技能有多重要。

24.6 测试

花一些时间来研究下面的问题，以确保你牢固地掌握了所学内容。

24.6.1 试题

1. Unity 可以用来制作 2D 和 3D 游戏吗？
2. 你应该对自己迄今为止所完成的事情感到自豪吗？
3. 为了继续提升你的游戏开发技能，你可以做的一件最好的事情是什么？

4. 你学到了关于 Unity 的所有知识了吗？

24.6.2 答案

1. 当然。
2. 当然。
3. 继续制作游戏并和人们分享。
4. 没有。永远不要停止学习。

24.7 练习

最后一章的主题是回顾和巩固你学到的东西。本书的最后一个练习延续了这一主题。在游戏行业中，写一些事后分析之类的东西是很常见的。事后分析背后的想法是，写一篇关于你制作的游戏的文章，目的是让其他人阅读它。在事后分析中，你会分析过程中起作用的事情和不起作用的事情。你的目标是告诉别人你发现的问题，这样他们就不会遇见相同的问题。

在这个练习中，写一篇关于你在这本书中做的一个游戏的事后分析，不一定要让任何人读它。写作的过程很重要。一定要花些时间在这上面，因为你之后可能想再读一次。你会惊讶于你觉得困难的事情和你觉得愉快的事情。

写完事后分析后，把它打印出来（除非你是手写的），然后放在这本书中。当你再次看到这本书时，一定要打开事后分析并阅读它。